2021 版
全国二级造价工程师职业资格考试辅导教材

# 建设工程计量与计价实务（土木建筑工程）复习题集

江苏省工程造价管理协会
捷宏润安工程顾问有限公司   编写

中国建筑工业出版社

图书在版编目（CIP）数据

建设工程计量与计价实务（土木建筑工程）复习题集/
江苏省工程造价管理协会，捷宏润安工程顾问有限公司编
写. —北京：中国建筑工业出版社，2021.7（2021.9 重印）
全国二级造价工程师职业资格考试辅导教材
ISBN 978-7-112-26259-5

Ⅰ. ①建… Ⅱ. ①江… ②捷… Ⅲ. ①土木工程—建
筑造价管理—资格考试—习题集 Ⅳ. ①TU723.3-44

中国版本图书馆 CIP 数据核字（2021）第 123702 号


责任编辑：赵云波
责任校对：李美娜


全国二级造价工程师职业资格考试辅导教材
**建设工程计量与计价实务（土木建筑工程）复习题集**
江苏省工程造价管理协会
捷宏润安工程顾问有限公司　编写
\*
中国建筑工业出版社出版、发行（北京海淀三里河路 9 号）
各地新华书店、建筑书店经销
北京红光制版公司制版
北京圣夫亚美印刷有限公司印刷
\*
开本：787 毫米×1092 毫米　1/16　印张：13　字数：321 千字
2021 年 8 月第一版　　2021 年 9 月第二次印刷
定价：**53.00** 元
ISBN 978-7-112-26259-5
　　　（37665）

# 全国二级造价工程师职业资格考试辅导教材编审委员会

主编单位：江苏省工程造价管理协会
　　　　　捷宏润安工程顾问有限公司
主　　编：金常忠
副 主 编：孙　璐　　沈春霞
主　　审：王如三
参编人员：沈春霞　杨　柳　封　帅　孙　娟　虞志霞
　　　　　王　舜　余　静　代欢欢　吴丽丽

# 前言 PREFACE

为了满足广大考生的应试复习需要，便于考生正确理解考试大纲的要求，尽快掌握复习要点，更好地适应考试，江苏省工程造价管理协会和捷宏润安工程顾问有限公司根据《全国二级造价工程师职业资格考试大纲》（2019 年版）、《建设工程计量与计价实务（土木建筑工程）》（2021 版）组织专家编写了《全国二级造价工程师职业资格考试辅导教材-建设工程计量与计价实务（土木建筑工程）复习题集（2021 版）》主要特点如下：

（1）全面覆盖所有知识点要求，力求突出重点。

（2）在内容编排上，力求练习题的难易适中。

（3）短时间内切实帮助考生理解知识点，掌握难点和重点，提高应试水平及解决实际工作问题的能力。

（4）本书含 1000 多道练习题及部分地区的考试真题，可满足考生复习使用。

本套复习题集在编写过程中，难免存在缺点和错误，恳请广大读者提出批评和建议，以便我们修订再版时完善。

答疑备考QQ群
（土木建筑工程）

各章节习题
答案及解析

# 目录 CONTENTS

# 第一章 专业基础知识

## 第1节 工业与民用建筑工程的分类、组成及构造

## 复习要点

### 1. 工业建筑分类

| | | |
|---|---|---|
| 按层数分 | 单层厂房 | 适用于有大型机器设备或有重型起重运输设备的厂房 |
| | 多层厂房 | 2层以上的厂房，常用的层数为2～6层，适用于生产设备及产品较轻，可沿垂直方向组织生产的厂房 |
| | 混合层数厂房 | 同一厂房内既有单层又有多层的厂房称为混合层数的厂房，多用于化学工业、热电站的主厂房等 |
| 按用途分 | 生产厂房 | 指进行备料、加工、装配等主要工艺流程的厂房 |
| | 生产辅助厂房 | 指为生产厂房服务的厂房 |
| | 动力用厂房 | 指为生产、提供动力源的厂房，如发电站、变电所、锅炉房等 |
| | 仓储建筑 | 贮存原材料、半成品、成品的房屋（一般称为仓库） |
| | 运输建筑 | 管理、储存及检修交通运输工具的房屋 |
| | 其他建筑 | 水泵房、污水处理建筑等 |
| 按主要承重结构形式分 | 排架结构 | 将厂房承重柱的柱顶与屋架或屋面梁作铰接连接，而柱下端则嵌固于基础上，构成平面排架，各平面排架再经纵向结构构件连接成为一个空间结构。它是目前单层厂房中最基本、应用最普遍的结构形式 |
| | 刚架结构 | 柱和屋架合并为同一个刚性构件。柱与基础的连接通常为铰接，如吊车吨位较大，也可做成刚接。一般重型单层厂房多采用刚架结构 |
| | 空间结构 | 一种屋面体系为空间结构的结构体系。一般常见的有膜结构、网架结构、薄壳结构、悬索结构等 |
| 按车间生产状况分 | 冷加工车间 | 指在常温状态下，加工非燃烧物质和材料的生产车间，如机械制造类的金工车间、修理车间等 |
| | 热加工车间 | 指在高温和熔化状态下，加工非燃烧物质和材料的生产车间，如机械制造类的铸造、锻压、热处理等车间 |
| | 恒温恒湿车间 | 指产品生产需要在稳定的温、湿度下进行的车间，如精密仪器、纺织等车间 |
| | 洁净车间 | 产品生产需要在空气净化、无尘甚至无菌的条件下进行的车间，如药品生产车间、集成电路车间等 |
| | 其他特种状况车间 | 产品生产对环境有特殊的要求的车间，如防放射性物质、防电磁波干扰等车间 |

### 2. 工业建筑构造

#### (1) 单层厂房的结构组成

| | | |
|---|---|---|
| 承重结构 | 横向排架 | 由基础、柱、屋架组成，主要是承受厂房的各种竖向荷载 |
| | 纵向连系构件 | 由吊车梁、圈梁、连系梁、基础梁等组成，与横向排架构成骨架，保证厂房的整体性和稳定性 |
| | 支撑系统 | 支撑系统包括柱间支撑和屋盖支撑两部分。支撑系统构件设置在屋架之间的称为屋架支撑；设置在纵向柱列之间的称为柱间支撑。支撑系统构件主要起传递水平荷载，保证厂房空间刚度和稳定性的作用 |
| 围护结构 | 单层厂房的围护结构包括外墙、屋顶、地面、门窗、天窗、地沟、散水、坡道、消防梯等 | |

#### (2) 单层厂房承重结构构造

| | | |
|---|---|---|
| 屋盖结构 | 屋盖结构类型 有檩体系屋盖 | 有檩体系屋面的刚度差，配件和接缝多，在频繁振动下易松动，但屋盖重量较轻，适合小机具吊装，适用于中小型厂房 |
| | 无檩体系屋盖 | 无檩体系屋面板直接搁置在屋架或屋面梁上，整体性好，刚度大，大、中型厂房多采用这种屋面结构形式 |
| | 屋盖的承重构件 | 屋盖结构的主要承重构件直接承受屋面荷载，按制作材料分为钢筋混凝土屋架或屋面梁、钢屋架、木屋架和钢木屋架 |
| 柱 | 钢筋混凝土柱 矩形柱 | 不能充分发挥混凝土的承载能力，自重也大，仅适用于小型厂房 |
| | 工字形柱 | 在大、中型厂房内采用较为广泛 |
| | 双肢柱 | 双肢柱由两根承受轴向力的肢杆和联系两肢的腹杆组成。当柱的高度和荷载较大，吊车起重量大于30t，柱的截面尺寸 $b \times h$ 大于 600mm×1500mm 时，宜选用双肢柱 |
| | 钢筋混凝土管柱 | 钢筋混凝土管柱有单肢管柱和双肢管柱之分。钢筋混凝土管柱在工厂预制，可采用机械化方式生产，可在现场拼装，受气候影响较小 |
| | 钢-钢筋混凝土组合柱 | 当柱较高，自重较大，因受吊装设备的限制，为减轻柱重量时一般采用钢-钢筋混凝土组合柱。其组合形式为上柱为钢柱，下柱为钢筋混凝土双肢柱 |
| | 钢柱 | 一般分为等截面和变截面两类柱。吊车吨位大的重型厂房适合选用钢柱 |
| | 柱牛腿 | 钢筋混凝土牛腿有实腹式和空腹式之分，通常多采用实腹式 |
| 基础 | 基础是厂房的主要承重构件。单层厂房一般采用预制装配式钢筋混凝土排架结构，厂房的柱距与跨度较大，故厂房的基础一般多采用独立式基础 | |
| 吊车梁 | 吊车梁直接承受吊车起重、运行和制动时的各种往返移动荷载；同时，吊车梁还要承担传递厂房纵向荷载（如山墙上的风荷载），起到保证厂房纵向刚度和稳定性的作用 | |
| | 吊车梁类型 T形吊车梁 | 非预应力混凝土T形截面吊车梁一般用于柱距6m、厂房跨度不大于30m、吨位10t以下的厂房，预应力钢筋混凝土T形吊车梁适用于吨位为10～30t的厂房 |
| | 工字形吊车梁 | 预应力工字形吊车梁适用于厂房柱距6m，厂房跨度12～33m，吊车起重量为5～25t的厂房 |
| | 鱼腹式吊车梁 | 预应力混凝土鱼腹式吊车梁适用于厂房柱距不大于12m，厂房跨度12～33m，吊车起重量为15～150t的厂房 |

| 支撑 | | 承受和传递吊车纵向制动力、山墙风荷载、纵向地震力等水平荷载。单层厂房的支撑分为屋架支撑和柱间支撑两类 |
|---|---|---|
| | 屋架支撑 | 屋架支撑应根据厂房的跨度、高度、屋盖形式、屋面刚度、吊车起重量及工作制、无悬挂吊车和天窗设置等情况并结合抗震要求等进行合理布置 |
| | 柱间支撑 | 柱间支撑的作用是加强厂房纵向刚度和稳定性，将吊车纵向制动力和山墙抗风柱经屋盖系统传来的风力经柱间支撑传至基础 |

### 3. 民用建筑分类
#### （1）按建筑物的层数和高度分

| 住宅建筑按层数分类 | 1～3层为低层住宅，4～6层为多层住宅，7～9层为中高层住宅，10层及以上为高层住宅 |
|---|---|
| 除住宅建筑之外的民用建筑按照高度+层数来分 | 1）单层不论多高都是单层；2）二层及以上的，高度不大于24m者为多层建筑；3）二层及以上的，大于24m为高层建筑 |

建筑高度大于100m的民用建筑为超高层建筑

#### （2）按建筑的耐久年限分

| 一级建筑 | 耐久年限为100年以上 | 适用于重要的建筑和高层建筑 |
|---|---|---|
| 二级建筑 | 耐久年限为50～100年 | 适用于一般性建筑 |
| 三级建筑 | 耐久年限为25～50年 | 适用于次要的建筑 |
| 四级建筑 | 耐久年限为15年以下 | 适用于临时性建筑 |

#### （3）按建筑物的承重结构材料分

| 木结构 | 现代木结构具有绿色环保、节能保温、建造周期短、抗震耐久等诸多优点 |
|---|---|
| 砖木结构 | 一般砖木结构适用于低层建筑（1～3层），其结构简单，材料容易准备，费用较低 |
| 砖混结构 | 适合开间进深较小，房间面积小，多层或低层的建筑 |
| 钢筋混凝土结构 | 钢筋混凝土结构的主要承重构件（梁、板、柱等）均采用钢筋混凝土材料，而非承重墙采用砖砌或其他轻质材料做成 |
| 钢结构 | 特点是强度高、自重轻、整体刚性好、变形能力强、抗震性能好，适用于建造大跨度和超高、超重型的建筑物 |
| 型钢混凝土组合结构 | 优点是比传统的钢筋混凝土结构承载力大、刚度大、抗震性能好。与钢结构相比，具有防火性能好、结构局部和整体性能好、节省钢材等优点。应用于大型结构中，结构截面小、承载力大，可节约空间，但是造价比较高 |

#### （4）按施工方法分

| 现浇、现砌式 | 房屋的主要承重构件均在现场砌筑和浇筑而成 |
|---|---|
| 装配式混凝土结构 | 主体结构部分或全部采用预制混凝土构件装配而成，简称装配式结构 |
| | 装配式建筑的特点是建筑构件工厂化生产现场装配，建造速度快，节能、环保，施工受气候条件的制约小，节约劳动力，符合绿色节能建筑的发展方向 |

（5）按承重体系分

| 混合结构体系 | 混合结构体系不宜建造大空间的房屋，大多用在住宅、办公楼、教学楼建筑中。根据承重墙所在的位置，划分为纵墙承重和横墙承重两种方案 | |
|---|---|---|
| 框架结构体系 | 优点 | 建筑平面布置灵活，可形成较大的建筑空间，建筑立面处理也比较方便 |
| | 缺点 | 侧向刚度较小，当层数较多时，会产生较大的侧移 |
| 剪力墙体系 | 剪力墙一般为钢筋混凝土墙，厚度不小于 160mm，剪力墙的墙段长度一般不超过 8m，适用于小开间的住宅和旅馆等 | |
| | 优点 | 侧向刚度大，水平荷载作用下侧移小 |
| | 缺点 | 间距小，结构建筑平面布置不灵活，不适用于大空间的公共建筑，另外结构自重也较大 |
| 框架-剪力墙结构体系 | 剪力墙主要承受水平荷载，竖向荷载主要由框架承担，一般适用于不超过 170m 高的建筑 | |
| 筒体结构体系 | 筒体结构体系是抵抗水平荷载最有效的结构体系，适用于高度不超过 300m 的建筑 | |
| 桁架结构体系 | 由杆件组成的结构体系。其优点是利用截面较小的杆件组成截面较大的构件 | |
| 网架结构体系 | 优点 | 它是一种空间受力小，杆件主要承受轴向力，受力合理，节约材料，整体性能好，刚度大，抗震性能好。杆件类型少，适于工业化生产 |
| | 分类 | 平板网架和曲面网架 |
| 拱式结构体系 | 拱是一种有推力的结构，其主要内力是轴向压力，适用于体育馆、展览馆等建筑中 | |
| | 分类 | 三铰拱、两铰拱和无铰拱 |
| 悬索结构体系 | 主要承重构件是受拉的钢索 | |
| | 悬索屋盖结构的跨度已达 160m，主要用于体育馆、展览馆中 | |
| 薄壁空间结构体系 | 空间受力结构，主要承受曲面内的轴向压力，弯矩很小 | |
| | 常用于大跨度的屋盖结构，如展览馆、俱乐部、飞机库等。薄壳结构多采用现浇钢筋混凝土，费模板、费工时 | |

### 4. 民用建筑构造

建筑物一般都由基础、墙或柱、梁或楼板与地面、楼梯、屋顶和门窗六大部分组成，还有一些附属部分，如阳台、雨篷、散水、勒脚及防潮层等。

（1）地基

地基分为天然地基和人工地基两大类。天然地基指天然地层具有足够的承载力，不需经过人工加固便可作为建筑的承载层；人工地基指天然地层的承载力不能满足荷载要求，经过人工处理的地层。地基不是建筑物的组成部分。

（2）基础

| 基础类型 | 按材料及受力特点分类 | 刚性基础 | 应尽力使基础大放脚与基础材料的刚性角相一致。构造上通过限制刚性基础宽高比来满足刚性角的要求 | |
|---|---|---|---|---|
| | | | 类型 | 砖基础、灰土基础、三合土基础、毛石基础、混凝土基础、毛石混凝土基础 |
| | | 柔性基础 | 在相同条件下，采用钢筋混凝土基础比混凝土基础可减小基础埋深，节省大量的混凝土材料和挖土工程量 | |
| | | | 钢筋混凝土基础断面 | 做成锥形：最薄处高度不小于 200mm |
| | | | | 做成阶梯形：每踏步高 300~500mm |

| | | | | |
|---|---|---|---|---|
| 基础类型 | 按基础的构造形式分类 | 独立基础（单独基础） | 柱下单独基础 | 柱下单独基础是柱子基础的主要类型。根据柱的材料和荷载大小而定，常采用砖、石、混凝土和钢筋混凝土等 |
| | | | 墙下单独基础 | 当上层土质松软，而在不深处有较好的土层时，为了节约基础材料和减少开挖土方量而采用。砖墙砌在单独基础上边的钢筋混凝土地梁上。地梁的跨度一般为3～5m |
| | | 条形基础 | 墙下条形基础 | 条形基础是承重墙基础的主要形式。墙下钢筋混凝土条形基础有无肋式和有肋式两种形式 |
| | | | 柱下钢筋混凝土条形基础 | 与柱下单独基础互相接近。为增强基础的整体性并方便施工，节约造价，可做成钢筋混凝土条形基础 |
| | | 柱下十字交叉基础 | | 荷载较大的高层建筑，如土质软弱，为了增强基础的整体刚度减少不均匀沉降，可以沿柱网纵横方向设置钢筋混凝土条形基础 |
| | | 筏形基础 | | 按构造不同它可分为平板式和梁板式两类 |
| | | 箱形基础 | | 目前高层建筑中多采用箱形基础 |
| | | 桩基础 | | 桩基由桩身和桩承台组成。当建筑物荷载较大，地基的软弱土层厚度在5m以上，基础不能埋在软弱土层内，或对软弱土层进行人工处理困难和不经济时，常采用桩基础 |
| 基础埋深 | 定义 | | | 从室外设计地面至基础底面的垂直距离称为基础的埋深 |
| | 深基础 | | | 埋深大于或等于5m或埋深大于或等于基础宽度的4倍的基础 |
| | 浅基础 | | | 埋深在0.5～5m之间或埋深小于基础宽度的4倍的基础称为浅基础 |
| | 构造要求 | | | 基础顶面应低于设计地面100mm以上，避免基础外露，遭受外界的破坏 |
| 地下室防潮与防水构造 | 地下室分类 | 按功能划分 | | 普通地下室 |
| | | | | 人防地下室 |
| | | 按形式划分 | | 全地下室 |
| | | | | 半地下室 |
| | | 按材料划分 | | 砖混地下室 |
| | | | | 钢筋混凝土地下室 |
| | 地下室防潮 | | | 当地下室地坪位于常年地下水位以上时，地下室需做防潮处理 |
| | 地下室防水 | | | 当地下室地坪位于最高设计地下水位以下时，地下室四周墙体及底板均受水压影响，应具有防水功能 |

（3）墙

在一般砖混结构房屋中，墙体是主要的承重构件。墙体的重量占建筑物总重量的40%～45%，墙体的造价占全部建筑造价的20%～30%。

| 墙的类型 | 按墙在建筑物中的位置划分 | 内墙、外墙、横墙和纵墙 |
| --- | --- | --- |
| | 按受力划分 | 承重墙和非承重墙 |
| | 按构造形式划分 | 实体墙、空体墙和组合墙 |
| | 按所用材料不同划分 | 砖墙、石墙、土墙、混凝土或工业废料制成的砌块墙、板材墙等 |
| | 隔墙是分隔室内空间的非承重构件，按其构造方式可分为块材隔墙、骨架隔墙、板材隔墙三大类 | |
| 墙体细部构造 | 防潮层 | ①当室内地面均为实铺时，外墙墙身防潮层在室内地坪以下60mm处；②当建筑物墙体两侧地坪不等高时，在每侧地表下60mm处，防潮层应分别设置，并在两个防潮层间的墙上加设垂直防潮层；③当室内地面采用架空木地板时，外墙防潮层应设在室外地坪以上，地板木搁栅垫木之下；④墙身防潮层一般有油毡防潮层、防水砂浆防潮层、细石混凝土防潮层和钢筋混凝土防潮层等 |
| | 勒脚 | 勒脚的高度一般为室内地坪与室外地坪的高差 |
| | 散水和暗沟（明沟） | ①降水量大于900mm的地区应同时设置暗沟（明沟）和散水。暗沟（明沟）沟底应做纵坡，坡度为0.5%～1%，坡向窨井。<br>②外墙与暗沟（明沟）之间应做散水，散水宽度一般为600～1000mm，坡度为3%～5%。<br>③降水量小于900mm的地区可只设置散水 |
| | 窗台 | 外窗台的作用是防止在窗洞底部积水，并流向室内；内窗台则是为了排除窗上的凝结水，以保护室内墙面。外窗台外挑部分应做滴水，滴水可做成水槽或鹰嘴形 |
| | 过梁 | 它的部分自重可以直接传给洞口两侧墙体，而不由过梁承受。宽度超过300mm的洞口上部应设置过梁 |
| | 圈梁 | ①圈梁是封闭状的配筋的混凝土梁式构件。<br>②可以提高建筑物的空间刚度和整体性。<br>③钢筋混凝土圈梁宽度一般同墙厚，对厚度较大的墙体可做到墙厚的2/3，高度不小于120mm。<br>④当圈梁遇到洞口不能封闭时，应在洞口上部设置截面不小于圈梁截面的附加梁，其搭接长度不小于1m，且应大于两梁高差的2倍，但对有抗震要求的建筑物，圈梁不宜被洞口截断 |
| | 构造柱 | 按先砌墙后浇灌混凝土柱的施工顺序制成。构造柱则从竖向加强墙体的连接，与圈梁一起构成空间骨架，提高了建筑物的整体刚度和墙体的延性，约束墙体裂缝的开展，从而增加建筑物承受地震作用的能力 |
| | 变形缝 | 伸缩缝 — 防止房屋因气温变化而产生裂缝。将建造物从地面以上构件全部断开，基础因受温度变化影响较小，不必断开 |
| | | 沉降缝 — 基础部分也要断开，即使相邻部分也可自由沉降、互不牵制 |
| | | 防震缝 — 防震缝一般从基础顶面开始，沿房屋全高设置 |

| | | | |
|---|---|---|---|
| 墙体保温隔热 | 外墙的保温构造，按其保温层所在的位置不同分为单一保温外墙、外保温外墙、内保温外墙和夹芯保温外墙 4 种类型 | | |
| | 外墙外保温 | 定义 | 它是一种最科学、最高效的保温节能技术 |
| | | 构造 | ①保温层。常用的有：膨胀型聚苯乙烯板（EPS）、挤塑型聚苯乙烯板（XPS）、岩棉板、玻璃棉毡以及超轻保温浆料等。②保温层的固定。可采用粘贴的方式，也采用钉固的方式，还可以采用粘贴与钉固相结合的方式。③保温层的面层。薄面层一般为聚合物水泥胶浆抹面，其厚度一般在 10mm 以内。厚面层则采用普通水泥砂浆抹面，厚度为 25～30mm。厚面层施工时，一般要用钢丝网覆盖于聚苯板保温层上 |
| | | 特点 | ①外墙外保温系统不会产生热桥，具有良好的建筑节能效果。②对提高室内温度的稳定性有利。③能有效地减少温度波动对墙体的破坏，保护建筑物的主体结构，延长建筑物的使用寿命。④可用于新建的建筑物墙体，也可以用于旧建筑外墙的节能改造。在旧房的节能改造中，外保温结构对居住者影响较小。⑤有利于加快施工进度，室内装修不致破坏保温层 |
| | 外墙内保温 | 构造 | 保温结构由保温板和空气层组成，常用的保温板有 GRC 内保温板、玻纤增强石膏外墙内保温板、P-GRC 外墙内保温板等，空气层的作用既能防止保温材料变潮，也能提高墙体的保温能力 |
| | | 优点 | ①外墙内保温的保温材料在楼板处被分割，施工时比较安全方便，不损害建筑物原有的立面造型，施工造价相对较低。②由于绝热层在内侧，在夏季的晚上，墙的内表面温度随空气温度的下降而迅速下降，减少闷热感。③耐久性好于外墙外保温，增加了保温材料的使用寿命。④有利于安全防火。⑤施工方便，受风、雨天影响小 |
| | | 缺点 | ①保温隔热效果差，外墙平均传热系数高。②热桥保温处理困难，易出现结露现象。③占用室内使用面积。④不利于室内装修，包括重物钉挂困难等；在安装空调、电话及其他装饰物等设施时尤其不便。⑤不利于既有建筑的节能改造。⑥保温层易出现裂缝 |

**（4）楼板与地面**

| | | | |
|---|---|---|---|
| 楼板 | 楼板主要由楼板结构层、楼面面层、板底天棚三个部分组成，是建筑中沿水平方向分隔上下空间的结构构件 | | |
| | 根据结构层所采用材料分类 | | 木楼板、砖拱楼板、钢筋混凝土楼板以及压型钢板与钢梁组合的楼板等 |
| | 按施工方式的不同分类 | | 现浇整体式、预制装配式和装配整体式 |
| | 现浇钢筋混凝土楼板 | 板式楼板 | 单向板、双向板、悬挑板 |
| | | 梁板式楼板 | 由主梁、次梁（肋）、板组成，当房间的开间、进深较大，楼面承受的弯矩较大，常采用这种楼板 |
| | | 井字形密肋楼板 | 当房间的平面形状近似正方形，跨度在 10m 以内时，常采用这种楼板。井字形密肋楼板具有天棚整齐美观，有利于提高房屋的净空高度等优点，常用于门厅、会议厅等处 |

| | | | | |
|---|---|---|---|---|
| 楼板 | 现浇钢筋混凝土楼板 | 无梁楼板 | | 无梁楼板分为无柱帽和有柱帽两种类型。无梁楼板的柱网一般布置成方形或矩形，以方形柱网较为经济，跨度一般不超过 6m，板厚通常不小于 120mm。无梁楼板的底面平整，增加了室内的净空高度，有利于采光和通风，但楼板厚度较大，这种楼板比较适用于荷载较大、管线较多的商店和仓库等 |
| | 预制装配式钢筋混凝土楼板 | 普通型 | | 普通板在建筑物中仅用作小型配件 |
| | | 预应力型 | | 与普通型相比，预应力钢筋混凝土构件可节约钢材 30%～50%，节约混凝土 10%～30% |
| | | | 实心平板 | 预制实心平板的跨度一般较小，不超过 2.4m，如做成预应力构件，跨度可达 2.7m |
| | | | 槽形板 | 这种楼板具有保温、隔声等特点，常用于特殊隔声、保温要求的建筑 |
| | | | 空心板 | 空心板与实心平板比较，结构变形小，减轻了地震作用，抗震性能好。具有自重小、用料少、强度高、经济等优点 |
| | 装配整体式钢筋混凝土楼板 | 叠合楼板 | | 预制板既是楼板结构的组成部分，又是现浇钢筋混凝土叠合层的模板 |
| | | 密肋填充块楼板 | | 密肋填充块楼板底面平整，隔声效果好，能充分利用不同材料的性能，节约模板且整体性好 |
| 地面 | 地面主要由面层、整层和基层三部分组成，当它们不能满足使用或构造要求时，可考虑增设结合层、隔离层、找平层、防水层、隔声层及保温层等附加层 | | | |
| | 面层 | 起到保证室内使用条件和装饰地面的作用 | | |
| | 垫层 | 垫层是位于面层之下用来承受并传进荷载的部分，它起到承上启下的作用。根据垫层材料的性能，垫层可分为刚性垫层和柔性垫层 | | |
| | 基层 | 基层是地面的最下层。实铺地面的基层为地表回填土，它应分层夯实，其压缩变形量不得超过允许值 | | |

## (5) 阳台与雨篷

| | | | |
|---|---|---|---|
| 阳台 | 阳台的承重构件 | 墙承式 | 支承方式结构简单，施工方便，多用于凹阳台 |
| | | 悬挑式 | 适用于挑阳台和半凹半挑阳台。按悬挑方式不同有挑梁式和挑板式两种 |
| | 阳台细部构造 | 阳台栏杆与扶手 | 阳台栏板或栏杆净高，六层及六层以下不应低于 1.05m；七层及七层以上不应低于 1.10m。七层及七层以上住宅和寒冷、严寒地区住宅宜采用实体栏板 |
| | | 阳台排水处理 | 阳台地面应低于室内地面 30～50mm，泄水管管口外伸至少 80mm |
| 雨篷 | 雨篷有板式和梁板式两种。当雨篷外伸尺寸较大时，其支承方式可采用立柱式，立柱式雨篷的结构形式多为梁板式。雨篷顶面通常采用柔性防水。雨篷上表面向外侧或向滴水管处或向地漏处应做成1%的排水坡度 | | |

（6）楼梯

| | | | |
|---|---|---|---|
| 楼梯的组成 | 梯段 | 梯段的踏步步数一般不宜超过18级，且一般不宜少于3级 | |
| | 平台 | 楼梯梯段净高不宜小于2.20m，楼梯平台过道处的净高不应小于2m | |
| | 栏杆与扶手 | 栏杆是布置在楼梯梯段和平台边缘处有一定安全保障度的围护构件。扶手一般附设于栏杆顶部，供依扶用。扶手也可附设于墙上，称为靠墙扶手 | |
| 钢筋混凝土楼梯构造 | 现浇钢筋混凝土楼梯 | 板式楼梯 | 板式楼梯的梯段底面平整，外形简洁，便于支撑施工。当梯段跨度不大时采用。当梯段跨度较大时，梯段板厚度增加，自重较大，不经济 |
| | | 梁式楼梯 | 当荷载或梯段跨度较大时，采用梁式楼梯比较经济 |
| | 预制装配式钢筋混凝土楼梯 | 小型构件装配式楼梯 | 按照预制踏步的支承方式分为悬挑式、墙承式、梁承式三种 |
| | | 中型构件装配式楼梯 | |
| | | 大型构件装配式楼梯 | |

（7）台阶和坡道

| | |
|---|---|
| 室外台阶 | 室外台阶。室外台阶一般包括踏步和平台两部分。台阶的坡度应比楼梯小，通常踏步高度为100～150mm，宽度为300～400mm，台阶一般由面层、垫层及基层组成 |
| 坡道 | 车辆通行或有特殊要求的建筑物室外台阶处，应设置坡道或用坡道与台阶组合 |

（8）门窗

| | | |
|---|---|---|
| 定义 | 门和窗是建筑物中的围护构件。门在建筑中的作用主要是交通联系，并兼有采光、通风之用；窗的作用主要是采光和通风。门窗还要有一定的保温、隔声、防雨、防风沙等能力，在构造上，应满足开启灵活、关闭紧密、坚固耐久、便于擦洗、符合模数等方面的要求 | |
| 门窗的类型 | 木门窗 | 具有自重轻、加工制作简单、造价低、便于安装等优点，但腐蚀性能一般，且耗用木材，目前采用较少 |
| | 钢门窗 | 具有强度大、透光率大、便于拼接组合等优点，但易锈蚀，且自重大，目前采用较少 |
| | 铝合金门窗 | 具有质量轻、强度高、安装方便、密封性好、耐腐蚀、坚固耐用及色泽美观等优点 |
| | 塑钢门窗 | 具有轻质、耐腐蚀、密闭性好、隔热、隔声、美观新颖等优点。缺点是变形大，刚度较差 |
| | 钢筋混凝土门窗 | 具有耐久性好、价格低、耐潮湿等优点，但密闭性及表面光洁度较差 |
| 门、窗的构造组成 | 门 | 一般门的构造主要由门樘和门扇两部分组成 |
| | 窗 | 窗主要由窗樘和窗扇两部分组成 |
| 门与窗的尺度 | 门的尺度 | 房间中门的最小宽度，是由人体尺寸、通过人流股数及家具设备的大小决定的 |
| | 窗的尺度 | 窗的尺度主要取决于房间的采光、通风、构造做法和建筑造型等要求 |

| | 窗户节能 | ①控制窗户的面积；②提高窗户的气密性；③减少窗户传热 |
|---|---|---|
| | 门的节能 | 门的保温隔热性能与门框、门扇的材料和构造类型有关 |
| 门窗节能 | 建筑遮阳 | 建筑遮阳是防止太阳直射光线进入室内引起夏季室内过热及避免产生眩光而采取的一种建筑措施。在建筑设计中，建筑物的挑檐、外廊、阳台都有一定的遮阳作用。在建筑外表面设置的遮阳板不仅可以遮挡太阳辐射，还可以起到挡雨和美观的作用。窗户遮阳板根据其外形可分为水平式遮阳、垂直式遮阳、综合式遮阳和挡板式遮阳四种基本形式。每个窗口应采取哪种形式遮阳，应根据建筑物窗口的朝向合理选择 |

## （9）屋顶

| | | |
|---|---|---|
| 定义 | | 屋顶是建筑物最上层构件，起到承重和覆盖的作用 |
| 作用 | | ①防御自然界的风、雨、雪、太阳辐射热及冬季低温等的影响。<br>②承受自重及风、沙、雨、雪等荷载以及施工或屋顶检修人员的动荷载。<br>③屋顶是建筑物的重要组成部分，对建筑形象的美观起着重要的作用 |
| 类型 | | ①平屋顶是指屋面坡度在10%以下的屋顶。<br>②坡屋顶是指屋面坡度在10%以上的屋顶。<br>③曲面屋顶为曲面，如球形、悬索形、鞍形等 |
| 平屋顶的构造 | 找平层 | 卷材、涂膜的基层宜设找平层 |
| | 结合层 | 当采用水泥砂浆和细石混凝土找平层时，为了保证防水层和找平层更好地粘结，采用沥青为基材的防水层，当采用高分子防水层时，可用专用基层处理剂 |
| | 卷材防水屋面 | 目前卷材使用较多的是合成高分子防水卷材和高聚物改性沥青防水卷材 |
| | 涂膜防水层屋面 | 按防水层和隔热层的设置关系，可分为正置式屋面和倒置式屋面。正置式屋面的做法为隔热保温层在防水层下面。倒置式屋面的做法是防水层在下面，保温隔热层在上面。与正置式做法相比，倒置式做法能使防水层无热胀冷缩现象，延长了防水层的使用寿命；同时，保温层对防水层提供一层物理性保护，防止其受到外力破坏 |
| | 复合防水层屋面 | 在复合防水层中，选用的防水卷材与防水涂料相容，防水涂膜宜设置在防水卷材的下面，挥发固化型防水涂料不得作为防水卷材粘结材料使用，水乳型或合成高分子类防水涂膜上面不得采用热熔型防水卷材 |
| | 保护层 | 保护层是防水层上表面的构造层，可以防止阳光的辐射而致防水层过早老化 |
| | 平屋顶防水细部构造 | 屋面细部构造包括檐口、檐沟和天沟、女儿墙和山墙、水落口、变形缝等。细部构造防水应做到多道设防、复合用材、连续密封、局部增强，并满足使用功能、温差变形、施工环境和可操作性的要求 |
| 坡屋顶的构造 | 砖墙承重 | 又叫硬山搁檩，砖墙承重结构体系适用于开间较小的房屋 |
| | 屋架承重 | 屋架的形式较多，有三角形、梯形、矩形、多边形等。为了防止屋架的倾覆，提高屋架及屋面结构的空间稳定性，屋架间要设置支撑。支撑有垂直剪刀撑和水平系杆等 |
| | 梁架结构 | 民间传统建筑多采用由木柱、木梁、木坊构成的这种结构，又称穿斗结构 |
| | 钢筋混凝土梁板承重 | 关于空间跨度不大的民用建筑，钢筋混凝土折板结构是坡屋顶建筑使用较为普遍的一种结构形式 |

（10）装饰构造

| 装饰类别 | 按装饰的位置不同进行分类 | | | 墙面装饰、楼地面装饰、天棚装饰 |
|---|---|---|---|---|
| 墙面装饰构造 | 按材料形式和施工方式的不同分类 | | | 常见的墙体饰面可分为抹灰类、贴面类、涂料类、裱糊类和铺钉类等 |
| 楼地面装饰构造 | 按材料形式和施工方式分类 | 整体浇注楼地面 | | 按所使用地面材料的不同有水泥砂浆楼地面、混凝土楼地面和水磨石楼地面 |
| | | 板块楼地面 | 陶瓷板块楼地面 | 指利用陶瓷板块，如陶瓷锦砖、陶瓷彩釉砖、陶瓷玻化砖或瓷质无釉砖等各种陶瓷地砖铺设的楼地面 |
| | | | 石材楼地面 | 指利用石材铺设的楼地面，包括天然石楼地面和人造石楼地面。天然石有大理石和花岗石等，人造石有预制水磨石和人造大理石等 |
| | | | 塑料板块楼地面 | |
| | | | 木楼地面 | 木楼地面按构造方式有空铺式木楼地面和实铺式木楼地面两种。空铺式木楼地面是将支承木地板的木龙骨架空设置，实铺式木楼地面又有铺钉式和粘贴式两种做法 |
| | | | 防静电活动地板 | 活动地板面层适用于有防尘和防静电要求的专业用房（主要用于弱电机房） |
| | | 卷材楼地面 | | 卷材楼地面是用成卷的卷材铺贴而成。目前常用的卷材有化纤地毯和天然毛织物地毯 |
| | | 涂料楼地面 | | 涂料楼地面是利用涂料涂刷或涂刮而成。它是水泥砂浆地面的一种表面处理形式，用以改善水泥砂浆地面而在使用和装饰方面的不足。地面涂料品种较多，有溶剂型、水溶性和水乳型等，目前应用较多的是性价比高的环氧自流平地面、聚氨酯自流平地面 |
| 天棚装饰构造 | 根据房间用途分 | | | 天棚可做成弧形、凹凸形、高低形、折线形 |
| | 根据构造方式分 | | | 天棚有直接式天棚和悬吊式天棚 |

**一、单项选择题**（每题的备选项中，只有 1 个最符合题意）

1. 下列不属于块料楼地面的是（　　）。
   A. 水磨石楼地面　　　　　　　　　B. 陶瓷板块楼地面
   C. 石板楼地面　　　　　　　　　　D. 木楼地面

2. 坡屋顶应该设置保温隔热层，当结构层为钢筋混凝土板时，保温层宜设置在（　　）。
   A. 结构层上部　　　　　　　　　　B. 结构层中部
   C. 结构层下部　　　　　　　　　　D. 结构层底部

3. 由彼此相容的卷材和涂料组合而成的防水层为（　　）。
   A. 复合防水层　　　　　　　　　　B. 卷材防水层
   C. 涂膜防水层　　　　　　　　　　D. 刚性防水层

**4.** 平屋顶的排水方式可分为(  )。

    A. 有组织排水和无组织排水        B. 排水沟排水和排水管排水

    C. 找坡排水与自然排水           D. 构造排水与结构排水

**5.** 门在建筑中的作用主要是(  )。

    A. 采光                     B. 通风

    C. 保温、隔声             D. 交通联系

**6.** 某宾馆门厅大小为 9m×9m,为了提高净空高度,宜优先选用(  )。

    A. 普通板式楼板           B. 梁板式肋形楼板

    C. 井字形密肋楼板         D. 普通无梁楼板

**7.** 关于变形缝的说法错误的是(  )。

    A. 变形缝包括伸缩缝、沉降缝和防震缝

    B. 设置伸缩缝时,基础因受温度变化影响较小,不必断开

    C. 防震缝一般在基础底面开始,沿房屋全高设置

    D. 其作用是保证房屋在温度变化、基础不均匀沉降或地震时能有一些自由伸缩,以防止墙体开裂、应力集中和结构破坏

**8.** 关于圈梁设置与构造说法正确的是(  )。

    A. 只有在抗震设防建筑中设置圈梁    B. 沿砌体墙竖直方向设置

    C. 圈梁不能设置在基础顶面标高处    D. 圈梁属于梁式构件

**9.** 基础的埋深是指(  )。

    A. 从室外设计地面到基础底面的垂直距离

    B. 从室内设计地面到基础底面的垂直距离

    C. 从室外设计地面到基础垫层下皮的垂直距离

    D. 从室外地面到基础底面的垂直距离

**10.** 桥面铺装即行车道铺装,不适用的铺装材料有(  )。

    A. 防水混凝土           B. 沥青混凝土

    C. 水泥混凝土           D. 预应力混凝土

**11.** (  )是厂房的主要承重构件,承担着厂房上部的全部重量。

    A. 柱                     B. 吊车梁

    C. 地基                 D. 基础

**12.** 单层厂房的结构组成中,属于围护结构的是(  )。

    A. 基础                   B. 吊车梁

    C. 屋盖                  D. 地面

**13.** 关于地基柔弱土层厚、荷载大和建筑面积不太大的一些重要高层建筑,最常采用的基础构造形式为(  )。

    A. 独立基础            B. 柱下十字交叉基础

    C. 筏形基础            D. 箱形基础

**14.** 主要用于体育馆、展览馆及大跨度桥梁中的结构形式为(  )。

    A. 混合结构            B. 筒体结构

    C. 拱式结构            D. 悬索结构

15. 下列结构形式中，可以产生推力的结构形式有（　　）。

A. 框架结构　　　　　　　　　　B. 桁架结构

C. 拱式结构　　　　　　　　　　D. 剪力墙结构

16. 按照建筑物的耐久年限分类，耐久年限 100 年以上的为（　　）。

A. 一级建筑　　　　　　　　　　B. 二级建筑

C. 三级建筑　　　　　　　　　　D. 四级建筑

17. 根据民用建筑的分类，超高层建筑是指（　　）。

A. 建筑高度大于 24m 的建筑　　　B. 建筑高度大于 27m 的建筑

C. 建筑高度大于 100m 的建筑　　 D. 建筑高度大于 120m 的建筑

18. 按照工业建筑的用途划分，进行备料、制造、加工及装配等主要工艺流程的厂房为（　　）。

A. 公用设施厂房　　　　　　　　B. 主要生产厂房

C. 辅助生产厂房　　　　　　　　D. 办公生活设施房屋

19. 适用于大型机器设备或重型起重运输设备制造的厂房是（　　）。

A. 单层厂房　　　　　　　　　　B. 二层厂房

C. 三层厂房　　　　　　　　　　D. 多层厂房

20. 按工业建筑用途分类，机械制造厂的热处理车间厂房属于（　　）。

A. 辅助生产厂房　　　　　　　　B. 公用配套用房

C. 主要生产厂房　　　　　　　　D. 其他厂房

21. 某大跨度的重型起重设备厂房，宜采用（　　）。

A. 砌体结构　　　　　　　　　　B. 混凝土结构

C. 钢筋混凝土结构　　　　　　　D. 钢结构

22. 某二层楼板的影剧院，建筑高度为 26m，该建筑属于（　　）。

A. 低层建筑　　　　　　　　　　B. 多层建筑

C. 中高层建筑　　　　　　　　　D. 高层建筑

23. 某单层展厅，层高 27m，根据层数和高度分类，该展厅属于（　　）。

A. 低层建筑　　　　　　　　　　B. 多层建筑

C. 单层建筑　　　　　　　　　　D. 高层建筑

24. 通常情况下，高层建筑主体结构耐久年限应在（　　）。

A. 25 年以上　　　　　　　　　　B. 50 年以上

C. 100 年以上　　　　　　　　　 D. 150 年以上

25. 某建筑耐久年限为 70 年，则根据耐久年限对民用建筑的分类，其属于（　　）。

A. 一级建筑　　　　　　　　　　B. 二级建筑

C. 三级建筑　　　　　　　　　　D. 四级建筑

26. 按施工方法对民用建筑分类，柱、梁、墙、板等均在车间生产加工完成，运至现场，完成装配作业，大大减少湿作业的民用建筑属于（　　）。

A. 装配式结构　　　　　　　　　B. 现砌、现浇结构

C. 二级建筑　　　　　　　　　　D. 重要建筑

27. 剪力墙一般为钢筋混凝土墙，厚度不小于（　　）。

A. 150mm                                    B. 160mm

C. 180mm                                    D. 200mm

28. 某房产开发商拟建一栋 16 层商品住宅楼,地下室为车库,一、二层为商场,三层及三层以上为居民住宅,则该楼房应优先采用(    )。

    A. 钢筋混凝土框架结构                    B. 钢筋混凝土框架-剪力墙结构

    C. 钢筋混凝土框支-剪力墙结构            D. 砖混结构

29. 在高层建筑中,特别是在超高层建筑中,水平荷载越来越大。(    )是抵抗水平荷载最有效的结构。

    A. 框架结构                              B. 剪力墙结构

    C. 框支剪力墙结构                        D. 筒体结构

30. 我国为"北京奥运会"而建成的"鸟巢",中间露天,四周有顶盖看台,外围及顶部采用型钢网架,这类建筑物的结构称为(    )。

    A. 墙承重结构                            B. 框架承重结构

    C. 筒体承重结构                          D. 空间结构

31. 某大型飞机的维修库,建筑设计跨度达到 250m,则优先选用的结构形式为(    )。

    A. 框架结构                              B. 桁架结构

    C. 网架结构                              D. 悬索结构

32. 地基与基础之间的关系说法正确的是(    )。

    A. 地基由基础和基础下面的土层或岩层构成

    B. 地基是指基础下面的土层或岩层

    C. 地基经过人工改良或加固形成基础

    D. 地基是建筑物的主要结构构件

33. 基础刚性角 $\alpha$ 的大小主要取决于(    )。

    A. 大放脚的尺寸                          B. 基础材料的力学性质

    C. 地基的力学性质                        D. 基础承受荷载大小

34. 关于钢筋混凝土基础,说法正确的是(    )。

    A. 钢筋混凝土基础的抗压和抗拉强度均较高,属于刚性基础

    B. 钢筋混凝土基础受刚性角限制

    C. 钢筋混凝土基础宽高比的数值越小越合理

    D. 钢筋混凝土基础断面可做成锥形,其最薄处高度不小于 200mm

35. 在传统单层工业厂房中,承受竖向荷载的结构是(    )。

    A. 横向排架结构                          B. 纵向连系结构

    C. 支撑系统结构                          D. 圈梁、吊车梁等结构

36. 下列关于传统单层厂房结构中的支撑系统构件,说法正确的是(    )。

    A. 由吊车梁、圈梁、基础梁等组成

    B. 支撑构件主要用于传递水平荷载

    C. 支撑构件主要承受厂房的各种竖向荷载

    D. 支撑系统包括柱间支撑和屋面支撑两大部分

37. 关于刚性基础，说法正确的是（　　）。
    A. 基础大放脚应超过基础材料刚性角范围
    B. 基础大放脚与基础材料刚性角一致
    C. 基础宽度应超过基础材料刚性角范围
    D. 基础深度应超过基础材料刚性角范围

38. 柔性基础的主要优点在于（　　）。
    A. 取材方便
    B. 造价较低
    C. 挖土工程量小
    D. 施工便捷

39. 下列构造当中，不属于墙体构造的是（　　）。
    A. 勒脚
    B. 散水
    C. 圈梁
    D. 次梁

40. 在砖混结构当中，沿砌体墙水平方向设置的封闭状钢筋混凝土构件为（　　）。
    A. 过梁
    B. 圈梁
    C. 构造柱
    D. 窗台压顶

41. 建筑物的伸缩缝、沉降缝、防震缝的根本区别在于（　　）。
    A. 伸缩缝和沉降缝比防震缝宽度小
    B. 伸缩缝和沉降缝宜防震缝宽度大
    C. 伸缩缝在基础不断开，沉降缝和防震缝在基础断开
    D. 伸缩缝和防震缝在基础不断开，沉降缝在基础断开

42. 下列选项中，不属于现浇整体式钢筋混凝土楼板的是（　　）。
    A. 梁板式肋形楼板
    B. 无梁式楼板
    C. 井字形密肋楼板
    D. 叠合楼板

43. 下列关于装配整体式钢筋混凝土楼板的特点，说法正确的是（　　）。
    A. 整体性差
    B. 节省模板
    C. 施工速度慢
    D. 劳动强度低

44. 屋顶是建筑物最上层部位，区分平屋顶或者坡屋顶的坡度界限为（　　）。
    A. 1%
    B. 2%
    C. 3%
    D. 10%

45. 建筑物与构筑物的主要区别在于（　　）。
    A. 占地大小
    B. 体量大小
    C. 满足功能要求
    D. 提供活动空间

46. 通常情况下，重要的建筑结构的耐久年限应在（　　）。
    A. 25 年以上
    B. 50 年以上
    C. 100 年以上
    D. 150 年以上

47. 某写字楼首层层高 4.0m，二层以上层高均为 3.0m，建筑物 9 层，该建筑属于（　　）。
    A. 多层建筑
    B. 中高层建筑
    C. 高层建筑
    D. 超高层建筑

48. 关于单层厂房承重结构，下列说法错误的是（　　）。

A. 横向排架由基础、柱和屋架组成

B. 纵向连系构件与横向排架构件骨架保证厂房的稳定

C. 柱间支撑的主要作用是传递水平荷载

D. 吊车梁、连系梁主要是承受各种竖向荷载

49. 现浇钢筋混凝土无梁楼板板厚通常不小于(　　)。

A. 100mm　　　　　　　　　　　B. 110mm

C. 120mm　　　　　　　　　　　D. 130mm

50. 为防止房屋因温度变化产生裂缝而设置的变形缝为(　　)。

A. 沉降缝　　　　　　　　　　　B. 防震缝

C. 施工缝　　　　　　　　　　　D. 伸缩缝

51. 钢筋混凝土圈梁的宽度通常与墙的厚度相同,但高度不小于(　　)mm。

A. 115　　　　　　　　　　　　B. 120

C. 180　　　　　　　　　　　　D. 240

52. 基础刚性角口的大小主要取决于(　　)。

A. 大放脚的尺寸　　　　　　　　B. 基础材料的力学性质

C. 地基的力学性质　　　　　　　D. 基础承受荷载大小

53. 关于钢筋混凝土基础的说法,正确的是(　　)。

A. 钢筋混凝土条形基础底宽不宜大于600mm

B. 锥形基础断面最薄处高度不小于200mm

C. 通常宜在基础下面设300mm左右厚的素混凝土垫层

D. 阶梯形基础断面每踏步高120mm左右

54. 型钢混凝土组合结构比钢结构(　　)。

A. 防火性能好　　　　　　　　　B. 节约空间

C. 抗震性能好　　　　　　　　　D. 变形能力强

55. 房间多为开间3m、进深6m的四层办公楼常用的结构形式为(　　)。

A. 木结构　　　　　　　　　　　B. 砖木结构

C. 砖混结构　　　　　　　　　　D. 钢结构

56. 地下室底板和四周墙体需做防水处理的基本条件是,地下室地坪位于(　　)。

A. 最高设计地下水位以下　　　　B. 常年地下水位以下

C. 常年地下水位以上　　　　　　D. 最高设计地下水位以上

57. 当柱较高,自重较大,因受吊装设备的限制,为减轻柱重量时一般采用钢筋混凝土组合柱,其组合形式为(　　)。

A. 上柱为钢柱,下柱为钢筋混凝土单肢管柱

B. 上柱为钢筋混凝土单肢管柱,下柱为钢柱

C. 上柱为钢柱,下柱为钢筋混凝土双肢柱

D. 上柱为钢筋混凝土双肢柱,下柱为钢柱

58. 建筑物梯段跨度较大时,为了经济合理,通常不采用(　　)。

A. 预制装配墙承式楼梯　　　　　B. 预制装配梁承式楼梯

C. 现浇钢筋混凝土梁式楼梯　　　D. 现浇钢筋混凝土板式楼梯

59. 柱与屋架铰接连接的工业建筑结构是(　　)。
    A. 网架结构　　　　　　　　　　B. 排架结构
    C. 刚架结构　　　　　　　　　　D. 空间结构

60. 目前多层住宅楼房多采用(　　)。
    A. 砖木结构　　　　　　　　　　B. 砖混结构
    C. 钢筋混凝土结构　　　　　　　D. 木结构

61. 相对刚性基础而言，柔性基础的本质在于(　　)。
    A. 基础材料的柔性　　　　　　　B. 不受刚性角的影响
    C. 不受混凝土强度的影响　　　　D. 利用钢筋抗拉承受弯矩

62. 单层工业厂房柱间支撑的作用是(　　)。
    A. 提高厂房局部竖向承载能力　　B. 方便检修维护吊车梁
    C. 提升厂房内部美观效果　　　　D. 加强厂房纵向刚度和稳定性

63. 房屋中跨度较小的房间，通常采用现浇钢筋混凝土(　　)。
    A. 井字形密肋楼板　　　　　　　B. 梁板式肋形楼板
    C. 板式楼板　　　　　　　　　　D. 无梁楼板

64. 悬挑阳台挑出外墙长度最常见的是(　　)。
    A. 1.0m　　　　　　　　　　　　B. 1.2m
    C. 1.0~1.5m　　　　　　　　　　D. 1.5m

65. 力求节省钢材且截面最小的大型结构应采用(　　)。
    A. 钢结构　　　　　　　　　　　B. 型钢混凝土组合结构
    C. 钢筋混凝土结构　　　　　　　D. 混合结构

66. 下列关于楼梯构造叙述不正确的有(　　)。
    A. 当荷载或梯段跨度较大时，采用梁式楼梯比较经济
    B. 现浇钢筋混凝土梁式楼梯段由斜梁、踏步板组成
    C. 当梯段跨度不大时，采用板式楼梯经济适用
    D. 现浇钢筋混凝土板式楼梯由斜梁、踏步板、平台和平台梁组成

67. 下列架空型保温节能屋顶构造的说法不正确的是(　　)。
    A. 在有良好通风的建筑物屋顶上采用
    B. 当屋面宽度大于 20m 时，架空隔热层中部应设置通风屋脊
    C. 当采用混凝土板架空隔热层时，屋面坡度不宜大于 5%
    D. 架空隔热制品及其支座的质量应符合国家现行有关材料标准

68. 楼梯平台过道处的净高不应小于(　　)。
    A. 2.2m　　　　　　　　　　　　B. 2.0m
    C. 1.8m　　　　　　　　　　　　D. 1.5m

69. 民用建筑构造中，单扇门的宽度一般不超过(　　)。
    A. 900mm　　　　　　　　　　　B. 1000mm
    C. 1100mm　　　　　　　　　　　D. 1200mm

70. 在《建筑外门窗保温性能检测方法》GB/T 8484 中，根据外窗的传热系数将窗户的保温性能分为(　　)。

  A. 3 级          B. 5 级

  C. 8 级          D. 10 级

71. 按工业建筑用途划分，热处理车间属于(　　)。

  A. 动力车间         B. 其他建筑

  C. 生产辅助用房       D. 生产厂房

72. 下列选项中，属于外墙内保温优点的是(　　)。

  A. 不损害建筑物原有的立面造型，造价相对较低

  B. 耐久性次于外墙外保温

  C. 保温隔热效果好

  D. 利于既有建筑的节能改造

73. 一跨度 30m 的重型机械厂房，桥式吊车起重为 100t，该厂房采用适宜的吊车梁类型为(　　)。

  A. 非预应力混凝土 T 形截面     B. 预应力混凝土 T 形截面

  C. 预应力混凝土工字形截面     D. 预应力混凝土鱼腹式

74. 关于刚性角的说法错误的是(　　)。

  A. 在设计上，应尽量使基础大放脚略大于基础材料的刚性角

  B. 构造上通过限制刚性基础宽高比来满足刚性角的要求

  C. 基础刚性角大小主要取决于材料的受力特点

  D. 刚性基础上压力分角 α 称为刚性角

75. 倒置型保温屋顶的优点不包括(　　)。

  A. 可以防止太阳光直接照射防水层   B. 延缓防水层老化进程

  C. 减缓保温隔热层的损耗      D. 延长防水层的使用寿命

76. 下列对于楼板与地面的描述不正确的是(　　)。

  A. 建筑物室内地面下部土壤温度的变化情况与地面的位置有关

  B. 对一般性的民用建筑，靠近外墙四周边缘部分地面可不做保温隔热处理

  C. 常见的保温构造方法是在距离外墙周边 2m 的范围内设保温层

  D. 对特别寒冷的地区或保温性能要求高的建筑，可对整个地面利用聚苯板进行保温处理

77. (　　)吊车梁适用于厂房柱距不大于 12m，厂房跨度 12~33m，吊车起重量 15~150t 的厂房。

  A. T 形          B. 工字形

  C. 鱼腹式         D. 矩形

78. 架空型保温节能屋顶构造中，当采用混凝土架空隔热层时，屋面坡度不宜大于(　　)。

  A. 5%          B. 7%

  C. 8%          D. 10%

79. 下列不属于外墙内保温缺点的是(　　)。

  A. 保温隔热效果差，外墙平均传热系数高

  B. 占用室内使用面积

  C. 不利于安全防火

D. 不利于既有建筑的节能改造

80. 有关钢筋混凝土牛腿构造，下列叙述正确的是(　　)。

A. 牛腿外缘高应大于牛腿高的 1/2 且大于 200mm

B. 牛腿通常多采用空腹式

C. 当挑出距离 $c$ 大于 100mm 时，牛腿底面的倾角 $\alpha \leqslant 45°$

D. 当挑出距离 $c$ 大于 100mm 时，牛腿底面的倾角 $\alpha = 0°$

81. 室外台阶的坡度应比楼梯小，通常踏步高度为(　　)。

A. 100～150mm
B. 150～200mm
C. 200～300mm
D. 300～400mm

82. 按车间生产状况分，集成电路车间属于(　　)。

A. 恒温恒湿车间
B. 洁净车间
C. 防电磁波干扰车间
D. 冷加工车间

83. 变形缝不包括(　　)。

A. 伸缩缝
B. 沉降缝
C. 施工缝
D. 防震缝

84. 为了确保基础底面不产生拉应力又能最大程度地节约基础材料，应当使(　　)。

A. 基础大放脚应超过基础材料刚性角范围

B. 基础大放脚与基础材料刚性角一致

C. 基础宽度应超过基础材料刚性角范围

D. 基础深度应超过基础材料刚性角范围

85. (　　)具有坚固、耐久、刚性角大，可根据需要任意改变形状的特点。

A. 灰土基础
B. 毛石基础
C. 混凝土基础
D. 毛石混凝土基础

86. 民用建筑构造中，门的最小宽度一般为(　　)。

A. 600mm
B. 700mm
C. 800mm
D. 900mm

87. 高层建筑抵抗水平荷载最有效的结构是(　　)。

A. 剪力墙结构
B. 框架结构
C. 筒体结构
D. 混合结构

88. 小型构件装配式楼梯中，对于(　　)楼梯不需要设平台梁，只设有平台板，因而楼梯的净空高度大。

A. 梁承式
B. 悬挑式
C. 墙承式
D. 柱承式

89. 在可能条件下平屋顶的保温方式应优先选用(　　)。

A. 正置式
B. 倒置式
C. 前置式
D. 后置式

90. 一般重型单层厂房多采用(　　)。

A. 排架结构
B. 刚架结构
C. 屋架结构
D. 空间结构

91. 下列不属于窗樘组成部分的是（　　）。

    A. 下冒头
    B. 中横框

    C. 中竖框
    D. 边框

92. 外墙内保温大多采用（　　）作业施工。

    A. 干
    B. 湿

    C. 常温
    D. 高温

93. 关于砖墙墙体防潮层设置位置的叙述中，正确的是（　　）。

    A. 室内地面均为实铺时，外墙防潮层设在室内地坪处

    B. 墙体两侧地坪不等高时，应在较低一侧的地坪处设置

    C. 室内采用架空木地板时，外墙防潮层设在室外地坪以上、地板木搁栅垫木以下

    D. 钢筋混凝土基础的砖墙墙体不需设置水平和垂直防潮层

94. 坚硬耐磨、装饰效果好、造价偏高，一般适用于用水房间和有腐蚀房间楼地面的装饰构造为（　　）。

    A. 水泥砂浆地面
    B. 水磨石地面

    C. 陶瓷板块地面
    D. 人造石板地面

95. 窗台根据窗子的安装位置可形成内窗台和外窗台，内窗台的作用主要是（　　）。

    A. 排除窗上的凝结水
    B. 满足室内美观、卫生需要

    C. 与外窗台对应
    D. 满足建筑节点设计需要

96. 依据现行行业标准《装配式混凝土结构技术规程》JGJ 1，对于各种结构体系适用的最大高度描述错误的是（　　）。

    A. 当结构中竖向构件全部为现浇且楼盖采用叠合梁板时，可按《高层建筑混凝土结构技术规程》JGJ 3 的规定采用

    B. 装配整体式剪力墙结构在规定的水平力作用下，当预制剪力墙构件底部承担的总剪力大于该层总剪力的 50％时，其最大适用高度应适当增加

    C. 房屋高度指室外地面到主要房屋板板顶的高度

    D. 非抗震设计下的装配整体式框架结构适用的最大高度为 70m

97. 现代木结构构件连接节点采用（　　）连接件连接。

    A. 木
    B. 塑料

    C. 胶粘
    D. 金属

98. 徐州地区应选择传热系数不大于（　　）W/（$m^2$·K）的入户门。

    A. 2.0
    B. 2.7

    C. 3.0
    D. 6.5

99. 对于严寒地区，常见的保温构造方法是在距离外墙周边（　　）m 的范围内设置保温层。

    A. 1
    B. 1.5

    C. 2
    D. 3

100. 刚性基础构造上是通过限制刚性基础的（　　）来满足刚性角要求的。

    A. 埋置深度
    B. 宽高比

    C. 高宽比
    D. 基础底部宽度

101. 下列关于门窗构造叙述正确的是（　　　）。

A. 门框由上冒头、中冒头、下冒头和边梃组成

B. 门扇由上槛、中槛和边框组成

C. 窗扇由上冒头、中冒头、下冒头和边梃组成

D. 窗扇由上框、中横框、下框及边框组成

102. 坡屋顶的钢筋混凝土折板结构一般是（　　　）。

A. 由屋架支承的　　　　　　　　　B. 由檩条支承的

C. 整体现浇的　　　　　　　　　　D. 由托架支承的

103. 对特别寒冷的地区或保温性能要求高的建筑，可对整个地面利用（　　　）对地面进行保温处理。

A. 膨胀型聚苯乙烯板　　　　　　　B. 聚苯板

C. 岩棉板　　　　　　　　　　　　D. 石膏板

104. 楼地面装饰构造按材料形式和施工方式不同可分为整体浇筑楼地面、（　　　）、卷材楼地面和涂料楼地面。

A. 块料楼地面　　　　　　　　　　B. 整体楼地面

C. 水泥砂浆楼地面　　　　　　　　D. 水磨石楼地面

105. 下列材料中，（　　　）俗称马赛克。

A. 花岗石　　　　　　　　　　　　B. 合成石面板

C. 瓷质砖　　　　　　　　　　　　D. 陶瓷锦砖

106. 外墙内保温构造的特点是（　　　）。

A. 不产生热桥　　　　　　　　　　B. 延长建筑物墙体的使用寿命

C. 增加保温材料的使用寿命　　　　D. 便于旧房节能改造

107. 关于梁板式肋形楼盖叙述正确的是（　　　）。

A. 板支撑短边跨度即为主梁间距

B. 主梁沿房屋的长跨方向布置

C. 次梁支撑在主梁上，次梁的跨度即为主梁间距

D. 次梁合理、经济的跨度为5～8m

108. 一般性的民用建筑，对建筑内（　　　）可以不做保温隔热处理。

A. 房间中部的地面　　　　　　　　B. 靠近外墙四周的地面

C. 整个房间地面　　　　　　　　　D. 地下室地面

109. 一写字楼首层层高4.0m，二层以上层高均为3.0m，建筑物共8层，该建筑属（　　　）。

A. 多层建筑　　　　　　　　　　　B. 中高层建筑

C. 高层建筑　　　　　　　　　　　D. 超高层建筑

110. 下列关于现浇混凝土楼板的内容，说法正确的是（　　　）。

A. 无梁楼板多用于楼层荷载较大、管线较多的商店和仓库

B. 预制实心平板，常被用作走道板，隔声效果好

C. 板式楼板多用于大跨度建筑

D. 井字形密肋楼板的主梁沿房屋的短跨方向布置

**111.** 钢筋混凝土基础下面设有素混凝土垫层，垫层厚度不宜小于（　　）。

　　A. 50mm 　　　　　　　　　　　　B. 70mm

　　C. 100mm 　　　　　　　　　　　 D. 50mm

**112.** 适合开间进深较小、房间面积小、多层或低层的建筑是（　　）。

　　A. 砖木结构 　　　　　　　　　　 B. 砖混结构

　　C. 钢结构 　　　　　　　　　　　 D. 钢筋混凝土结构

**113.** 关于梁板式肋形楼盖叙述正确的是（　　）。

　　A. 板支撑在次梁上沿短边方向传力

　　B. 次梁支撑在主梁上，次梁长即为主梁跨度

　　C. 次梁支撑在主梁上，次梁的跨度即为主梁间距

　　D. 次梁合理经济跨度为 5～8m

**114.** 临时性建筑的耐久年限为（　　）。

　　A. 25～50 年 　　　　　　　　　　B. 15 年以下

　　C. 50～100 年 　　　　　　　　　 D. 100 年以上

**115.** 有关单层厂房屋盖支撑的类型，下列不属于屋盖支撑的是（　　）。

　　A. 上弦横向水平支撑 　　　　　　 B. 下弦横向水平支撑

　　C. 拉杆 　　　　　　　　　　　　 D. 垂直支撑

**116.** 在二层楼板的影剧院，建筑高度为 26m，该建筑属于（　　）。

　　A. 低层建筑 　　　　　　　　　　 B. 多层建筑

　　C. 中高层建筑 　　　　　　　　　 D. 高层建筑

**117.** 建筑物地下室所有墙体都应设置水平防潮层，其中一道设置在地下室地坪附近，另一道设置的位置应当是（　　）。

　　A. 室外地面散水以上 150～200mm 处　B. 室内地坪以下 60mm 处

　　C. 垫层与地面面层之间 　　　　　 D. 室外地面散水以下 150～200mm 处

**118.** 墙体饰面材料中，具有造价低、装饰性好、工期短、工效高、自重小以及施工操作、维修、更新都比较方便等特点的是（　　）。

　　A. 抹灰类 　　　　　　　　　　　 B. 贴面类

　　C. 涂料类 　　　　　　　　　　　 D. 裱糊类

**119.** 设计跨度为 120m 的展览馆，应优先采用（　　）。

　　A. 桁架结构 　　　　　　　　　　 B. 筒体结构

　　C. 网架结构 　　　　　　　　　　 D. 悬索结构

**120.** 某工业厂房大门门宽 3m，附加梁标高 4m，墙体在标高 3m 处设有圈梁，则在门的上方设置的附加梁长度至少为（　　）m。

　　A. 4 　　　　　　　　　　　　　　B. 5

　　C. 6 　　　　　　　　　　　　　　D. 7

**121.** 居住建筑七层以下的门窗气密性能不应低于（　　）级。

　　A. 3 　　　　　　　　　　　　　　B. 4

　　C. 5 　　　　　　　　　　　　　　D. 6

**122.** 将楼梯段与休息平台组成一个构件再组合的预制钢筋混凝土楼梯是（　　）。

A. 大型构件装配式楼梯　　　　　B. 中型构件装配式楼梯

C. 小型构件装配式楼梯　　　　　D. 悬挑装配式楼梯

123. 某 4 层钢筋混凝土框架结构，层高 3.6m，房屋中间设有一道防震缝兼伸缩缝，其缝宽应为（　　　）。

A. 20～30mm　　　　　　　　　B. 50～100mm

C. 70mm　　　　　　　　　　　D. 80～120mm

124. 墙体保温层的薄型抹灰面层采用的水泥砂浆品种为（　　　）。

A. 聚合物水泥砂浆　　　　　　B. 普通水泥砂浆

C. 混合砂浆　　　　　　　　　D. 砌筑砂浆

125. 井字形密肋楼板的肋高一般为（　　　）。

A. 90～120mm　　　　　　　　B. 120～150mm

C. 50～180mm　　　　　　　　D. 180～250mm

126. 关于钢筋混凝土基础的说法，正确的是（　　　）。

A. 无垫层时，钢筋保护层不宜小于 100mm

B. 锥形基础断面最薄处高度不小于 200mm

C. 通常宜在基础下面设 300mm 左右厚的素混凝土垫层

D. 阶梯形基础断面每踏步高 120mm 左右

127. 对于下列民用建筑按层数和高度分类中，不正确的是（　　　）。

A. 3 层及以下住宅建筑为低层住宅

B. 9 层住宅建筑为中高层住宅

C. 建筑高度为 27m 的一层体育馆为高层建筑

D. 高度大于 100m 的为超高层建筑

128. 钢筋混凝土圈梁说法正确的（　　　）。

A. 其宽度一般小于墙厚　　　　B. 最大厚度做到墙厚的 2/3

C. 常在檐口和底层处设置　　　D. 高度不小于 180mm

129. 某厂房圈梁上皮标高是 2.5m，墙体有门洞，宽度为 3m，门洞上设置附加梁，上皮标高 3.5m，则附加梁长度可以为（　　　）m。

A. 4　　　　　　　　　　　　　B. 5

C. 6　　　　　　　　　　　　　D. 8

130. 下列关于平屋顶防水屋面的找平层，说法正确的是（　　　）。

A. 找平层通常设置在结构层或保温层下面

B. 找平层可选用 15～25mm 厚的 1：2.5～1：3 的水泥砂浆

C. 找平层常选用 C30 的细石混凝土做找平层

D. 找平层的表面平整度允许偏差为 10mm

131. 框架-剪力墙结构体系一般适用于不超过（　　　）m 高的建筑。

A. 150　　　　　　　　　　　　B. 200

C. 170　　　　　　　　　　　　D. 180

132. 高层建筑的剪力墙，一般长度为（　　　）。

A. 2～4m　　　　　　　　　　B. 3～8m

C. 6～12m                         D. 9～15m

133. 有关基础刚性角的叙述正确的是（    ）。

A. 刚性角是基础大放脚外沿连线与垂直线的夹角

B. 刚性角是基础大放脚外沿连线与水平线的夹角

C. 刚性角与基础材料和大放脚形状尺寸有关

D. 刚性角只与基础材料有关

134. 有关平屋顶的说法正确的是（    ）。

A. 平屋顶是指屋面坡度在 10% 以下的屋顶

B. 最常用的排水坡度为 3%～5%

C. 这种屋顶的屋面面积小，屋面排水速度快

D. 要使屋面排水通畅，平屋顶应设置不小于 10% 的屋面坡度

135. 根据现行国家规范，以下关于梁板搁置在墙上的长度说法错误的是（    ）。

A. 板的搁置长度不小于 180mm

B. 梁高小于或等于 500mm 时，搁置长度不小于 180mm

C. 梁高大于 500mm，搁置长度不小于 240mm

D. 通常次梁搁置长度一般为 240mm

136. ★〔2019 年广西〕关于水泥的知识，下列说法正确的是（    ）。

A. 硅酸盐水泥不宜用于大体积混凝土工程

B. 矿渣硅酸盐水泥早期强度较高，后期强度增长较快

C. 火山灰质硅酸盐水泥早期强度低，水化热较高

D. 粉煤灰硅酸盐水泥抗碳化能力较强

**二、多项选择题**（每题的备选项中，有 2 个或 2 个以上符合题意，至少有 1 个错项）

1. 下列属于建筑物附属部分的是（    ）。

A. 阳台                      B. 雨篷

C. 基础                      D. 门窗

E. 勒脚

2. 下列特点中，属于网架结构体系的是（    ）。

A. 空间受力体系，整体性差        B. 杆件主要承受轴向力，受力不合理

C. 高次超静定，稳定性好           D. 杆件类型较少，适于工业化生产

E. 结构刚度小，抗震性能差

3. 按照主要承重结构的形式划分，工业建筑可分为（    ）。

A. 排架结构                B. 刚架结构

C. 框架结构                D. 空间结构

E. 混凝土结构

4. 下列建筑属于民用建筑中居住建筑的是（    ）。

A. 住宅                      B. 医院

C. 宿舍                      D. 办公楼

E. 图书馆

5. 建筑是建筑物和构筑物的统称，下列属于构筑物的是（　　　）。

    A. 水塔　　　　　　　　　　　　　B. 学校

    C. 烟囱　　　　　　　　　　　　　D. 影剧院

    E. 地下管沟

6. 下列质感粗放的材料中多用于室外装修的有（　　　）。

    A. 花岗石　　　　　　　　　　　　B. 大理石

    C. 瓷砖　　　　　　　　　　　　　D. 玻化面砖

    E. 陶瓷面砖

7. 坡屋顶按承重结构划分有（　　　）。

    A. 砖墙承重层　　　　　　　　　　B. 屋架承重层

    C. 钢架结构层　　　　　　　　　　D. 梁架结构层

    E. 钢筋混凝土梁板承重层

8. 沉降缝的设置位置在（　　　）。

    A. 房屋高差较大处　　　　　　　　B. 房屋长度比较大时的房屋中部

    C. 地基的压缩性有显著差异处　　　D. 分批分期建立的房屋交界处

    E. 平面形状复杂的房屋转折部位

9. 基础按受力特点及材料性能分类为（　　　）。

    A. 独立基础　　　　　　　　　　　B. 刚性基础

    C. 条形基础　　　　　　　　　　　D. 筏形基础

    E. 柔性基础

10. 按建筑的耐久年限对民用建筑进行分类，包括（　　　）。

    A. 一级建筑　　　　　　　　　　　B. 二级建筑

    C. 三级建筑　　　　　　　　　　　D. 重要建筑

    E. 一般建筑

11. 网架结构改变了平面桁架的受力状态，是高次超静定的空间结构，其中平板网架的主要特点包括（　　　）。

    A. 主要受径向力　　　　　　　　　B. 受力合理

    C. 节约材料　　　　　　　　　　　D. 整体性好

    E. 杆件类型多

12. 适用于体育馆、展览馆的大跨度结构包括（　　　）。

    A. 框架结构　　　　　　　　　　　B. 框架-剪力墙结构

    C. 网架结构　　　　　　　　　　　D. 拱式结构

    E. 悬索结构

13. 工业建筑中，与横向排架结构组合成框架，提高工业建筑整体性和稳定性的构件有（　　　）。

    A. 吊车梁　　　　　　　　　　　　B. 圈梁

    C. 连系梁　　　　　　　　　　　　D. 基础梁

    E. 柱间支撑

14. 坡屋顶承重结构划分有（　　　）。

A. 硬山搁檩             B. 屋架承重

C. 钢架结构             D. 梁架结构

E. 钢筋混凝土梁板承重

15. 钢筋混凝土楼梯，按照施工方法分类，包括(     )。

A. 现浇钢筋混凝土楼梯          B. 预制装配式钢筋混凝土楼梯

C. 双跑式钢筋混凝土楼梯         D. 圆弧式钢筋混凝土楼梯

E. 消防楼梯

16. 工业建筑中的承重屋架，常见的形式有(     )。

A. 三角形               B. 梯形

C. 矩形                  D. 多边形

E. 折线形

17. 平面尺寸较大的建筑门厅常采用(     )。

A. 板式现浇钢筋混凝土楼板       B. 预制钢筋混凝土楼板

C. 预制钢筋混凝土空心楼板       D. 井字形密肋楼板

E. 无梁楼板

18. 坡屋面常见的细部构造有(     )。

A. 挑出檐口             B. 女儿墙檐口

C. 山墙                  D. 刚性防水层

E. 水泥砂浆找平层

19. 单层工业厂房的柱间支撑和屋盖支撑主要传递(     )。

A. 水平风荷载          B. 吊车刹车冲切力

C. 屋盖自重             D. 抗风柱重量

E. 墙梁自重

20. 坡屋顶的承重屋架，常见的形式是(     )。

A. 三角形               B. 梯形

C. 矩形                  D. 多边形

E. 弧形

21. 坡屋顶的承重结构划分有(     )。

A. 硬山搁檩             B. 屋架承重

C. 刚架结构             D. 梁架结构

E. 钢筋混凝土梁板承重

22. 关于平屋顶排水方式的说法，正确的有(     )。

A. 高层建筑屋面采用外排水       B. 多层建筑屋面采用有组织排水

C. 低层建筑屋面采用无组织排水    D. 汇水面积较大屋面采用天沟排水

E. 多层建筑屋面采用无组织排水

23. 设置圈梁的主要意义在于(     )。

A. 提高建筑物空间刚度          B. 提高建筑物的整体性

C. 传递墙体荷载               D. 提高建筑物的抗震性能

E. 增加墙体的稳定性

24. 现浇钢筋混凝土楼板主要分为(    )。
    A. 板式楼板
    B. 梁式楼板
    C. 梁板式肋形楼板
    D. 井字形肋楼板
    E. 无梁式楼板

25. 下列建筑的耐久年限在 50 年以上的是(    )。
    A. 临时性建筑
    B. 次要建筑
    C. 高大建筑
    D. 重要的建筑
    E. 高层建筑

26. 以下关于建筑物变形缝的说法，正确的有(    )。
    A. 变形缝包括伸缩缝、沉降缝和防震缝，其作用在于防止墙体开裂、结构破坏
    B. 沉降缝的宽度应根据房屋的层数而定，五层以上时不应小于 100mm
    C. 对多层钢筋混凝土结构建筑，高度 15m 及以下时，防震缝宽度为 70mm
    D. 伸缩缝一般为 20～30mm，应从基础、屋顶、墙体、楼层等房屋构件处全部断开
    E. 防震缝应从基础底面开始，沿房屋全高设置

27. 建筑物按使用性质可分为(    )。
    A. 工业建筑
    B. 民用建筑
    C. 节能建筑
    D. 农业建筑
    E. 生产性建筑

28. 承受相同荷载条件下，相对刚性基础而言，柔性基础的特点是(    )。
    A. 节约基础挖方量
    B. 节约基础钢筋用量
    C. 增加基础钢筋用量
    D. 减小基础埋深
    E. 增加基础埋深

29. 对于(    )的建筑，可对整个地面利用聚苯板对地面进行保温处理。
    A. 特别寒冷的地区
    B. 气候温和的地区
    C. 保温要求高
    D. 保温要求低
    E. 温度较高

30. 单层厂房的围护结构包括(    )。
    A. 基础
    B. 柱
    C. 屋架
    D. 天窗
    E. 散水

31. 下列关于装配式混凝土结构建筑的特点，说法不正确的是(    )。
    A. 工期比现浇混凝土结构长
    B. 建造速度快
    C. 节能环保
    D. 受气候条件制约小
    E. 施工质量比现浇混凝土结构略差

32. 下列关于平屋顶节能构造做法，说法错误的有(    )。
    A. 高效保温材料节能屋顶保温层选用高效轻质的保温材料
    B. 高效保温材料节能屋顶保温层为虚铺
    C. 高效保温材料节能屋顶防水层、找平层做法与普通平屋顶做法不同

  D. 架空型保温节能屋顶常在架空层内铺轻质保温材料

  E. 架空隔热层宜在有良好通风的建筑物屋顶上采用,不宜在寒冷地区采用

33. 下列关于砖墙的细部构造,描述正确的有(　　)。

  A. 防潮层的作用是提高建筑物的耐久性,保持室内干燥卫生

  B. 勒脚的高度一般为室内地坪与室外地坪的高差,可适当降低,但不能提高

  C. 钢筋混凝土过梁应用得最为广泛

  D. 设置圈梁是减轻震害的重要构造措施

  E. 伸缩缝基础部分也要断开

34. 型钢混凝土组合结构与钢筋混凝土结构相比优势在于(　　)。

  A. 承载力大       B. 抗震性能好

  C. 防火性能好       D. 刚度大

  E. 节约钢材

35. 下列选项中,属于构造柱的主要作用的有(　　)。

  A. 提高结构整体刚度     B. 提高墙体延性

  C. 增强建筑物承受地震作用的能力   D. 传递荷载

  E. 约束墙体裂缝延伸

36. 墙体饰面装修构造按材料形式和施工方式的不同,常见的墙体饰面可分为(　　)。

  A. 抹灰类       B. 幕墙类

  C. 涂料类       D. 铺钉类

  E. 复合类

37. 下列选项中,网架结构体系的特点有(　　)。

  A. 空间受力体系,整体性好   B. 杆件轴向受力合理,节约材料

  C. 高次超静定,稳定性好    D. 杆件类型多,适于工业化生产

  E. 结构刚度大,抗震性能好

38. 预制装配式钢筋混凝土楼梯踏步的支承方式有(　　)。

  A. 梁承式       B. 板承式

  C. 墙承式       D. 板肋式

  E. 悬挑式

39. 关于民用建筑承重体系,下列叙述正确的是(　　)。

  A. 框架-剪力墙结构体系适用于不超过150m高的建筑

  B. 筒体结构体系适用于不超过300m高的建筑

  C. 拱式结构是一种有推力结构,主要内力是轴向压力

  D. 悬索结构中的垂度越大,拉力越大

  E. 双曲壳中壳面主要承受压力,支座环承受拉力

40. 现浇钢筋混凝土楼梯按楼梯段传力特点划分,有(　　)。

  A. 墙承式楼梯      B. 梁式楼梯

  C. 悬挑式楼梯      D. 板式楼梯

  E. 梁板式楼梯

41. 下列关于板式楼板,说法正确的是(　　)。

A. 板式楼板分为单向板、双向板和悬挑板

B. 单向板的厚度一般为跨度的 1/30～1/25，且厚度不小于 100mm

C. 单向板按双向配置受力钢筋

D. 悬挑板的主要受力钢筋布置在板的下方，分布钢筋布置在主要受力筋的上方

E. 悬挑板的板厚为挑长的 1/35，且根部厚度不小于 80mm

42. 以下关于屋面防水构造的说法正确的有（      ）。

A. 涂膜防水倒置式屋面能使防水层无热胀冷缩现象，延长防水层的使用寿命

B. 涂膜防水保护层采用细石混凝土做保护层，设分隔缝的纵横间距不应大于 6m

C. 重要建筑和高层建筑应采用 II 级防水

D. 采用高分子防水层时施工前应在找平层上涂刷冷底子油做基层处理

E. 倒置式屋面是传统的保温防水屋面做法

43. 下列关于坡屋顶保温层的构造，说法正确的是（      ）。

A. 结构层为钢筋混凝土板时，保温层宜设在结构层上部

B. 结构层为钢筋混凝土板时，保温层宜设在结构层下部

C. 当结构层为轻钢结构时，保温层可设置在上侧

D. 当结构层为轻钢结构时，保温层可设置在下侧

E. 当保温层在结构层底部时，保温板应固定牢固，板底应采用薄抹灰

44. 建筑物窗户遮阳板的基本形式为（      ）。

A. 综合遮阳                    B. 水平遮阳

C. 垂直遮阳                    D. 普通遮阳

E. 挡板遮阳

45. 装配式结构可分为（      ）。

A. 装配整体式框架结构              B. 装配整体式混合结构

C. 装配整体式剪力墙结构            D. 装配整体式框架-剪力墙结构

E. 装配整体式部分框支剪力墙结构

46. 关于外墙外保温，以下说法正确的有（      ）。

A. 是一种最科学、最高效的保温节能技术

B. 保温层的面层厚面层则采用普通水泥砂浆抹面

C. 可以用于旧建筑外墙的节能改造

D. 外保温对提高室内温度的稳定性不利

E. 墙体内表面应力大，易引起内表面保温层的开裂

47. ★ [2019 年安徽] 国家建筑标准设计图集《16G101-1》中关于混凝土保护层厚度，下列说法正确的有（      ）。

A. 现浇混凝土柱中钢筋的保护层厚度指纵向主筋到混凝土外表面的距离

B. 基础底面钢筋的保护层厚度，有混凝土垫层时应从垫层顶面算起，且不应小于 400mm

C. 混凝土保护层厚度与混凝土结构设计使用年限有关

D. 混凝土构件中受力钢筋的保护层厚度不应小于钢筋的公称直径

E. 现浇混凝土柱中钢筋的保护层厚度指箍筋外侧到混凝土外表面的距离

## 答案与解析

### 一、单项选择题

1. A； 2. A； 3. A； 4. A； 5. D； 6. C； 7. C； 8. D； 9. A； 10. D；
11. D； 12. D； 13. D； 14. D； 15. C； 16. A； 17. C； 18. B； 19. A； 20. C；
21. D； 22. D； 23. C； 24. C； 25. B； 26. A； 27. B； 28. C； 29. D； 30. D；
31. C； 32. B； 33. B； 34. D； 35. A； 36. B； 37. B； 38. C； 39. D； 40. B；
41. D； 42. D； 43. B； 44. D； 45. D； 46. C； 47. C； 48. D； 49. C； 50. D；
51. B； 52. B； 53. B； 54. A； 55. C； 56. A； 57. C； 58. D； 59. B； 60. B；
61. B； 62. B； 63. C； 64. B； 65. B； 66. D； 67. B； 68. B； 69. B； 70. D；
71. D； 72. A； 73. D； 74. A； 75. C； 76. B； 77. C； 78. A； 79. C； 80. C；
81. A； 82. B； 83. C； 84. A； 85. C； 86. B； 87. C； 88. B； 89. C； 90. B；
91. A； 92. A； 93. C； 94. C； 95. A； 96. B； 97. D； 98. B； 99. C； 100. B；
101. C； 102. C； 103. B； 104. A； 105. D； 106. C； 107. C； 108. A； 109. C； 110. A；
111. C； 112. B； 113. B； 114. B； 115. C； 116. D； 117. A； 118. C； 119. D； 120. D；
121. A； 122. A； 123. A； 124. A； 125. D； 126. B； 127. C； 128. C； 129. D； 130. B；
131. C； 132. B； 133. D； 134. A； 135. A； 136. A

### 二、多项选择题

1. ABE； 2. CD； 3. ABD； 4. AC； 5. ACE； 6. AE； 7. ABDE；
8. ACE； 9. BE； 10. ABC； 11. BCD； 12. DE； 13. ABCD； 14. ABDE；
15. AB； 16. ABE； 17. DE； 18. ABC； 19. AB； 20. ABCD； 21. ABDE；
22. BCD； 23. ABDE； 24. ACDE； 25. DE； 26. AC； 27. AB； 28. ACD；
29. AC； 30. DE； 31. AE； 32. BC； 33. ACD； 34. ABD； 35. ABCE；
36. ACD； 37. ABCE； 38. ACE； 39. BCE； 40. BD； 41. AE； 42. AB；
43. ACDE； 44. ABCE； 45. ACDE； 46. ABC； 47. BCDE

答案解析

# 第2节  土建工程常用材料的分类、基本性能及用途

## 复习要点

**1. 建筑结构材料**

（1）建筑钢材

钢材具有品质稳定、强度高、塑性和韧性好、可焊接和铆接、能承受冲击和振动荷载等优异性能。常用的钢材有普通碳素结构钢、优质碳素结构钢和低合金高强结构钢。

| 常用的建筑钢材 | 钢筋混凝土结构用钢 | 热轧钢筋 | 热轧光圆钢筋 | HPB300 | |
|---|---|---|---|---|---|
| | | | 普通热轧钢筋 | HRB400、HRB500、HRB600、HRB400E、HBR500E | |
| | | | 细晶粒热轧钢筋 | HRBF400、HRBF500、HRBF400E、HRBF500E | |
| | | | 应用 | 非预应力钢筋混凝土可选用 HPB300、HRB400 钢筋，预应力钢筋混凝土则宜选用 HRB600、HRB500、HRB400 钢筋 | |
| | | 冷加工钢筋 | 冷拉热轧钢筋 | 冷拉可使屈服点提高、材料变脆、屈服阶段缩短，塑性、韧性降低 | |
| | | | 冷轧带肋钢筋 | CRB550、CRB650、CRB800、CRB600H、CRB680H、CRB800H 六个牌号 | |
| | | | | 特点 | 冷轧带肋钢筋克服了冷拉、冷拔钢筋握裹力低的缺点，具有强度高、握裹力强、节约钢材、质量稳定等优点 |
| | | | | 应用 | CRB550、CRB650 级钢筋宜用作普通钢筋混凝土结构构件中的受力主筋、架立筋、箍筋和构造箍筋。CRB650 级、CRB800 级和 CRB800H 级钢筋宜用作中、小型预应力钢筋混凝土结构构件中的受力主筋 |
| | | | 冷拔低碳钢丝 | 冷拔低碳钢丝分为甲、乙两级，甲级用于预应力混凝土结构构件中，乙级用于非预应力混凝土结构构件中 | |
| | | 热处理钢筋 | | 热处理钢筋强度高，用材省，锚固性好，预应力稳定，主要用作预应力钢筋混凝土轨枕，也可以用于预应力混凝土板、吊车梁等构件 | |
| | | 预应力钢筋混凝土用钢丝 | 分类 | ①按照加工状态分为冷拉钢丝和消除应力钢丝两类，消除应力钢丝的塑性比冷拉钢丝好。②按外形分为光面钢丝（P）、螺旋肋钢丝（H）和刻痕钢丝三种 | |
| | | | 特点 | ①消除应力钢丝的塑性比冷拉钢丝好；②刻痕钢丝是经压痕轧制而成，刻痕后与混凝土的握裹力大，可减少混凝土裂缝；③预应力混凝土用钢丝强度高，柔性好 | |
| | | | 应用 | 适用于大跨度屋架、薄腹梁、吊车梁等大型构件的预应力结构 | |
| | | 预应力混凝土钢绞线 | 特点 | 预应力混凝土用钢绞线强度高、柔性好，与混凝土黏结性能好 | |
| | | | 应用 | 多用于大型屋架、薄腹梁、大跨度桥梁等大负荷的预应力混凝土结构 | |
| | | 钢结构用钢 | | 钢结构用钢主要是热轧成型的钢板和型钢等。钢板分为厚板（厚度大于4mm）和薄板（厚度小于或等于4mm）两种。厚板主要用于结构，薄板主要用于屋面板、楼板和墙板等 | |
| | | 钢管混凝土结构用钢 | | 按照截面形式的不同，可分为矩形钢管混凝土结构、圆钢管混凝土结构和多边形钢管混凝土结构等 | |

| | | |
|---|---|---|
| 钢材的性能 | 定义 | 钢材的性能包括力学性能和工艺性能。其中,力学性能是钢材最重要的使用性能,包括抗拉性能、冲击性能、硬度、疲劳性能等。工艺性能表示钢材在各种加工过程中的行为,包括冷弯性能和焊接性能等 |
| | 抗拉性能 | 抗拉性能是钢材最重要的性能,表现其性能的技术指标主要是屈服强度、抗拉强度和伸长率 |
| | 冲击性能 | 钢材的冲击性能是指钢材抵抗冲击荷载的能力 |
| | 硬度 | 钢材的硬度是指表面层局部体积抵抗较硬物体压入产生塑性变形的能力 |
| | 耐疲劳性 | 疲劳破坏的危险应力用疲劳极限来表示,它是指钢材在交变荷载作用下于规定周期基数内不发生断裂所能承受的最大应力 |
| | 冷弯性能 | 冷弯性能是指钢材在常温下承受弯曲变形的能力 |
| | 焊接性能 | 影响钢材可焊性的主要因素是化学成分及含量。含碳量超过 0.3% 时,可焊性显著下降;硫含量较多时,会使焊缝处产生裂纹并硬脆,严重降低焊接质量 |
| 钢材化学成分 | | 钢材的主要化学成分是铁和碳元素,此外,还有少量的硅、锰、硫、磷等,在不同情况下往往还需考虑氧、氮及各种合金元素 |

### (2) 无机胶凝材料

| | |
|---|---|
| 气硬性胶凝材料 | 石灰、石膏和水玻璃,只适用于干燥环境中,而不宜用于潮湿环境 |
| 水硬性胶凝材料 | 各种水泥 |

### 1) 水泥
### ① 硅酸盐水泥、普通硅酸盐水泥

| | | | | | | |
|---|---|---|---|---|---|---|
| 技术性质 | 细度 | 颗粒越细,与水反应的表面积越大,水化速度快,但硬化收缩较大,且粉磨时能耗大,成本高 | | | | |
| | 凝结时间 | 初凝:加水拌合起,至水泥浆开始失去塑性所需的时间,初凝时间不得早于 45min | | | | |
| | | 终凝:加水拌合起,至水泥浆完全失去塑性产生强度所需的时间,终凝时间不得迟于 10h | | | | |
| | 体积安定性 | 是指水泥在硬化过程中,体积变化是否均匀的性能 | | | | |
| | 强度 | 水泥强度是指胶砂的强度而不是净浆的强度,它是评定水泥强度等级的依据 | | | | |
| | 碱含量 | 若使用活性骨料,水泥中碱含量不得大于 0.60% | | | | |
| | 水化热 | 水化热与水泥矿物成分、细度、掺入的外加剂品种、数量、水泥品种及混合材料掺量有关 | | | | |
| 特性及适用范围 | 种类 | 硅酸盐水泥 | 普通硅酸盐水泥 | 矿渣硅酸盐水泥 | 火山灰质硅酸盐水泥 | 粉煤类硅酸盐水泥 |
| | 早期强度 | 较高 | 较高 | 低 | 低 | 低 |
| | 水化热 | 较大 | 较大 | 较小 | 较小 | 较小 |
| | 耐热性 | 较差 | 较差 | 较好 | 较差 | 较差 |
| | 耐冻性 | 好 | 较好 | 较差 | 较差 | 较差 |
| | 耐硫酸盐侵蚀和耐水性 | 较差 | 较差 | 较好 | 较好 | 较好 |

续表

| 种类 | 硅酸盐水泥 | 普通硅酸盐水泥 | 矿渣硅酸盐水泥 | 火山灰质硅酸盐水泥 | 粉煤类硅酸盐水泥 |
|---|---|---|---|---|---|
| 干缩性 | 小 | 小 | 较大 | 较大 | 较小 |
| 抗碳化 | 好 | 好 | 差 | 差 | 较差 |
| 特性及适用范围（适用范围） | 适用于快硬早强的工程、配制高强度等级混凝土 | 适用于建造地上、地下及水中的混凝土、钢筋混凝土及预应力钢筋混凝土结构，包括受反冰冻的结构；也可配制高强度等级混凝土及早期强度要求高的工程 | 1. 适用于高温车间和有耐热、耐火要求的混凝土结构；2. 大体积混凝土结构；3. 蒸汽养护的混凝土结构；4. 一般地上、地下和水中混凝土结构；5. 有抗硫酸盐侵蚀要求的一般工程 | 1. 适用于大体积工程；2. 有抗渗要求的工程；3. 蒸汽养护的混凝土构件；4. 可用于一般混凝土结构；5. 有抗硫酸盐侵蚀要求的一般工程 | 1. 适用于地上、地下、水中及大体积混凝土工程；2. 蒸汽养护的混凝土构件；3. 可用于一般混凝土工程；4. 有抗硫酸盐侵蚀要求的一般工程 |
| 特性及适用范围（不适用范围） | 1. 不宜用于大体积混凝土工程；2. 不宜用于受化学侵蚀、压力水（软水）作用及海水侵蚀的工程 | 1. 不适用于大体积混凝土工程；2. 不宜用于化学侵蚀、压力水（软水）作用及海水侵蚀的工程 | 1. 不适用于早期强度要求较高的工程；2. 不适用于严寒地区并处在水位升降范围内的混凝土工程 | 1. 不适用于处在干燥环境的混凝土工程；2. 不宜用于耐磨性要求高的工程；3. 其他同矿渣硅酸盐水泥 | 1. 不适用于有抗碳化要求的工程；2. 其他同矿渣硅酸盐水泥 |

② 铝酸盐水泥

铝酸盐水泥分为 CA-50、CA-60、CA-70、CA-80 四类。CA-60 水泥初凝时间不得早于 60min，终凝不得迟于 18h，其余三类水泥均要求初凝时间不得早于 30min，终凝时间不得迟于 6h。

③ 白色和彩色硅酸盐水泥

白色和彩色硅酸盐水泥主要用于建筑物内外的表面装饰工程，如地面、楼面、墙、柱及台阶等。

④ 硫铝酸盐水泥

硫铝酸盐水泥具有快凝、早强、不收缩的特点，宜用于配置早强、抗渗和抗硫酸盐侵蚀等混凝土，适用于浆锚、喷锚支护、抢修、抗硫酸盐腐蚀、海洋建筑工程，不宜用于高温施工及处于高温环境的工程。

2）石灰

| 石灰的原料 | 石灰由含碳酸钙（$CaCO_3$）较多的石灰石经过高温锻炼生成的气硬性胶凝材料，其主要成分是氧化钙（$CaO$）。石灰加水后便消解为熟石灰（$Ca(OH)_2$）。石灰熟化的过程放出大量的热，温度升高，体积增大 |
|---|---|
| 石灰膏 | 用碳化钙（电石，$CaC_2$）加水制取乙炔时所产生的电石渣，主要成分是氢氧化钙（$Ca(OH)_2$） |
| 石灰的硬化 | 碳化作用对石灰后期强度的增长有较大贡献 |
| 石灰的应用 | ①制作石灰乳涂料；②配置砂浆；③拌制灰土或三合土；④生产硅酸盐制品 |

### 3)石膏

| 定义 | 石膏是以硫酸钙为主要成分的气硬性胶凝材料 |
|---|---|
| 石膏的原料 | 生产石膏的主要原料是天然二水石膏,又称软石膏 |
| 建筑石膏的硬化 | 建筑石膏与适量的水拌合后,最初成为可塑的浆体,但很快就失去塑性并产生强度,逐渐发展成坚硬的固体 |
| 建筑石膏的技术性质与应用 | ①色白质轻;②凝结硬化快;③微膨胀性;④多孔性;⑤防火性;⑥装饰性和可加工性;⑦耐水性、抗冻性差 |

### (3)混凝土

按所用胶凝材料的种类分类,混凝土可分为水泥混凝土(也称普通混凝土)、沥青混凝土、树脂混凝土、聚合物混凝土、水玻璃混凝土及石膏混凝土等,其中,水泥混凝土是土木工程中最常用的混凝土。

| | | | |
|---|---|---|---|
| 普通混凝土组成材料 | 水泥 | | 水泥是影响混凝土强度、耐久性及经济性的重要因素 |
| | 砂 | | 用于拌制混凝土的砂,不宜过粗,也不宜过细。级配良好的砂配制混凝土,不仅所用水泥浆量少,节约水泥,而且还可提高混凝土的和易性、密实度和强度。砂的粗细程度和颗粒级配通过筛分析法确定 |
| | 石子 | | 碎石配置的混凝土强度高,但总表面积和空隙率较大,拌制混凝土水泥用量较多,拌合物和易性较差。卵石空隙率及表面积小,拌制混凝土需要水泥浆量少,拌合物和易性好,便于施工,但配制的混凝土强度较低 |
| | 水 | | 混凝土拌合用水和混凝土养护用水包括饮用水、地表水、地下水、再生水、混凝土企业设备洗刷水和海水等。混凝土企业设备洗刷水不宜用于预应力混凝土、装饰混凝土,也不得用于使用碱活性或潜在碱活性骨料的混凝土。在无法获得水源的情况下,海水可用于素混凝土,但不宜用于装饰混凝土。未经处理的海水严禁用于钢筋混凝土和预应力混凝土 |
| | 外加剂 | 减水剂 | 具有减水增强作用的外加剂 |
| | | 早强剂 | 提高混凝土早期强度,并对后期无显著影响的外加剂,多用于抢修工程和冬期施工的混凝土 |
| | | 引气剂 | 减少拌合物沁水离析、改善和易性,同时显著提高硬化混凝土抗冻融耐久性的外加剂 |
| | | 缓凝剂 | 延缓混凝土凝结时间的外加剂。用于大体积混凝土、炎热气候条件下施工的混凝土或长距离运输的混凝土,不宜单独用于蒸养混凝土 |
| | | 泵送剂 | 改善混凝土拌合物的泵送性能,使混凝土具有能顺利通过输送管道、不阻塞、不离析、黏塑性良好的外加剂 |
| | | 膨胀剂 | 使混凝土产生一定的体积膨胀的外加剂 |
| 混凝土的技术性质 | 混凝土的强度 | 立方体抗压强度 | 混凝土的强度等级是根据边长为150mm立方体在标准养护条件下养护28d的抗压强度标准值来确定的 |
| | | 抗拉强度 | 混凝土的抗拉强度对减少裂缝很重要,有时也用来间接衡量混凝土与钢筋的粘结强度 |
| | | 抗折强度 | 混凝土抗折强度是结构设计和质量控制的重要指标,而抗压强度作为参考强度指标 |
| | | 影响混凝土强度的因素 | ①水灰比和水泥强度等级;②养护的温度和湿度;③龄期 |

| 混凝土的技术性质 | 混凝土和易性 混凝土耐久性 | 和易性的主要指标包括流动性、黏聚性、保水性三个方面 | |
|---|---|---|---|
| | | 影响和易性的因素 | 水泥浆；骨料品种和品质；砂率；其他因素（水泥与外加剂、温度和时间） |
| | | 耐久性包括抗冻性、抗渗性、抗蚀性及抗碳化能力等，混凝土耐久性主要取决于组成材料的质量及混凝土密实度 | |
| 预拌混凝土 | 预拌混凝土作为半成品，质量稳定、技术先进、节能环保，能提高施工效率，有利于文明施工。在采用商品混凝土时，要考虑混凝土的经济运距，一般以 15～20km 为宜，运输时间一般不宜超过 1h | | |
| 特种混凝土 | 高性能混凝土 | 具有高耐久性、高工作性和高体积稳定性。这种混凝土特别适用于高层建筑、桥梁以及暴露在严酷环境中的建筑物 | |
| | 高强度混凝土 | 高强度混凝土是用普通水泥、砂石作为原料，采用常规制作工艺（主要依靠高效减水剂，或者同时外加一定数量的活性矿物掺合料），使硬化后强度等级不低于 C60 的混凝土 | |
| | 轻骨料混凝土 | 工程中使用轻骨料混凝土可以大幅度地降低建筑物的自重，降低地基基础工程费用和材料运输费用；可使建筑物绝热性能改善，节约能源，降低建筑产品的使用费用；可减少构件或结构尺寸，节约原料，增加使用面积等 | |
| | 多孔混凝土 | 加气混凝土 | |
| | | 泡沫混凝土 | |
| | | 大孔混凝土 | |
| | 防水混凝土 | 使用这种混凝土，可节省外用防水材料，简化防水构造，对地下结构、高层建筑的基础以及贮水结构具有重要意义 | |
| | 碾压混凝土 | 是道路工程、机场工程和水利工程中性能好、成本低的新型混凝土材料 | |
| | 纤维混凝土 | 纤维混凝土对增强混凝土早期抗拉强度，防止早期由沉陷、水化热、干缩产生的内蕴微裂纹，减少表现裂缝和开裂宽度，增强混凝土的防渗性能、抗磨损抗冲击性能及增强结构整体性有显著作用 | |
| | 聚合物混凝土 | 它是混凝土与聚合物的复合材料，克服了普通混凝土抗拉强度低、脆性大、易开裂、耐化学腐蚀性差等缺点 | |

（4）砌筑材料

1）砖

| 烧结砖 | 烧结普通砖 | 具有较高的强度，良好的绝热性、耐久性、透气性和稳定性，且原料广泛，生产工艺简单，因而可用作墙体材料，砌筑柱、拱、窑炉、烟囱、沟道及基础等 |
|---|---|---|
| | 烧结多孔砖 | 主要用于结构承重的多孔砖。多孔砖大面有孔，孔多而小，孔洞垂直于大面（即受压面），孔洞率不小于 33%。烧结多孔砖主要用于六层以下建筑物的承重墙体 |
| | 烧结空心砖 | 其顶面有孔、孔大而少，孔洞为矩形条孔或其他孔形，孔洞率大于 40%。由于其孔洞平行于大面和条面，垂直于顶面，使用时大面承压，承压面与孔洞平行，所以这种砖强度不高，而且自重较小，因而多用于非承重墙。如多层建筑内隔墙或框架结构的填充墙等 |
| 蒸养（压）砖 | | 主要有粉煤灰砖、灰砂砖、炉渣砖 |

2）砌块

常用的砌块有中型空心砌块、粉煤灰砌块、蒸压加气混凝土砌块。砌块是墙体材料改革的一种有效途径，可使墙体自重减轻，建筑功能改善，造价降低。

3）石材

① 天然石材

| 岩石种类 | 常用石种 | 特性 | 用途 |
|---|---|---|---|
| 岩浆岩<br>（火成岩） | 花岗岩 | 孔隙率小，吸水率低，耐磨、耐酸、耐久，但不耐火，磨光性好 | 基础、地面、路面、室内外装饰、混凝土集料 |
| | 玄武岩 | 硬度大、细密、耐冻性好，抗风化性强 | 高强混凝土集料、道路路面 |
| 沉积岩<br>（水成岩） | 石灰岩 | 耐久性及耐酸性均较差，力学性质随组成不同变化范围很大 | 基础、墙体、桥墩、路面、混凝土集料 |
| | 砂岩 | 硅质砂岩（以氧化硅胶结），坚硬、耐久，耐酸性与花岗岩相近 | 基础、墙体、衬面、踏步、纪念碑石 |
| 变质岩 | 大理石 | 质地致密，硬度不高，易加工，磨光性好，易风化，不耐酸 | 室内墙面、地面、柱面、栏杆等装修 |
| | 石英岩 | 硬度大，加工困难，耐酸、耐久性好 | 基础、栏杆、踏步、饰面材料、耐酸材料 |

② 人造石材

常用的人造石材有人造花岗石、人造大理石和人造水磨石三种。它们具有天然石材的花纹、质感和装饰效果，而且花色、形状等多样化，并具有质量轻、强度高、耐腐蚀、耐污染和施工方便等优点。

4）砌筑砂浆

砌筑砂浆根据组成材料的不同，分为水泥砂浆、石灰砂浆、水泥石灰混合砂浆等。一般砌筑基础采用水泥砂浆；砌筑主体及砖柱常采用水泥石灰混合砂浆；石灰砂浆有时用于砌筑简易工程。

水泥宜选用通用硅酸盐水泥，砂宜选用中砂。

5）预拌砂浆

预拌砂浆是指由专业化厂家生产的，用于建设工程中的各种砂浆拌合物。按生产方式，可将预拌砂浆分为湿拌砂浆和干混砂浆两大类。

**2. 建筑装饰材料**

（1）饰面材料

常用的饰面材料有天然饰面石材、人造饰面石材、饰面陶瓷与玻璃制品、塑料制品、石膏制品、木材以及金属等其他饰面材料。

| 天然饰面石材 | 花岗石板材 | 按质量分 | 优等品（A）、一等品（B）及合格品（C） |
|---|---|---|---|
| | | 技术要求 | 规格尺寸允许偏差、外观质量、镜面光泽度、体积密度、吸水率、干燥抗压强度及弯曲强度 |
| | | 用途 | 建筑上常用的剁斧板，主要用于室外地面、台阶、基座等处；机刨板材一般多用于地面、踏步、檐口、台阶等处；花岗石粗磨板则用于墙面、柱面、纪念碑等；磨光板材因其具有色彩鲜明、光泽好的特点，主要用于室内外墙面、地面、柱面等 |

续表

| 天然饰面石材 | 大理石板材 | 按质量分 | 同花岗石板材 |
| --- | --- | --- | --- |
| | | 技术要求 | 同花岗石板材 |
| | | 用途 | 大理石板材具有吸水率小、耐磨性好以及耐久性好等优点，但其抗风化性能较差。除个别品种（含石英为主的砂岩及石曲岩）外一般不宜用作室外装饰 |
| 人造饰面石材 | 建筑水磨石板材 | | 水磨石板材比天然大理石有更多的选择性，物美价廉，是建筑上广泛应用的装饰材料，可制成各种形状的饰面板，用于墙面、地面、窗台、踢脚、台面、踏步、水池等 |
| | 合成石面板材 | | 具有天然石材的花纹和质感、体积密度小、强度高、厚度薄、耐酸碱性与抗污染性好，其色彩和花纹均可根据设计意图制作，还可制成弧形、曲面形等几何形状。品种有仿天然大理石板、仿天然花岗石板等，可用于室内外立面、柱面装饰，用作室内墙面与地面装饰材料，还可用作楼梯面板、窗台板等 |
| 饰面陶瓷 | 釉面砖 | | 釉面砖表面平整、光滑，坚固耐用，色彩鲜艳，易于清洁，防火、防水、耐磨、耐腐蚀等。但不应用于室外，因釉面砖砖体多孔，吸收大量水分后将产生湿胀现象，而釉吸湿膨胀非常小，从而导致釉面开裂，出现剥落、掉皮现象 |
| | 墙地砖 | | 包括建筑物外墙装饰贴面用砖和室内外地面装饰铺贴用砖 |
| | 陶瓷锦砖 | | 俗称马赛克，主要用于室内地面铺装 |
| | 瓷质砖 | | 瓷质砖又称同质砖、通体砖、玻化砖。瓷质砖具有天然石材的质感，而且更具有高光度、高硬度、高耐磨、吸水率低、色差少以及规格多样化和色彩丰富等优点。装饰在建筑物外墙壁上能起到隔声、隔热的作用，而且它比大理石轻便，质地均匀致密、强度高、化学性能稳定 |
| 其他饰面材料 | 石膏饰面材料 | | 石膏饰面材料包括石膏装饰、装饰石膏板和嵌装式装饰石膏板等。石膏板主要用作室内吊顶及内墙饰面 |
| | 塑料饰面材料 | | 塑料饰面板材料包括塑料壁纸、塑料装饰板材、塑料卷材地板、块状塑料地板、化纤地毯等 |
| | 木材、金属等饰面材料 | | 此类饰面材料有薄木贴面板、胶合板、木地板、铝合金装饰板、彩色不锈钢板等 |

（2）建筑玻璃

| 平板玻璃 | 特性 | 良好的透视、透光性能；隔声、有一定的保温性能；有较高的化学稳定性；热稳定性较差，急冷急热，易发生炸裂 |
| --- | --- | --- |
| | 用途 | 3～5mm 的平板玻璃一般直接用于有框门窗的采光，8～12mm 的平板玻璃可用于隔断、橱窗、无框门。平板玻璃的另外一个重要用途是作为钢化、夹层、镀膜、中空等深加工玻璃 |
| 装饰玻璃 | 彩色平板玻璃 | 可以拼成各种图案，并有耐腐蚀、抗冲刷、易清洗等特点，主要用于建筑物的内外墙、门窗装饰及对光线有特殊要求的部位 |
| | 釉面玻璃 | 具有良好的化学稳定性和装饰性，广泛用于室内饰面层，一般建筑物门厅和楼梯间的饰面层及建筑物外饰面层 |

| | 压花玻璃 | 有一般压花玻璃、真空镀膜玻璃压花玻璃和彩色膜压花玻璃 |
|---|---|---|
| 装饰玻璃 | 喷花玻璃 | 适用于室内门窗、隔断和采光 |
| | 乳花玻璃 | 花纹柔和、清晰、美丽,富有装饰性 |
| | 刻花玻璃 | 主要用于高档场所的内隔断或屏风 |
| | 冰花玻璃 | 可用于宾馆、酒楼、饭店、酒吧间等场所的门窗、隔断、屏风和家庭装饰 |
| 安全玻璃 | 防火玻璃 | 主要用于有防火隔热要求的建筑幕墙、隔断等构造和部位 |
| | 钢化玻璃 | 钢化玻璃机械强度高、弹性好、热稳定性好、碎后不易伤人,但可发生自爆,不能切割、磨削 |
| | 夹丝玻璃 | 夹丝玻璃也称防碎玻璃或钢丝玻璃。夹丝玻璃具有安全性、防火性和防盗抢性,应用于建筑的天窗、采光屋预、阳台及须有防盗、防抢功能要求的营业柜台的遮挡部位 |
| | 夹层玻璃 | 透明度好、抗冲击性能好、碎片不会散落伤人。有着较高的安全性,一般在建筑上用于高层建筑的门窗、天窗、楼梯栏板和有抗冲击作用要求的商店、银行、橱窗、隔断及水下工程等安全性能高的场所或部位等。不能切割,需要选用定型产品或按尺寸定制 |
| 节能装饰型玻璃 | 着色玻璃 | 着色玻璃是一种既能显著地吸收阳光中热作用较强的近红外线,而又保持良好透明度的节能装饰性玻璃。着色玻璃通常都带有一定的颜色,所以也称为着色吸热玻璃 |
| | 镀膜玻璃 | 镀膜玻璃分为阳光控制镀膜玻璃和低辐射镀膜玻璃。阳光控制镀膜玻璃可用作建筑门窗玻璃、幕墙玻璃,还可用于制作高性能中空玻璃,但在使用时应注意,不恰当或使用面积过大会造成光污染,影响环境的和谐。单面镀膜玻璃在安装时,应将膜层面向室内,以提高膜层的使用寿命和取得节能的最大效果。低辐射镀膜玻璃又称"Low-E"玻璃,是一种对远红外线有较高反射比的镀膜玻璃 |
| | 中空玻璃 | 具有光学性能良好、保温隔热、降低能耗、防结露、隔声性能好等优点。主要用于保温隔热、隔声等功能要求较高的建筑物,如宾馆、住宅、医院、商场、写字楼等,也广泛用于车船等交通工具 |
| | 真空玻璃 | 真空玻璃比中空玻璃有更好的隔热、隔声性能 |

(3)建筑装饰涂料

根据涂料中各成分的作用,其由主要成膜物质、次要成膜物质和辅助成膜物质三部分组成。

(4)建筑塑料

| 塑料的基本组成 | | ①合成树脂;②填料;③增塑剂;④着色剂;⑤固化剂 |
|---|---|---|
| 建筑塑料制品 | 塑料门窗 | 与钢木门窗及铝合金门窗相比,塑料门窗的隔热性能优异,容易加工,施工方便,同时具有良好的气密性、水密性、装饰性和隔声性能。在节约能耗方面,塑料门窗比木、钢、铝合金门窗有明显的优越性 |
| | 塑料地板 | 常用的主要有聚氯乙烯塑料板,其具有较好的耐燃性,且价格便宜 |
| | 塑料墙纸 | 广泛用于室内墙面装饰装修,也可用于顶棚、梁、柱以及车辆、船舶、飞机的装饰 |
| | 玻璃钢制品 | 常见的玻璃钢建筑制品有玻璃钢波形瓦、玻璃钢采光罩、玻璃钢卫生洁具等 |
| | 塑料管件及配件 | 常见的塑料管材有:硬聚氯乙烯(PVC-U)管、氯化聚氯乙烯(PVC-C)管、无规共聚聚丙烯(PP-R)管、丁烯(PB)管、交联聚乙烯(PEX)管 |

（5）建筑装修用钢材

常见的主要有不锈钢钢板和钢管、彩色不锈钢钢板、彩色涂层钢板和彩色涂层压型钢板，以及镀锌钢卷帘门板及轻钢龙骨等。

（6）木材

| 木材的分类和性质 | 从树叶的外观形状可将木材分为针叶树木和阔叶树木两大类。阔叶树木特别适用于室内装修或制造家具及胶合板、拼花地板等装饰材料 |
| --- | --- |
| 木材的含水率 | 含水率指标主要有纤维饱和点和平衡含水率。它们是影响木材物理力学性质和应用的主要指标 |
| 木材的湿胀干缩与变形 | 木材的变形在各个方向上也不同：顺纹方向最小，径向较大，弦向最大 |
| 木材的强度 | 木材按受力状态分为抗拉、抗压、抗弯和抗剪四种强度 |
| 木材的应用 | 建筑工程中木材常用于脚手架、木结构构件和家具等。为提高木材利用率，充分利用木材的性能，经过深加工和人工合成，可以制成各种装饰材料和人造板材 |

### 3．建筑功能材料

（1）防水材料

| 防水卷材 | 聚合物改性沥青防水卷材 | SBS改性沥青防水卷材 | 属于弹性体沥青防水卷材，尤其适用于寒冷地区和结构变形频繁的建筑物防水，并可采用热熔法施工 |
| --- | --- | --- | --- |
| | | APP改性沥青防水卷材 | 属于塑性体沥青防水卷材，该类防水卷材广泛适用于各类建筑防水、防潮工程，尤其适用于高温或有强烈太阳辐射地区的建筑物防水 |
| | | 沥青复合胎柔性防水卷材 | 适用于工业与民用建筑的屋面、地下室、卫生间等部位的防水防潮，也可用于桥梁、停车场、隧道等建筑物的防水 |
| | 合成高分子防水卷材 | | 合成高分子防水卷材具有拉伸强度和撕裂强度高，伸长率大，耐热性和低温柔性好，耐腐蚀、耐老化等一系列优异的性能，是新型高档防水卷材。常用的有再生胶防水卷材、三元乙丙橡胶防水卷材、三元丁橡胶防水卷材、聚氯乙烯防水卷材、氯化聚乙烯防水卷材及氯化聚乙烯橡胶共混防水卷材等 |
| 防水涂料 | | | 防水涂料广泛适用于工业与民用建筑的屋面防水工程、地下室防水工程和地面防潮、防渗等，特别适合于各种不规则部位的防水。防水涂料按成膜物质的主要成分可分为聚合物改性沥青防水涂料和合成高分子防水涂料两类 |
| 建筑密封材料 | 非定型密封材料 | | 目前，常用的不定型密封材料有：沥青嵌缝油膏、聚氯乙烯接缝膏、塑料油膏、丙烯酸类密封膏、聚氨酯密封膏、聚硫密封膏和硅酮密封膏等 |
| | 定型密封材料 | | 定型密封材料包括密封条带和止水带，如铝合金门窗橡胶密封条、丁腈胶—PVC门窗密封条、自黏性橡胶、橡胶止水带、塑料止水带等。定型密封材料按密封机理的不同可分为遇水非膨胀型和遇水膨胀型两类 |

（2）保温隔热材料

| | | |
|---|---|---|
| 纤维状绝热材料 | 岩棉及矿渣棉 | 吸水性大、弹性小。可作为建筑物的墙体、屋顶、顶棚等处的保温隔热和吸声材料，以及热力管道的保温材料 |
| | 石棉 | 由于石棉中的粉尘对人体有害，民用建筑很少使用，目前主要用于工业建筑的隔热、保温及防火覆盖等 |
| | 玻璃棉 | 是一种无机质纤维，具有成型好、体积密度小、热导率低、保温绝热、吸声性能好、耐腐蚀、化学性能稳定等优点 |
| | 陶瓷纤维 | 陶瓷纤维制品是指用陶瓷纤维为原材料，通过加工制成的具有质量轻、耐高温、热稳定性好、导热率低、比热小及耐机械振动等优点的工业制品，专门用于各种高温、高压、易磨损的环境中 |
| 散粒状绝热材料 | 膨胀蛭石 | 作为绝热、隔声材料。但吸水性大、电绝缘性不好 |
| | 膨胀珍珠岩 | 具有吸湿小、无毒、不燃、抗菌、耐腐、施工方便等特点 |
| | 玻化微珠 | 玻化微珠吸水率低，易分散，可提高砂浆流动性，还具有防火、吸声、隔热等性能，是一种高性能的无机轻质绝热材料，广泛应用于外墙内外保温砂浆、装饰板、保温板的轻质骨料 |
| 多孔状绝热材料 | | 主要有泡沫和发气类产品，常见的有轻质混凝土、微孔硅酸钙 |
| 有机绝热材料 | 泡沫塑料 | 聚苯乙烯板分为模塑聚苯板（EPS）和挤塑聚苯板（XPS）板两种，在同样厚度情况下，XPS板的保温效果比EPS板好，EPS板与XPS相比，其吸水性较高、延展性好。XPS板是目前建筑业界常用的隔热、防潮材料，已被广泛应用于墙体保温，平面混凝土屋顶及钢结构屋顶的保温、低温储藏、地面、泊车平台、机场跑道、高速公路等领域的防潮保温及控制地面膨胀等方面 |
| | 植物纤维类绝热板 | 该类绝热材料可用稻草、麦秸、甘蔗渣等为原料经加工而成，可用作墙体、地板、顶棚等，也可用于冷藏库、包装箱等 |

（3）吸声隔声材料

| | |
|---|---|
| 吸声材料 | 材料的表观密度、厚度、孔隙特征等是影响多孔性材料吸声性能的主要因素 |
| 隔声材料 | 隔声材料必须选用密实、质量大的材料作为隔声材料，如黏土砖、钢板、混凝土和钢筋混凝土等。对固体声最有效的隔绝措施是隔断其声波的连续传递，即采用不连续的结构处理 |

（4）防火材料

| | |
|---|---|
| 阻燃剂 | 按使用方法可分为添加型阻燃剂和反应型阻燃剂两类。添加型阻燃剂又可分为有机阻燃剂和无机阻燃剂两种 |
| 防火涂料 | 按防火涂料的使用目标来分，可分为饰面性防火涂料、钢结构防火涂料、电缆防火涂料、预应力混凝土楼板防火涂料、隧道防火涂料、船用防火涂料等多种类型。其中，钢结构防火涂料根据其使用场合分为室内用和室外用两类，根据其涂层厚度和耐火极限又可分为厚质型、薄型和超薄型三类 |
| 水性防火阻燃液 | 根据水下防火阻燃液的使用对象，可分为木材阻燃处理用的水性防火阻燃液、织物阻燃处理用的水性防火阻燃液及纸板阻燃处理用的水性防火阻燃液三类 |
| 防火堵料 | 根据防火堵料的组成、形状与性能特点可分为三类：以有机高分子材料为胶粘剂的有机防火堵料；以快干水泥为胶凝材料的无机防火堵料；将阻燃材用织物包裹形成的防火包 |

一、单项选择题（每题的备选项中，只有 1 个最符合题意）

1. 含水率为 5% 的中砂 2200g，其干燥时的质量为（　　）。

　　A. 2100g　　　　　　　　　　B. 1990g

　　C. 2095g　　　　　　　　　　D. 1920g

2. 热处理钢筋以热处理状态交货，成盘供应，每盘长约（　　）。

　　A. 100m　　　　　　　　　　B. 150m

　　C. 200m　　　　　　　　　　D. 300m

3. 试配混凝土经计算砂石总质量为 1880kg，选用砂率为 30%，则石子用量为（　　）。

　　A. 1361kg　　　　　　　　　　B. 1316kg

　　C. 564kg　　　　　　　　　　D. 654kg

4. 水化热大的水泥可用于（　　）。

　　A. 大体积混凝土　　　　　　　　B. 冬期施工

　　C. 大型基础　　　　　　　　　　D. 水坝

5. 钻孔压浆桩施工中，向孔内高压灌注制备好的以水泥浆为主剂的浆液，要求达到没有塌孔危险的高程或（　　）处。

　　A. 地下水位以上 0.5～1.0m　　　　B. 地下水位以下 0.5～1.0m

　　C. 地下水位以上 0.8m　　　　　　D. 地下水位以下 0.8m

6. 综合考虑钢筋的强度、塑性、工艺性和经济性。非预应力钢筋混凝土一般不应采用（　　）。

　　A. CRB550 钢筋　　　　　　　　B. HRB500 钢筋

　　C. HRB400 钢筋　　　　　　　　D. HPB300 钢筋

7. 综合钢筋的强度、塑性、工艺性和经济性等因素，既可作为非预应力钢筋混凝土选用，也可作为预应力钢筋混凝土选用的钢筋牌号是（　　）。

　　A. HPB300　　　　　　　　　　B. HRB400

　　C. HRB500　　　　　　　　　　D. CRB550

8. 矿渣硅酸盐水泥的优点是（　　）。

　　A. 早期强度高　　　　　　　　　B. 抗冻性好

　　C. 抗碳化能力强　　　　　　　　D. 耐热性好

9. 高温车间的混凝土结构施工中，水泥应选用（　　）。

　　A. 粉煤灰硅酸盐水泥　　　　　　B. 矿渣硅酸盐水泥

　　C. 火山灰质硅酸盐水泥　　　　　D. 普通硅酸盐水泥

10. 水泥根据其熟料成分的不同，其特点有所不同，其中水化硬化后干缩较小的是（　　）。

　　A. 火山灰硅酸盐水泥　　　　　　B. 粉煤灰硅酸盐水泥

　　C. 铝酸盐水泥　　　　　　　　　D. 矿渣硅酸水泥

11. 在采用商品混凝土时，要考虑混凝土的经济运距，一般以（　　）为宜，运输时间一般不宜超过 1h。

　　A. 5～10km　　　　　　　　　　B. 10～15km

C. 15～20km        D. 20～25km

12. 下列选项中，不属于高性能混凝土具备的特征为（   ）。

  A. 耐久性高        B. 工作性高

  C. 体积稳定性高       D. 耐高温（火）性高

13. 高强度混凝土是用普通水泥、砂石作为原料，采用常规制作工艺，使硬化后强度等级不低于（   ）的混凝土。

  A. C40          B. C50

  C. C60          D. C80

14. 通常用于砌筑烟囱、沟道的砖为（   ）。

  A. 烧结普通砖        B. 烧结多孔砖

  C. 蒸压灰砂砖        D. 烧结空心砖

15. 不可用于六层以下建筑物承重墙体砌筑的墙体材料是（   ）。

  A. 烧结黏土多孔砖      B. 烧结黏土空心砖

  C. 烧结页岩多孔砖      D. 烧结煤矸石多孔砖

16. 砌块按外观形状可分为实心砌块和空心砌块，空心率（   ）或无孔洞的砌块为实心砌块。

  A. 小于10%        B. 小于25%

  C. 小于28%        D. 小于40%

17. 建筑物外墙装饰所用石材主要采用的是（   ）。

  A. 大理石         B. 人造大理石

  C. 石灰岩         D. 花岗岩

18. 建筑工程使用的花岗岩比大理石（   ）。

  A. 易加工         B. 耐火

  C. 更适合室内墙面装饰     D. 耐磨

19. 石材中不宜用于大型工业酸洗池的是（   ）。

  A. 花岗岩         B. 砂岩

  C. 石英岩         D. 大理石

20. 天然饰面石材中，大理石板材的特点是（   ）。

  A. 吸水率大、耐磨性好     B. 耐久性好、抗风化性能好

  C. 吸水率小、耐久性差     D. 磨光性好、抗风化性能差

21. 天然大理石板材用于装饰时需引起重视的问题是（   ）。

  A. 硬度大，难以加工      B. 抗风化性能差

  C. 吸水率大且防潮性能差     D. 耐磨性能差

22. （   ）是由瓷土或优质陶土煅烧而成，属于精陶制品。

  A. 瓷砖          B. 墙地砖

  C. 陶瓷锦砖        D. 瓷质砖

23. 由天然石料破碎后添加化学黏合剂压合，并经高温烧结而成的是（   ），又称同质砖、通体砖或玻化砖。

  A. 瓷砖          B. 墙地砖

C. 陶瓷锦砖　　　　　　　　　　　　D. 瓷质砖

24. 下列关于平板玻璃的特性，说法错误的是（　　　）。

A. 良好的透视性　　　　　　　　　　B. 良好的透光性

C. 较高的热稳定性　　　　　　　　　D. 较高的化学稳定性

25. 某物业首层为珠宝首饰商铺，其营业柜台的玻璃一般应采用（　　　）。

A. 钢化玻璃　　　　　　　　　　　　B. 夹丝玻璃

C. 夹层玻璃　　　　　　　　　　　　D. 镀膜玻璃

26. 涂料组成成分中，次要成膜物质的作用是（　　　）。

A. 降低黏度、便于施工

B. 溶解成膜物质，影响成膜过程

C. 赋予涂料美观的色彩，并提高涂膜的耐磨性

D. 将其他成分粘成整体，并形成坚韧的保护膜

27. 常用于外墙装饰的涂料是（　　　）。

A. 聚乙烯醇水玻璃涂料　　　　　　　B. 聚醋酸乙烯乳液涂料

C. 环氧树脂涂料　　　　　　　　　　D. 合成树脂乳液砂壁状涂料

28. 与内墙及地面涂料相比，外墙涂料更注重（　　　）。

A. 耐候性　　　　　　　　　　　　　B. 耐碱性

C. 透气性　　　　　　　　　　　　　D. 耐风化性

29. 内墙涂料宜选用（　　　）。

A. 聚醋酸乙烯乳液涂料　　　　　　　B. 苯乙烯-丙烯酸酯乳液涂料

C. 合成树脂乳液砂壁状涂料　　　　　D. 聚氨酯涂料

30. 建筑装饰用地面涂料宜选用（　　　）。

A. 醋酸乙烯-丙烯酸酯乳液涂料　　　B. 聚醋酸乙烯乳液涂料

C. 聚氨酯涂料　　　　　　　　　　　D. 聚乙烯醇水玻璃涂料

31. 属于塑性体沥青防水卷材的是（　　　）。

A. APP 改性沥青防水卷材　　　　　　B. SBS 改性沥青防水卷材

C. 沥青复合胎柔性防水卷材　　　　　D. 三元乙丙橡胶防水卷材

32. 下列选项中，不属于燃烧三个特征的是（　　　）。

A. 放热　　　　　　　　　　　　　　B. 发光

C. 消耗氧气　　　　　　　　　　　　D. 生成新物质

33. 预应力钢筋混凝土不宜选用的钢筋牌号是（　　　）。

A. HPB300　　　　　　　　　　　　　B. HRB400

C. HRB500　　　　　　　　　　　　　D. HRB600

34. 受反复冻融的结构混凝土应选用（　　　）。

A. 普通硅酸盐水泥　　　　　　　　　B. 矿渣硅酸盐水泥

C. 火山灰质硅酸盐水泥　　　　　　　D. 粉煤灰硅酸盐水泥

35. 下列水泥品种中，不适用于大体积混凝土工程的是（　　　）。

A. 普通硅酸盐水泥　　　　　　　　　B. 矿渣硅酸盐水泥

C. 火山灰质硅酸盐水泥　　　　　　　D. 粉煤灰硅酸盐水泥

36. 常用于寒冷地区和结构变形较为频繁部位且适宜热熔法施工的聚合物改性沥青防水卷材是( )。

    A. SBS 改性沥青防水卷材          B. APP 改性沥青防水卷材

    C. 沥青复合胎柔性防水卷材      D. 聚氯乙烯防水卷材

37. 下列不属于纤维状绝热材料的是( )。

    A. 岩棉                 B. 矿渣棉

    C. 玻璃棉              D. 膨胀蛭石

38. ( )是一种酸性玻璃质熔岩矿物质,内部多孔、表面玻化封闭,呈球状体细径颗粒。

    A. 玻璃棉              B. 玻化微珠

    C. 泡沫塑料           D. 膨胀蛭石

39. 下列绝热材料中,经加热发泡而制成,并具有轻质、保温、绝热、吸声和防震性能好的是( )。

    A. 陶瓷纤维           B. 膨胀蛭石

    C. 泡沫塑料           D. 植物纤维

40. 专门用于封堵建筑物中的各种贯穿物,具有防火隔热功能且便于更换的材料是( )。

    A. 防火堵料           B. 水性防火阻燃液

    C. 防火涂料           D. 阻燃剂

41. 钢化玻璃是用物理或化学方法,在玻璃表面上形成一个( )。

    A. 压应力层           B. 拉应力层

    C. 防脆裂层           D. 刚性氧化层

42. 将玻璃与玻璃和(或)塑料等材料用中间层分隔,并通过处理使其粘结为一体的复合材料的统称是( )。

    A. 夹丝玻璃           B. 夹层玻璃

    C. 中空玻璃           D. 真空玻璃

43. 建筑装饰涂料的辅助成膜物质常用的溶剂为( )。

    A. 松香                 B. 桐油

    C. 硝酸纤维           D. 苯

44. 关于对建筑涂料基本要求的说法,正确的是( )。

    A. 外墙、地面、内墙涂料均要求耐水性好

    B. 外墙涂料要求色彩细腻、耐碱性好

    C. 内墙涂料要求抗冲击性好

    D. 地面涂料要求耐候性好

45. 下列建筑装饰涂料中,常用于外墙的涂料是( )。

    A. 醋酸乙烯-丙烯酸酯有光乳液涂料     B. 聚醋酸乙烯乳液涂料

    C. 聚乙烯醇水玻璃涂料           D. 苯乙烯-丙烯酸酯乳液涂料

46. 非承重墙应优先采用( )。

    A. 烧结空心砖                 B. 烧结多孔砖

C. 粉煤灰砖 D. 煤矸石砖

47. 测定混凝土立方体抗压强度所采用的标准立方体试件边长为(　　)mm。

A. 200 B. 150

C. 100 D. 50

48. 石灰是(　　)。

A. CaO B. $CaCO_3$

C. $Ca(OH)_2$ D. $CaC_2$

49. 石灰膏的来源之一是(　　)加水时所产生的渣。

A. $CaC_2$ B. $CaO_3$

C. $CaCO_3$ D. $Ca(OH)_2$

50. 钢中含有少量的碳、硅、锰、硫、磷、氧和氮等元素，其中对钢的强度、硬度等性质起决定性影响的是(　　)。

A. 硫 B. 磷

C. 碳 D. 氧

51. 木材中所含水分的存在形式不包括(　　)。

A. 自由水 B. 吸附水

C. 分子水 D. 化合水

52. 有关低辐射镀膜玻璃的性质，叙述错误的是(　　)。

A. 对太阳可见光有较高透过率 B. 对太阳热射线可有效阻挡

C. 对室内热射线可有效阻挡 D. 对紫外线有较高透过率

53. 作为天然饰面石材，花岗石与大理石相比(　　)。

A. 色泽可选性多 B. 质地坚硬

C. 耐火性强 D. 抗风化性差

54. 室外装饰较少使用大理石板材的主要原因在于大理石(　　)。

A. 吸水率大 B. 耐磨性差

C. 光泽度低 D. 抗风化差

55. 平板玻璃按(　　)分为无色透明平板玻璃和本体着色平板玻璃。

A. 加工方式 B. 原料种类

C. 颜色属性 D. 功能属性

56. 根据现行国家标准，釉面砖根据其外观质量等级划分不包括(　　)。

A. 不合格品 B. 合格品

C. 一等品 D. 优等品

57. 根据现行国家标准《平板玻璃》GB 11614 的规定，平板玻璃按其公称厚度，可以分为(　　)种规格。

A. 5 B. 8

C. 12 D. 15

58. (　　)是木材物理力学性质是否随含水率而发生变化的转折点。

A. 膨胀系数 B. 临界含水率

C. 平衡含水率 D. 纤维饱和点

59. 由于花岗石中含有石英，在高温下会发生晶型转变，产生体积膨胀，因此，花岗石(　　)。

  A. 不防火         B. 耐火性差

  C. 硬度差         D. 只可作外檐饰面

60. 木材各力学强度中最高的是(　　)。

  A. 顺纹抗压强度      B. 顺纹抗拉强度

  C. 顺纹抗弯强度      D. 横纹抗压强度

61. 下面不属于对地面涂料的基本要求的是(　　)。

  A. 耐碱性良好       B. 耐水性良好

  C. 耐磨性良好       D. 耐污染性好

62. 下列可用于地板辐射采暖系统盘管的是(　　)。

  A. PVC-U        B. PP-R

  C. PEX         D. PVC-C

63. 不适用于室外的装饰材料是(　　)。

  A. 釉面砖         B. 墙地砖

  C. 玻化砖         D. 同质砖

64. 对远红外线有较高反射比的玻璃为(　　)。

  A. 釉面玻璃        B. "Low-E"玻璃

  C. 中空玻璃        D. 彩色玻璃

65. 关于普通平板玻璃特性的说法，正确的是(　　)

  A. 热稳定性好       B. 热稳定性差

  C. 防火性能较好      D. 抗拉强度高于抗压强度

66. 木材的干缩湿胀变形在各个方向上有所不同，变形量从小到大依次是(　　)。

  A. 顺纹、径向、弦向    B. 径向、顺纹、弦向

  C. 径向、弦向、顺纹    D. 弦向、径向、顺纹

67. (　　)也叫胶粘剂，是将其他成分粘结成一个整体，并能牢固附着在被涂基层表面形成坚韧的保护膜。

  A. 主要成膜物质      B. 次要成膜物质

  C. 辅助成膜物质      D. 溶剂

68. 下列材料中，主要用作室内装饰的材料是(　　)。

  A. 花岗石         B. 陶瓷锦砖

  C. 瓷质砖         D. 合成石面板

69. 不适于家具制作的人造板为(　　)。

  A. 中密度纤维板      B. 饰面刨花板

  C. 软质纤维板      D. 硬质纤维板

70. 塑料的基本组成中(　　)是主要组成材料，起到胶粘剂的作用。

  A. 着色剂         B. 填料

  C. 固化剂         D. 合成树脂

71. 塑料的主要组成材料是(　　)。

A. 玻璃纤维      B. 乙二胺

C. DBP 和 DOP      D. 合成树脂

72. 可较好替代天然石材装饰材料的饰面陶瓷是（　　）。

    A. 陶瓷锦砖      B. 瓷质砖

    C. 墙地砖      D. 釉面砖

73. 制作光泽度高、花纹耐久、抗风化、耐火、防潮性好的水磨石板材，应采用（　　）。

    A. 硫铝酸盐水泥      B. 高铝水泥

    C. 硅酸盐水泥      D. 普通硅酸盐水泥

74. 对隔热、隔声性能要求较高的建筑物宜选用（　　）。

    A. 真空段璃      B. 中空玻璃

    C. 镀膜玻璃      D. 钢化玻璃

75. 使木材物理力学性质变化发生转折的指标为（　　）。

    A. 平衡含水率      B. 顺纹强度

    C. 纤维饱和点      D. 横纹强度

76. 作为建筑饰面材料的天然花岗石有很多优点，但其不能被忽视的缺点是（　　）。

    A. 耐酸性差      B. 抗风化差

    C. 吸水率低      D. 耐火性差

77. 游泳池工程优先选用的不定型密封材料是（　　）。

    A. 聚氯乙烯接缝膏      B. 聚氨酯密封膏

    C. 丙烯酸类密封膏      D. 沥青嵌缝油膏

78. 防水材料中适宜于寒冷地区的建筑防水，又具有耐臭氧、耐老化性能的防水材料是（　　）。

    A. SBS 改性沥青防水卷材      B. APP 改性沥青防水卷材

    C. 三元乙丙橡胶防水卷材      D. 氯化聚乙烯-橡胶共混型防水卷材

79. 下列关于玻化微珠的叙述中，错误的是（　　）。

    A. 是一种酸性玻璃熔岩矿物质      B. 内部密实、表面玻化封闭

    C. 吸水率低，易分散      D. 有防火、吸声、隔热等性能

80. 建筑密封材料根据构成类型可分为（　　）。

    A. 溶剂型、乳液型和反应型

    B. 单组分密封材料和多组分密封材料

    C. 改性沥青密封材料和合成高分子密封材料

    D. 丙烯酸类密封材料和硅酮类密封材料

81. 高速公路的防潮保温一般选用（　　）。

    A. 膨胀蛭石      B. 玻化微珠

    C. 聚苯乙烯板      D. 矿渣棉

82. 常用于寒冷地区和结构变形较为频繁部位，且适宜热熔法施工的聚合物改性沥青防水卷材是（　　）。

    A. SBS 改性沥青防水卷材      B. APP 改性沥青防水卷材

  C. 沥青复合胎柔性防水卷材   D. 聚氯乙烯防水卷材

83. 拌制外墙保温砂浆多用( )。

  A. 玻化微珠       B. 石棉

  C. 膨胀蛭石       D. 玻璃棉

84. APP 改性沥青防水卷材，突出的优点是( )。

  A. 用于寒冷地区铺贴     B. 适宜于结构变形频繁部位防水

  C. 适宜于强烈太阳辐射部位防水   D. 可用热熔法施工

85. SBS 改性沥青防水卷材尤其适用于( )的建筑物防水。

  A. 寒冷地区和结构变形频繁   B. 多雨地区

  C. 干旱地区或有强烈太阳辐射   D. 高温或有强烈太阳辐射

86. 不宜用于水池、堤坝等水下接缝的不定型密封材料是( )。

  A. F 类硅酮密封膏     B. 丙烯酸类密封膏

  C. 聚氯酯密封膏      D. 橡胶密封条

87. 在有强烈太阳辐射环境下，建筑物防水卷材宜选用( )。

  A. APP 改性沥青防水卷材   B. SBS 改性沥青防水卷材

  C. 氯化聚乙烯-橡胶共混型防水卷材   D. 沥青复合胎柔性防水卷材

88. 弹性和耐久性较高的防水涂料是( )。

  A. 氯丁橡胶改性沥青防水涂料   B. 聚氨酯防水涂料

  C. SBS 橡胶改性沥青防水涂料   D. 聚氯乙烯改性沥青防水涂料

89. 有机绝热材料的特点不包括( )。

  A. 质轻        B. 多孔

  C. 导热系数大      D. 吸湿性大

90. 防水涂料具有的显著特点是( )。

  A. 抵抗变形能力强     B. 有利于基层形状不规则部位的施工

  C. 施工时不需要加热     D. 使用年限长

91. 下列关于防火堵料的描述不正确的是( )。

  A. 有机防火堵料尤其适合需经常更换或增减电缆的场合

  B. 无机防火堵料无毒无味

  C. 有机防火堵料能承受一定重量

  D. 防火包适合于较大孔洞的防火封堵或电缆桥架防火分隔

92. 对防水要求高且耐用年限长的建筑防水工程，宜优先选用( )。

  A. 氯化聚乙烯防水卷材    B. 聚氯乙烯防水卷材

  C. APP 改性沥青防水卷材   D. 三元乙丙橡胶防水卷材

93. 民用建筑很少使用的保温隔热材料是( )。

  A. 岩棉        B. 矿渣棉

  C. 石棉        D. 玻璃棉

94. 适用于高温或有强烈太阳辐射地区，属于塑性体防水材料的是( )。

  A. SBS 改性沥青防水卷材   B. APP 改性沥青防水卷材

  C. 三元乙丙橡胶防水卷材   D. 氯化聚乙烯防水卷材

95. 民用建筑的门、窗嵌缝，宜选用(　　)。

    A. 沥青嵌缝油膏　　　　　　　　　　B. 丙烯酸类密封膏

    C. 塑料油膏　　　　　　　　　　　　D. F 类硅酮密封膏

96. 采矿业防水防渗工程常用(　　)。

    A. PVC 防水卷材　　　　　　　　　　B. 氯化聚乙烯防水卷材

    C. 三元乙丙橡胶防水卷材　　　　　　D. APP 改性沥青防水卷材

97. 对中、高频均有吸声效果，且安拆便捷，兼具装饰效果的吸声结构应为(　　)。

    A. 帘幕吸声结构　　　　　　　　　　B. 柔性吸声结构

    C. 薄板振动吸声结构　　　　　　　　D. 悬挂空间吸声结构

98. 不定型密封材料通常是(　　)的材料，分为弹性密封材料和非弹性密封材料。

    A. 软质薄片状　　　　　　　　　　　B. 半黏稠状

    C. 黏稠状　　　　　　　　　　　　　D. 流体状

99. 薄木板、硬质纤维板、金属板作为吸声体，适应的声波频率为(　　)。

    A. 中频　　　　　　　　　　　　　　B. 低频

    C. 高频　　　　　　　　　　　　　　D. 极宽频

100. 隔热、隔声效果好的材料是(　　)。

    A. 岩棉　　　　　　　　　　　　　　B. 石棉

    C. 玻璃棉　　　　　　　　　　　　　D. 膨胀蛭石

101. 具有耐臭氧、耐油的合成高分子防水卷材是(　　)。

    A. 三元乙丙橡胶防水卷材　　　　　　B. PVC 防水卷材

    C. 氯化聚乙烯防水卷材　　　　　　　D. 氯化聚乙烯-橡胶共混防水卷材

102. 具有通气性能的纺织品，安装在离开墙面或窗洞一段距离处，背后设置空气层。描述的是(　　)。

    A. 薄板振动吸声结构　　　　　　　　B. 柔性吸声结构

    C. 悬挂空间吸声结构　　　　　　　　D. 帘幕吸声结构

103. 最适用于游泳池工程的建筑密封材料是(　　)。

    A. 聚氨酯密封胶　　　　　　　　　　B. 聚氯乙烯接缝膏

    C. 丙烯酸类密封胶　　　　　　　　　D. 沥青嵌缝油膏

104. 以下关于碾压混凝土的说法中，不正确的是(　　)。

    A. 碾压混凝土中往往需要加入缓凝剂、减水剂或引气剂

    B. 碾压混凝土常用于道路、机场和水利工程

    C. 碾压混凝土由级配良好的骨料、较低水泥用量和水用量、较多混合材料制成

    D. 碾压混凝土的缺点在于成本高

105. 主要用作预应力钢筋混凝土轨枕的钢材为(　　)。

    A. 乙级冷拔低碳钢丝　　　　　　　　B. CRB550 冷拔带肋钢筋

    C. HPB235 热轧钢筋　　　　　　　　D. 热处理钢筋

106. 低流动性普通混凝土用砂应选用(　　)。

    A. 细砂　　　　　　　　　　　　　　B. 中砂

    C. 粗砂　　　　　　　　　　　　　　D. 以上皆可

107. 对钢筋锈蚀作用最小的早强剂是(    )。

    A. 硫酸盐                      B. 三乙醇胺

    C. 氯化钙                      D. 氯化钠

108. 石子的强度用(    )来表示。

    A. 岩石立方体抗压强度和压碎指标      B. 岩石抗压强度和压碎指标

    C. 压碎指标和坚固性指标            D. 岩石抗压强度和坚固性指标

109. 铝酸盐水泥适宜用于(    )。

    A. 大体积混凝土               B. 与硅酸盐水泥混合使用的混凝土

    C. 蒸汽养护的混凝土           D. 低温地区施工的混凝土

110. 其他条件相同，用卵石比用碎石制配的混凝土(    )。

    A. 和易性差，强度高           B. 和易性好，强度低

    C. 和易性差，强度低           D. 和易性好，强度高

111. 与普通混凝土相比，掺高效减水剂的高强度混凝土(    )。

    A. 早期强度低，后期强度增长幅度低

    B. 早期强度高，后期强度增长幅度低

    C. 早期强度低，后期强度增长幅度高

    D. 早期强度高，后期强度增长幅度高

112. 影响混凝土密实性的实质性因素是(    )。

    A. 振捣方法                   B. 养护温度

    C. 水泥用量                   D. 养护湿度

113. 预应力混凝土板的钢材为(    )。

    A. 乙级冷拔低碳钢丝          B. CRB550 冷拔带肋钢筋

    C. HPB235 热轧钢筋          D. 热处理钢筋

114. 影响混凝土和易性的最敏感因素是(    )。

    A. 砂率                        B. 骨料品种

    C. 水泥浆                      D. 温度和时间

115. 下列选项中属于高性能混凝土特性的是(    )。

    A. 强度低                    B. 收缩量大

    C. 水化热高                 D. 自密实性好

    E. 强度高、水化热低、收缩量小、徐变少、耐久性好、耐高温（火）差

116. 有关混凝土和易性的影响因素，下列叙述正确的是(    )。

    A. 骨料的品种和品质是影响和易性最敏感的因素

    B. 掺活性混合料的水泥制成的混凝土比普通硅酸盐水泥流动性好

    C. 混凝土随温度的升高和时间的延长，坍落度逐渐增大

    D. 影响混凝土和易性最敏感的因素是水泥浆

117. 有关砌筑砂浆下列叙述正确的是(    )。

    A. 砌基础一般用水泥石灰混合砂浆    B. 砌墙体及砖柱必须采用水泥砂浆

    C. 水泥砂浆的强度等级分为 7 级      D. 水泥混合砂浆强度等级分为 7 级

118. 下列影响混凝土和易性因素中，最为敏感的因素是(    )

A. 砂率　　　　　　　　　　　　B. 温度

C. 骨料　　　　　　　　　　　　D. 水泥浆

119. 下列（　　）可用于大体积混凝土或长距离运输的混凝土。

A. 减水剂　　　　　　　　　　　B. 早强剂

C. 泵送剂　　　　　　　　　　　D. 缓凝剂

120. 在负温下直接承受动荷载的结构钢材，要求低温、冲击韧性好的，其判断指标为（　　）。

A. 屈服点　　　　　　　　　　　B. 弹性模量

C. 脆性临界温度　　　　　　　　D. 布氏硬度

121. 配制高强度混凝土的主要技术途径有（　　）。

A. 采用掺混合材料的硅酸盐水泥　B. 加入高效减水剂

C. 适当加大粗骨料的粒径　　　　D. 延长拌合时间和提高振捣质量

122. 衡量烧结普通砖耐久性的指标不包括（　　）。

A. 强度　　　　　　　　　　　　B. 泛霜

C. 抗风化性　　　　　　　　　　D. 石灰爆裂

123. 有关混凝土耐久性，下列叙述不正确的是（　　）。

A. 耐久性包括抗冻性、抗渗性、抗侵蚀性和抗碳化能力

B. 抗冻性是混凝土承受的最低温度所表现出的性能

C. 密实或具有封闭孔隙的混凝土，其抗冻性较好

D. 对混凝土抗渗起决定作用的因素是水灰比

124. 高温车间和有耐热、耐火要求的混凝土结构应选用（　　）。

A. 普通硅酸盐水泥　　　　　　　B. 矿渣硅酸盐水泥

C. 火山灰质硅酸盐水泥　　　　　D. 粉煤灰硅酸盐水泥

125. 混凝土外加剂中，引气剂的主要作用在于（　　）。

A. 调节混凝土凝结时间　　　　　B. 提高混凝土早期强度

C. 缩短混凝土终凝时间　　　　　D. 提高混凝土的抗冻性

126. 下列关于预拌砂浆的描述错误的是（　　）。

A. 按生产方式，可将预拌砂浆分为湿拌砂浆和干混砂浆

B. 湿拌砂浆需在规定时间内使用

C. 湿拌砂浆包括普通砂浆、特种砂浆

D. 普通干混砂浆主要用于砌筑、抹灰、地面及普通防水工程

127. 按外加剂的主要功能进行分类时，缓凝剂主要是为了实现（　　）。

A. 改善混凝土拌合物流变性能　　B. 改善混凝土耐久性

C. 延缓混凝土的凝结时间　　　　D. 改善混凝土和易性

128. 保持混凝土强度不变的前提下，（　　）可节约水泥用量。

A. 掺减水剂　　　　　　　　　　B. 掺加啡活性混合材料

C. 掺早强剂　　　　　　　　　　D. 使用膨胀水泥

129. 国家提倡或强制要求采用商品混凝土施工，在采用商品混凝土时要考虑混凝土的经济运距，运输时间一般不宜超过（　　）h。

    A. 1　　　　　　　　　　　　　　　B. 2

    C. 3　　　　　　　　　　　　　　　D. 4

130. 化学成分对钢材性能的影响，下列叙述错误的是（　　　）。

    A. 磷使钢材冷脆性增大，但可提高钢的耐磨性

    B. 氮可减弱钢材的时效敏感性

    C. 钛可改善钢材韧性，减小时效敏感性

    D. 硫可加大钢材的热脆性，显著降低焊接性能

131. 水泥的水化热是水化过程中放出的热量，对（　　　）工程是不利的。

    A. 高温环境的混凝土　　　　　　　B. 大体积混凝土

    C. 冬期施工　　　　　　　　　　　D. 桥梁

132. 大体积混凝土工程适用水泥为（　　　）。

    A. 普通硅酸盐水泥　　　　　　　　B. 铝酸盐水泥

    C. 火山灰质硅酸盐水泥　　　　　　D. 硅酸盐水泥

133. 某钢筋混凝土柱截面为 240mm×240mm，钢筋间最小净距为 24mm，则石子的最大粒径为（　　　）mm。

    A. 60　　　　　　　　　　　　　　B. 24

    C. 20　　　　　　　　　　　　　　D. 18

134. 受反复冰冻的混凝土结构应选用（　　　）。

    A. 普通硅酸盐水泥　　　　　　　　B. 矿渣硅酸盐水泥

    C. 火山灰质硅酸盐水泥　　　　　　D. 粉煤灰硅酸盐水泥

135. 下列能够反映混凝土和易性指标的是（　　　）。

    A. 保水性　　　　　　　　　　　　B. 抗渗性

    C. 抗冻性　　　　　　　　　　　　D. 充盈性

136. 对于较高强度的混凝土，水泥强度等级宜为混凝土强度等级的（　　　）倍。

    A. 1.8～2.2　　　　　　　　　　　B. 1.5～2.0

    C. 1.2～1.8　　　　　　　　　　　D. 0.9～1.5

137. 钢材的（　　　）是指表面层局部抵抗较硬物体压入产生塑性变形的能力。

    A. 冷弯性能　　　　　　　　　　　B. 冲击韧性

    C. 耐疲劳性　　　　　　　　　　　D. 硬度

138. 下列各项中，属于水硬性无机胶凝材料的是（　　　）。

    A. 水泥　　　　　　　　　　　　　B. 石灰

    C. 水玻璃　　　　　　　　　　　　D. 石膏

139. 下列关于水泥的适用条件，叙述正确的是（　　　）。

    A. 普通硅酸盐水泥不适用于大体积混凝土工程

    B. 高温车间的混凝土构件宜用硅酸盐水泥

    C. 不能用蒸养的水泥是铝酸盐水泥和矿渣硅酸盐水泥

    D. 铝酸盐水泥宜在高温季节施工

140. 现浇混凝土矩形截面梁断面尺寸为 200mm×400mm，受力钢筋配有单排 3$\phi$22，保护层厚度为 25mm。则浇筑混凝土所需碎石的最大粒径为（　　　）mm。

A. 31.5　　　　　　　　　　　B. 50

C. 27.5　　　　　　　　　　　D. 25

**141.** 下列有关特种混凝土性能叙述正确的是（　　）。

A. 碾压混凝土是超干硬性拌合物、成本较高

B. 碾压混凝土的水泥用量远远高于普通混凝土

C. 纤维混凝土能很好地控制混凝土的结构性裂缝

D. 纤维混凝土掺入纤维的目的是提高混凝土的抗拉强度与降低其脆性

**142.** 在混凝土中掺入玻璃纤维或尼龙不能显著提高混凝土的（　　）。

A. 抗冲击能力　　　　　　　　B. 耐磨能力

C. 抗压强度　　　　　　　　　D. 抗裂性能

**143.** 下列关于预拌混凝土的描述不正确的是（　　）。

A. 预拌混凝土供货量应以运输车的发货总量计算

B. 如需要以工程实际量进行复核时，其误差应不超过±1%

C. 预拌混凝土的工程实际量不应扣除钢筋所占体积

D. 预拌混凝土体积应由运输车实际装载的混凝土拌合物质量除以混凝土拌合物的表观密度求得

**144.** 铝酸盐水泥主要适宜的作业范围是（　　）。

A. 与石灰混合使用　　　　　　B. 高温季节施工

C. 蒸汽养护作业　　　　　　　D. 交通干道抢修

**145.** 拌制混凝土选用石子，要求连续级配的目的是（　　）。

A. 减少水泥用量　　　　　　　B. 适应机械振捣

C. 使混凝土拌合物泌水性好　　D. 使混凝土拌合物和易性好

**146.** 有抗渗要求的工程应选用（　　）。

A. 普通硅酸盐水泥　　　　　　B. 矿渣硅酸盐水泥

C. 火山灰质硅酸盐水泥　　　　D. 粉煤灰硅酸盐水泥

**147.** 大型屋架、大跨度桥梁等大负荷预应力混凝土结构中，应优先选用（　　）。

A. 冷轧带肋钢筋　　　　　　　B. 预应力混凝土钢绞线

C. 冷拉热轧钢筋　　　　　　　D. 冷拔低碳钢丝

**148.** 配置冬期施工和抗硫酸盐腐蚀施工的混凝土的水泥宜采用（　　）。

A. 铝酸盐水泥　　　　　　　　B. 硅酸盐水泥

C. 普通硅酸盐水泥　　　　　　D. 矿渣硅酸盐水泥

**149.** 在砂用量相同的情况下，若砂子过细，则拌制的混凝土（　　）。

A. 黏聚性差　　　　　　　　　B. 易产生离析现象

C. 易产生泌水现象　　　　　　D. 水泥用量大

**150.** 热轧钢筋的级别提高，则其（　　）。

A. 屈服强度提高，极限强度下降　　B. 极限强度提高，塑性提高

C. 屈服强度提高，塑性下降　　　　D. 屈服强度提高，塑性提高

**151.** 钢材的屈强比越小，则（　　）。

A. 结构的安全性越高，钢材的有效利用率越低

  B. 结构的安全性越高，钢材的有效利用率越高

  C. 结构的安全性越低，钢材的有效利用率越低

  D. 结构的安全性越低，钢材的有效利用率越高

152. 要求合格的硅酸盐水泥终凝时间不迟于 6.5h，是为了(  )。

  A. 满足早期强度要求      B. 保证体积安定性

  C. 确保养护时间       D. 保证水化反应充分

153. 通常要求普通硅酸盐水泥的初凝时间和终凝时间(  )。

  A. >45min 和 >10h     B. >45min 和 <10h

  C. <45min 和 <10h     D. <45min 和 >10h

154. 某钢筋混凝土现浇实心板的厚度为 150mm，则其混凝土骨料的最大粒径不得超过(  )mm。

  A. 30           B. 40

  C. 45          D. 50

155. 水泥的强度是指(  )。

  A. 水泥净浆的强度      B. 水泥胶砂的强度

  C. 水泥混凝土强度      D. 水泥砂浆结石强度

156. 目前常用的人造石材分为四种类型，人造大理石和人造花岗石多属于(  )。

  A. 水泥型         B. 聚酯型

  C. 复合型         D. 烧结型

157. 隔热效果最好的砌块是(  )。

  A. 粉煤灰砌块       B. 中型空心砌块

  C. 混凝土小型空心砌块     D. 蒸压加气混凝土砌块

158. 除了所用水泥和骨料的品种外，通常对混凝土强度影响最大的因素是(  )。

  A. 外加剂         B. 水灰比

  C. 养护温度        D. 养护湿度

159. 中型空心砌块的空心率(  )。

  A. 大于 25%       B. 小于 25%

  C. 小于等于 25%      D. 大于等于 25%

160. 某种混凝土的强度等级为 C25，则其强度等级是根据(  )来确定的。

  A. 混凝土抗折强度      B. 立方体抗压强度

  C. 混凝土抗拉强度      D. 立方体抗压强度标准值

161. 混凝土的整体均匀性，主要取决于混凝土拌合物的(  )。

  A. 抗渗性         B. 流动性

  C. 保水性         D. 黏聚性

162. 以下不是钢筋冷拉方法特点的是(  )。

  A. 屈服点提高       B. 材料变脆

  C. 塑性降低        D. 韧性提高

163. 以下说法正确的有(  )。

  A. 干混砂浆分为普通干混砂浆和干混砂浆两种

B. 干混砂浆分为普通干混砂浆和特种干混砂浆两种

C. 湿拌砂浆分为普通湿拌砂浆和特种湿拌砂浆两种

D. 湿拌砂浆分为普通湿拌砂浆和抹灰湿拌砂浆两种

164. 不能用于预应力混凝土结构的早强剂是（　　）。

A. 氯盐早强剂 　　　　　　　　　　B. 硫酸盐早强剂

C. 三乙醇胺早强剂 　　　　　　　　D. 引气剂

165. 关于热处理钢筋，以下说法不正确的是（　　）。

A. 热处理钢筋强度高

B. 热处理钢筋锚固性好

C. 热处理钢筋预应力稳定

D. 热处理钢筋不能用作预应力钢筋混凝土轨枕

166. 混凝土拌合物在自重或机械振捣作用下，均匀密实地充满模板的能力是（　　）。

A. 黏聚性 　　　　　　　　　　　　B. 流动性

C. 保水性 　　　　　　　　　　　　D. 和易性

167. 钢材的化学元素含量中，（　　）含量较多时，会使焊缝处产生裂纹并加大其热脆性，严重降低焊接质量。

A. 硫 　　　　　　　　　　　　　　B. 钛

C. 氯 　　　　　　　　　　　　　　D. 锰

168. 与普通混凝土相比，高强度混凝土的特点是（　　）。

A. 早期强度低，后期强度高 　　　　B. 徐变引起的应力损失大

C. 耐久性好 　　　　　　　　　　　D. 延展性好

169. 关于混凝土泵送剂，说法正确的是（　　）。

A. 应用泵送剂温度不宜高于25℃ 　　B. 过量摄入泵送剂不会造成堵泵现象

C. 宜用于蒸汽养护混凝土 　　　　　D. 泵送剂包含缓凝与减水组分

170. [2019年广西] 关于土方开挖放坡的知识，下列说法错误的是（　　）。

A. 坡度通常用 $1:K$ 表示，$K$ 指的是放坡系数

B. 土壤类别越低，放坡起点越深

C. 机械挖土时，在坑上作业为保证人、机的安全，故放坡系数较大

D. 放坡系数根据开挖深度、土壤类别、施工方法确定

171. [2019年广西] 关于旋挖桩的湿作业成孔施工工序，正确的说法是（　　）。

A. 成孔→清孔→埋设护筒→制备泥浆→制安钢筋笼→浇筑混凝土

B. 制备泥浆→成孔—清孔→埋设护筒→制安钢筋笼→浇筑混凝土

C. 制备泥浆→成孔→埋设护筒→清孔→制安钢筋笼→浇筑混凝土

D. 埋设护筒→制备泥浆→成孔→清孔→制安钢筋笼→浇筑混凝土

**二、多项选择题**（每题的备选项中，有2个或2个以上符合题意，至少有1个错项）

1. 普通混凝土中，起骨架作用的有（　　）。

A. 水泥 　　　　　　　　　　　　　B. 砂

C. 石子 　　　　　　　　　　　　　D. 添加剂

E. 水泥浆

2. 硅酸盐水泥强度等级较高，主要用于（　　）。

A. 重要结构的高强度混凝土　　　　B. 先张法预应力混凝土

C. 冬期施工工程　　　　　　　　　D. 受海水作用的工程

E. 大体积混凝土构筑物

3. 根据其涂层厚度和耐火极限，可以将钢结构防火涂料分为（　　）。

A. 超厚质型防火涂料　　　　　　　B. 厚质型防火涂料

C. 中型防火涂料　　　　　　　　　D. 薄型防火涂料

E. 超薄型防火涂料

4. 下列选项中，不属于安全玻璃的是（　　）。

A. 防火玻璃　　　　　　　　　　　B. 钢化玻璃

C. 乳花玻璃　　　　　　　　　　　D. 中空玻璃

E. 真空玻璃

5. 装饰玻璃，主要包括（　　）。

A. 彩色玻璃　　　　　　　　　　　B. 釉面玻璃

C. 浮法玻璃　　　　　　　　　　　D. 刻花玻璃

E. 冰花玻璃

6. 根据岩石的特性，可用于工业酸洗池的石材是（　　）。

A. 花岗石　　　　　　　　　　　　B. 石灰岩

C. 砂岩　　　　　　　　　　　　　D. 大理石

E. 石英岩

7. 根据环保要求，目前蒸压灰砂砖逐渐被广泛采用，其主要加工原料有（　　）。

A. 粉煤灰　　　　　　　　　　　　B. 砂

C. 石灰　　　　　　　　　　　　　D. 煤矸石

E. 水泥胶结料

8. 有抗化学侵蚀要求的混凝土多使用（　　）。

A. 硅酸盐水泥　　　　　　　　　　B. 普通硅酸盐水泥

C. 矿渣硅酸盐水泥　　　　　　　　D. 火山灰质硅酸盐水泥

E. 粉煤灰硅酸盐水泥

9. 与普通混凝土相比，高性能混凝土的特点是（　　）。

A. 高强度　　　　　　　　　　　　B. 高耐久

C. 高收缩性　　　　　　　　　　　D. 高工作性

E. 高耐火性

10. 下列可用于预应力钢筋混凝土施工的钢筋有（　　）。

A. HPB235 钢筋　　　　　　　　　B. HPB300 钢筋

C. HRB335 钢筋　　　　　　　　　D. HRB400 钢筋

E. HRB500 钢筋

11. 下列钢筋宜用于预应力钢筋混凝土工程的有（　　）。

A. CRB550 冷轧带肋钢筋　　　　　B. CRB650 冷轧带肋钢筋

C. CRB800 冷轧带肋钢筋　　　　　　　D. CRB680H 冷轧带肋钢筋

E. CRB970 冷轧带肋钢筋

12. 下列天然石材中，属于变质岩的有（　　　）。

A. 花岗岩　　　　　　　　　　　　B. 闪长岩

C. 石灰岩　　　　　　　　　　　　D. 大理石

E. 石英岩

13. 下列不属于节能装饰型玻璃的有（　　　）。

A. 防火玻璃　　　　　　　　　　　B. 压花玻璃

C. 着色玻璃　　　　　　　　　　　D. 镀膜玻璃

E. 中空玻璃

14. 水性防火阻燃液又称水性防火剂、水性阻燃剂，根据水性防火阻燃液的使用对
象，可划分为（　　　）。

A. 木材阻燃处理用的水性防火阻燃液

B. 织物阻燃处理用的水性防火阻燃液

C. 纸板阻燃处理用的水性防火阻燃液

D. 塑料阻燃处理用的水性防火阻燃液

E. 钢材阻燃处理用的水性防火阻燃液

15. 烧结普通砖：抗风化性能合格的砖，按照尺寸偏差、外观质量、泛霜和石灰爆裂
等指标划分为（　　　）等级。

A. 优等品（A）　　　　　　　　　B. 一等品（B）

C. 合格品（C）　　　　　　　　　D. 等外品（D）

E. 不合格品（E）

16. 混凝土和易性包括的指标有（　　　）。

A. 强度　　　　　　　　　　　　　B. 流动性

C. 黏聚性　　　　　　　　　　　　D. 保水性

E. 抗渗性

17. 建筑石膏的技术性质与应用有（　　　）。

A. 抗冻性好　　　　　　　　　　　B. 微膨胀性

C. 多孔性　　　　　　　　　　　　D. 耐水性差

E. 建筑石膏初凝和终凝时间长

18. 定型密封材料按密封机理的不同可分为（　　　）和（　　　）两类。

A. PVC 门窗密封　　　　　　　　　B. 密封条带

C. 遇水膨胀型　　　　　　　　　　D. 遇水非膨胀型

E. 自黏性橡胶

19. 作为建筑装饰涂料的辅助成膜物质指的是（　　　）。

A. 松香　　　　　　　　　　　　　B. 硫酸铁

C. 丙酮　　　　　　　　　　　　　D. 硝酸纤维

E. 苯

20. 木材的强度除本身组成构造因素决定外，还与（　　　）等因素有关。

A. 含水率 B. 疵病

C. 外力持续时间 D. 纹理方向

E. 加工程度

21. 下列( )属于安全玻璃。

    A. 压花玻璃 B. 中空玻璃

    C. 磨砂玻璃 D. 夹层玻璃

    E. 钢化玻璃

22. 下列关于平板玻璃的特性，说法正确的有( )。

    A. 良好的透视、透光性能

    B. 隔声，有一定的保温性能

    C. 抗压强度远高于抗拉强度，是典型的脆性材料

    D. 对酸、碱的抵抗能力较差

    E. 热稳定性较差，急冷急热，易发生炸裂

23. 主要用于地板辐射采暖盘管的塑料管是( )。

    A. 硬聚氯乙烯管 B. 丁烯管

    C. 氯化聚氯乙烯管 D. 无规共聚聚丙烯管

    E. 交联聚乙烯管

24. 常用于内墙的涂料有( )。

    A. 聚醋酸乙烯乳液涂料 B. 106 内墙涂料

    C. 多彩涂料 D. 苯乙烯-丙烯酸酯乳液涂料

    E. 醋酸乙烯-丙烯酸酯有光乳液涂料

25. 下列选项中属于节能装饰型玻璃的有( )。

    A. 着色玻璃 B. 中空玻璃

    C. 真空玻璃 D. 釉面玻璃

    E. 彩色平板玻璃

26. 建筑塑料组成中，常用的固化剂有( )。

    A. 邻苯甲酸二丁酯 B. 六亚甲基四胺

    C. 乙二胺 D. 热固性树脂

    E. 邻苯二甲酸二辛酯

27. 建筑装饰涂料中，内墙涂料与地面涂料共同的要求有( )。

    A. 透气性良好 B. 耐碱性良好

    C. 施工方便，重涂容易 D. 抗冲击性良好

    E. 耐水性良好

28. 组成建筑塑料的填料有( )。

    A. 玻璃纤维 B. 石棉

    C. 硫酸钡 D. 滑石粉

    E. 木粉

29. 下列属于塑料增塑剂的有( )。

    A. 乙二胺 B. 邻苯甲酸二丁酯

C. 丙酮　　　　　　　　　　　D. 邻苯二甲酸二辛酯

E. 六亚甲基胺

30. 根据现行国家标准《天然大理石建筑板材》GB/T 19766 的规定，大理石板按质量分为（　　）。

A. 优等品　　　　　　　　　　B. 一等品

C. 二等品　　　　　　　　　　D. 三等品

E. 合格品

31. 花岗石板装饰台阶常选用（　　）。

A. 粗磨板　　　　　　　　　　B. 磨板

C. 剁斧板　　　　　　　　　　D. 机刨板

E. 水磨板

32. 花岗石板材质地坚硬密实，抗压强度高，具有（　　）。

A. 耐磨　　　　　　　　　　　B. 吸水率极低

C. 耐久性好　　　　　　　　　D. 密度小

E. 耐火性好

33. 大理石板材的特点为（　　）。

A. 抗压强度高　　　　　　　　B. 质地较密实

C. 吸水率高　　　　　　　　　D. 一般不宜用作室外装饰

E. 抗拉强度大

34. 干缩会使木材（　　）。

A. 翘曲　　　　　　　　　　　B. 开裂

C. 接榫松动　　　　　　　　　D. 拼缝不严

E. 表面鼓凸

35. 合成树脂是塑料的主要组成材料，其中热塑性树脂（　　）。

A. 抗冲击韧性好　　　　　　　B. 抗冲击韧性差

C. 耐热性较差　　　　　　　　D. 耐热性较好

E. 质地脆硬

36. 与外墙涂料相比，地面涂料与其不同的要求有（　　）。

A. 涂刷施工方便　　　　　　　B. 耐碱性良好

C. 耐水性良好　　　　　　　　D. 抗冲击性良好

E. 耐污染性好

37. 下列属于人造木材的是（　　）。

A. 木地板　　　　　　　　　　B. 软木壁纸

C. 胶合板　　　　　　　　　　D. 纤维板

E. 旋切微薄木

38. 建筑塑料装饰制品在建筑物中应用越来越广泛，常用的有（　　）。

A. 塑料门窗　　　　　　　　　B. 塑料地板

C. 塑料墙板　　　　　　　　　D. 塑料壁纸

E. 塑料管材

39. 根据现行国家标准《天然花岗石建筑板材》GB/T 18601，按表面加工程度，天然花岗石板材可分为（　　）。

    A. 毛面板材　　　　　　　　　　　　B. 粗面板材

    C. 细面板材　　　　　　　　　　　　D. 光面板材

    E. 镜面板材

40. 釉面砖的优点包括（　　）。

    A. 耐潮湿　　　　　　　　　　　　　B. 耐磨

    C. 耐腐蚀　　　　　　　　　　　　　D. 色彩鲜艳

    E. 易于清洁

41. 可用于室外装饰的饰面材料有（　　）。

    A. 大理石板材　　　　　　　　　　　B. 合成石面板

    C. 釉面砖　　　　　　　　　　　　　D. 瓷质砖

    E. 石膏饰面板

42. 有关保温隔热材料适用条件，下列叙述正确的是（　　）。

    A. 石棉主要用于民用建筑的绝热材料

    B. 玻璃棉主要用于热力设备的绝热材料

    C. 矿渣棉可做热力管道的保温材料

    D. 挤塑聚苯板比模塑聚苯板吸水性强

43. 根据建筑物中不同部位的接缝，对密封材料的要求不同，如伸缩缝选用的建筑密封材料应有（　　）特性。

    A. 较好的耐候性　　　　　　　　　　B. 较好的弹塑性

    C. 较好的耐老化性　　　　　　　　　D. 较好的耐高低温性

    E. 较好的拉伸-压缩循环性能

44. 建筑中常用的薄板振动吸声结构材料有（　　）。

    A. 胶合板　　　　　　　　　　　　　B. 厚木板

    C. 水泥板　　　　　　　　　　　　　D. 石膏板

    E. 金属板

45. 非定型密封材料包括（　　）。

    A. 止水带　　　　　　　　　　　　　B. 密封条带

    C. 塑料油膏　　　　　　　　　　　　D. 硅酮密封膏

    E. 沥青嵌缝油膏

46. 下列防水卷材中，更适于寒冷地区建筑工程防水的有（　　）。

    A. SBS 改性沥青防水卷材　　　　　　B. APP 改性沥青防水卷材

    C. 沥青复合胎柔性防水卷材　　　　　D. 氯化聚乙烯防水卷材

    E. 氯化聚乙烯-橡胶共混性防水卷材

47. 属于定形密封材料的是（　　）。

    A. 沥青嵌缝油膏　　　　　　　　　　B. 密封条带

    C. 止水带　　　　　　　　　　　　　D. 塑料油膏

    E. 硅酮密封膏

48. 合成高分子防水卷材具有的性能主要有（　　　）。

    A. 耐冻性
    B. 耐热性

    C. 耐腐蚀性
    D. 耐老化性

    E. 断裂伸长率大

49. 纤维混凝土掺入纤维的目的是（　　　）。

    A. 改变混凝土的抗压性能
    B. 增强早期抗拉强度

    C. 控制结构性裂缝
    D. 降低混凝土脆性

    E. 增强抗侵蚀性

50. 影响混凝土强度的因素有（　　　）。

    A. 水灰比
    B. 骨料性质

    C. 砂率
    D. 拌合物的流动性

    E. 养护湿度

51. （　　　）宜用于大体积混凝土工程。

    A. 铝酸盐水泥
    B. 硅酸盐水泥

    C. 普通硅酸盐水泥
    D. 矿渣硅酸盐水泥

    E. 火山灰质硅酸盐水泥

52. 气硬性胶凝材料有（　　　）。

    A. 膨胀水泥
    B. 粉煤灰

    C. 石灰
    D. 石膏

    E. 硅酸盐水泥

53. 高性能混凝土的特点有（　　　）。

    A. 自密实好
    B. 收缩、徐变小

    C. 耐高温好
    D. 耐久性强

    E. 强度高

54. 影响混凝土拌合物和易性的主要因素有（　　　）。

    A. 砂率
    B. 水泥强度等级

    C. 水泥浆
    D. 骨料品质

55. 下列对于混凝土强度叙述正确的有（　　　）。

    A. 测试混凝土立方体抗压强度的试块尺寸为 100mm 的立方体

    B. 在水泥强度等级相同情况下，水灰比越大，立方体抗压强度越低

    C. 标准养护的温度为 20℃±3℃

    D. 在道路和机场工程中，混凝土抗压强度是结构设计和质量控制的重要指标，而抗折强度作为参考强度指标

    E. 混凝土的抗拉强度只有抗压强度的 1/10～1/20

56. 预拌砂浆按生产方式可以分为（　　　）。

    A. 湿拌砂浆
    B. 干混砂浆

    C. 试配砂浆
    D. 砌筑砂浆

    E. 防水砂浆

57. 下列有关特种水泥性质叙述正确的有（　　　）。

A. 硫铝酸盐水泥的初凝时间不得早于 25min,终凝时间不得迟于 3h

B. 硫铝酸盐水泥宜用于高温环境的工程

C. 铝酸盐水泥的初凝时间不得早于 30min,终凝时间不得迟于 6h

D. 铝酸盐水泥不宜用于大体积混凝土工程

E. 道路硅酸盐水泥的初凝时间不得早于 45min,终凝时间不得迟于 10h

58. 硅酸盐水泥技术性质,在下列叙述中正确的有(    )。

A. 终凝时间是指从加水拌合到水泥浆达到相应强度等级强度的时间

B. 体积安定性是指水泥在硬化过程中体积不收缩的性质

C. 水泥的净浆强度是评定水泥强度等级的依据

D. 硅酸盐水泥比表面积不小于 300m²/kg

E. 硅酸盐水泥不宜用于海岸堤防工程

59. 掺入高效减水剂可使混凝土(    )。

A. 提高强度          B. 提高耐久性

C. 提高密实度        D. 降低抗冻性

E. 节约水泥

60. 混凝土中使用减水剂的主要目的包括(    )。

A. 有助于水泥石结构形成      B. 节约水泥用量

C. 提高拌制混凝土的流动性    D. 提高混凝土的黏聚性

E. 提高混凝土的强度

61. 耐热性较差的水泥类型有(    )。

A. 硅酸盐水泥        B. 普通硅酸盐水泥

C. 矿渣硅酸盐水泥      D. 火山灰质硅酸盐水泥

E. 粉煤灰硅酸盐水泥

62. 提高防水混凝土密实度的具体技术措施有(    )。

A. 调整混凝土的配合比      B. 掺入适量减水剂

C. 掺入适量三乙醇胺早强剂    D. 选用膨胀水泥

E. 采用热养护方法进行养护

63. 提高混凝土耐久性的措施有(    )。

A. 提高水泥用量       B. 合理选用水泥品种

C. 控制水灰比        D. 提高砂率

E. 掺用合适的外加剂

64. 预应力混凝土结构构件中,可使用的钢材包括各种(    )。

A. 冷轧带肋钢筋       B. 冷拔低碳钢丝

C. 热处理钢筋        D. 冷拉钢丝

E. 消除应力钢丝

65. 拌制流动性相同的混凝土,所用砂料需水量较少的有(    )。

A. 山砂          B. 河砂

C. 湖砂          D. 海砂

E. 机制砂

66. 混凝土强度的决定性因素有( )。

A. 水灰比
B. 骨料的颗粒形状
C. 砂率
D. 拌合物的流动性
E. 养护湿度

67. 掺和 NNO 高效减水剂可使混凝土( )。

A. 提高早期强度
B. 提高耐久性
C. 提高抗渗性
D. 降低抗冻性
E. 节约水泥

68. 常用于普通钢筋混凝土的冷轧带肋钢筋有( )。

A. CRB650
B. CRB800
C. CRB550
D. CRB600H
E. CRB680H

69. 引气剂主要改善混凝土的( )。

A. 凝结时间
B. 拌合物流变性能
C. 耐久性
D. 早期强度
E. 后期强度

70. 聚合物混凝土主要分为( )。

A. 聚合物砂浆混凝土
B. 聚合物浸渍混凝土
C. 聚合物水泥混凝土
D. 聚合物胶结混凝土
E. 聚合物聚氨酯混凝土

71. 可用于预应力钢筋混凝土的钢筋有( )。

A. HPB235
B. HRB500
C. HRB335
D. CRB550
E. CRB650

72. 混凝土的耐久性是其长期保持强度和外观完整性的能力，主要包括( )。

A. 抗冻性
B. 抗渗性
C. 抗破坏性
D. 抗侵蚀性
E. 抗碳化能力

73. 冷弯性能是指钢材在常温下承受弯曲变形的能力，钢材的冷弯性能指标是通过( )进行区分。

A. 试件的伸长率
B. 试件被弯曲的角度
C. 试件弯心直径对试件厚度的比值
D. 试件厚度对试件弯心直径的比值
E. 试件在规定周期内不因弯曲发生断裂所能承受的最大应力

74. 热轧钢筋主要包括( )。

A. 热轧光圆钢筋
B. 热轧带肋钢筋
C. 冷拉热轧钢筋
D. 热处理钢筋
E. 碳素钢丝

75. 纤维混凝土掺入纤维的目的是(　　)。
    A. 增强混凝土的抗压性能
    B. 提高混凝土的抗拉强度
    C. 降低混凝土的脆性
    D. 增强混凝土的渗透性
    E. 增强抗侵蚀性

76. 墙面抹石灰浆的硬化过程是(　　)
    A. 与空气中的水分合成氢氧化钙
    B. 与空气中的二氧化碳生成碳酸钙
    C. 与空气中的二氧化碳生成氢氧化钙
    D. 游离水蒸发形成结晶
    E. 与空气中的氧合成为氧化钙

77. 表明钢材抗拉性能的技术指标主要有(　　)。
    A. 屈服强度
    B. 冲击韧性
    C. 抗拉强度
    D. 硬度
    E. 伸长率

78. 干缩性较小的水泥有(　　)。
    A. 硅酸盐水泥
    B. 普通硅酸盐水泥
    C. 矿渣硅酸盐水泥
    D. 火山灰质硅酸盐水泥
    E. 粉煤灰硅酸盐水泥

79. [2019年安徽] 关于民用建筑的分类，下列说法正确的有(　　)。
    A. 住宅建筑 10 层及以上的为高层建筑
    B. 二层的体育场馆，高度为 25.8m，为高层建筑
    C. 次要建筑的耐久年限不低于 25 年
    D. 临时建筑的耐久年限不低于 15 年
    E. 框架结构体系的主要优点是建筑平面布置灵活，可形成较大的建筑空间

## 答案与解析

### 一、单项选择题

1. C；2. C；3. B；4. B；5. A；6. B；7. B；8. D；9. B；10. B；
11. C；12. D；13. C；14. A；15. B；16. B；17. D；18. D；19. D；20. D；
21. B；22. A；23. D；24. C；25. B；26. C；27. D；28. A；29. A；30. C；
31. A；32. C；33. A；34. A；35. A；36. A；37. D；38. B；39. C；40. A；
41. A；42. B；43. D；44. A；45. D；46. A；47. B；48. D；49. A；50. C；
51. C；52. D；53. B；54. C；55. C；56. A；57. C；58. D；59. B；60. B；
61. D；62. C；63. A；64. B；65. B；66. A；67. A；68. C；69. C；70. D；
71. D；72. B；73. B；74. B；75. C；76. D；77. B；78. D；79. B；80. A；
81. C；82. A；83. A；84. C；85. A；86. B；87. C；88. D；89. C；90. B；
91. C；92. D；93. C；94. B；95. B；96. B；97. A；98. C；99. B；100. D；
101. C；102. D；103. A；104. D；105. D；106. C；107. B；108. A；109. D；110. B；
111. B；112. C；113. D；114. C；115. D；116. D；117. C；118. D；119. D；120. C；
121. B；122. A；123. B；124. B；125. D；126. C；127. C；128. A；129. A；130. B；

131. B；132. C；133. D；134. A；135. A；136. D；137. D；138. A；139. A；140. A；
141. D；142. C；143. B；144. D；145. D；146. C；147. B；148. A；149. D；150. C；
151. A；152. A；153. B；154. B；155. B；156. B；157. D；158. B；159. D；160. D；
161. D；162. B；163. D；164. A；165. D；166. B；167. A；168. C；169. D；170. B；
171. D

## 二、多项选择题

| | | | | | | |
|---|---|---|---|---|---|---|
| 1. BC； | 2. ABC； | 3. BDE； | 4. CDE； | 5. ABDE； | 6. ACE； | 7. ABCD； |
| 8. CDE； | 9. BD； | 10. CDE； | 11. BCE； | 12. DE； | 13. AB； | 14. ABC； |
| 15. ABC； | 16. BCD； | 17. BCD； | 18. CD； | 19. CE； | 20. ABC； | 21. DE； |
| 22. ABCE； | 23. BE； | 24. ABCE； | 25. ABC； | 26. BC； | 27. BCE； | 28. ABE； |
| 29. BD； | 30. ABE； | 31. CD； | 32. ABC； | 33. ABD； | 34. ADE； | 35. AC； |
| 36. BD； | 37. CD； | 38. ABDE； | 39. BCE； | 40. BCDE； | 41. BD； | 42. CE； |
| 43. BE； | 44. ADE； | 45. CDE； | 46. AE； | 47. BC； | 48. BCDE； | 49. BD； |
| 50. ABE； | 51. DE； | 52. CD； | 53. ABDE； | 54. ACDE； | 55. BE； | 56. AB； |
| 57. ACD； | 58. DE； | 59. ABCE； | 60. BCE； | 61. ABDE； | 62. ABCD； | 63. BCE； |
| 64. CDE； | 65. BCD； | 66. AE； | 67. ABCE； | 68. CDE； | 69. BC； | 70. BCD； |
| 71. BCE； | 72. ABDE； | 73. BC； | 74. AB； | 75. BC； | 76. BD； | 77. ACE； |
| 78. ABE； | 79. ABCE | | | | | |

解析

## 第 3 节 土建工程主要施工工艺与方法

### 复习要点

**1. 土石方工程施工**

（1）土石方工程分类

① 场地平整

场地平整前必须确定场地设计标高，计算挖方和填方的工程量，确定挖方、填方的平衡调配，选择土方施工机械，拟定施工方案。

② 基坑（槽）开挖

一般开挖深度在 5m 以内的称为浅基坑（槽），开挖深度大于或等于 5m 的称为深基坑（槽）。

③ 基坑（槽）回填

④ 地下工程大型土石方开挖

（2）土石方工程的准备与辅助工作

土石方工程施工前应做好下列准备工作：①场地清理。包括清理地面及地下各种障碍。②排除地面水。③修筑好临时道路及供水、供电等临时设施。④做好材料、机具及土方机械的进场工作。⑤做好土方工程测量、放线工作。⑥根据土方施工方案做好土方工程的辅助工作，如边坡稳定、基坑（槽）支护、降低地下水位等。

1）土方边坡及其稳定

土方放坡坡度以其高度与底宽度之比表示。边坡可做成直线形、折线形或踏步形。坡度应根据土质、开挖深度、开挖方法、地下水位、坡顶荷载及气候条件等因素确定。

2）基坑（槽）支护

| 横撑式支撑 | 开挖较窄的沟槽，多用横撑式土壁支撑 | | |
| --- | --- | --- | --- |
| | 水平挡土板式 | 间断式 | 湿度小的黏性土挖土深度小于3m时，可用间断式水平挡土板支撑 |
| | | 连续式 | 对松散、湿度大的土可用连续式水平挡土板支撑，挖土深度可达5m |
| | 垂直挡土板式 | | 松散和湿度很高的土、挖土深度不限 |
| 重力式支护结构 | 水泥土搅拌桩（或称深层搅拌桩）支护结构是一种重力式支护结构。 | | |
| | 搅拌桩成桩工艺可采用"一次喷浆、二次搅拌"或"二次喷浆、三次搅拌"工艺，主要依据水泥掺入比及土质情况而定。水泥掺量较小，土质较松时可用前者；反之，可用后者 | | |
| 板式支护结构 | 挡墙系统和支撑（或拉锚）系统，悬臂式板桩支护结构则不设支撑（或拉锚） | | |
| | 挡墙系统常采用槽钢、钢板桩、钢筋混凝土板桩、灌注桩及地下连续墙等。钢板桩在基础施工完毕后还可拔出重复使用 | | |

3）降水与排水

| 明排水法施工 | ① 明排水法宜用于粗粒土层，也用于渗水量小的黏土层。<br>② 集水坑应设置在基础范围以外，地下水走向的上游 |
| --- | --- |
| 井点降水施工 | 井点降水法有：轻型井点、电渗井点、喷射井点、管井井点及深井井点等，井点降水的方法根据土的渗透系数、降低水位的深度、工程特点及设备条件等 |

## 2. 地基与基础工程施工

（1）地基加固处理

| 换填地基法 | 当建筑物基础下的持力层比较软弱，不能满足上部荷载对地基的要求时，常采用换填地基法来处理软弱地基。换填地基按其回填的材料可分为灰土地基、砂和砂石地基、粉煤灰地基等 | |
| --- | --- | --- |
| 夯实地基法 | 重锤夯实法 | 该法适用于地下水距地面0.8m以上的稍湿的黏土、砂土、湿陷性黄土、杂填土和分层填土，但在有效夯实深度内存在软黏土层时不宜采用 |
| | 强夯法 | 强夯法适用于加固碎石土、砂土、低饱和度粉土、黏性土、湿陷性黄土、高填土、杂填土以及"围海造地"地基、工业废液、垃圾地基等的处理；也可用于防止粉土及粉砂的液化，消除或降低大孔土的湿陷性等级；强夯不得用于不允许对工程周围建筑物和设备有一定振动影响的地基加固，必需时，应采取防振、隔振措施 |
| 预压地基法 | 适用于处理道路、仓库、罐体、飞机跑道、港口等各类大面积淤泥质土、淤泥及冲填土等饱和黏性土地基 | |
| 振冲地基法 | 又称振动水冲法，是一种快速、经济、有效的加固方法 | |

| 砂桩、碎石桩和水泥粉煤灰碎石桩 | 碎石桩和砂桩合称为粗颗粒土桩，具有挤密、置换、排水、垫层和加筋等加固作用。水泥粉煤灰碎石桩适用于多层和高层建筑地基 |
| 土桩和灰土桩 | 土桩适用于消除湿陷性黄土地基的湿陷性，灰土桩适用于提高人工填土地基的承载力。地下水位下列或含水量超过25％的土，不宜采用 |
| 深层搅拌桩地基 | 深层搅拌法适用于加固各种淤泥质土、黏土和粉质黏土等，用于增加软土地基的承载能力，减少沉降量，提高边坡的稳定性和各种坑槽工程施工时的挡水帷幕 |
| 高压喷射注浆桩 | 适用于处理淤泥、淤泥质土、流塑、软塑或可塑黏性土、粉土、砂土、黄土、素填土和碎石土等地基 |

### （2）桩基础施工

| 定义 | 桩基础是由若干根桩和桩顶的承台组成的一种常用的深基础 |
| --- | --- |
| 按照受力分类 | 端承桩 |
| | 摩擦桩 |
| 按施工方法分类 | 桩身可分为预制桩（如钢筋混凝土桩、钢桩、木桩等）和灌注桩两大类 |
| 按成孔方法分类 | 钻孔灌注桩、挖孔灌注桩、冲孔灌注桩、沉管灌注桩和爆扩桩等 |

### 1）钢筋混凝土预制桩施工

| 桩的制作、起吊、运输和堆放 | 制作 | ①长度在10m以下的短桩，一般多在工厂预制。②现场预制桩多用重叠法预制，重叠层数不宜超过4层。③上层桩或邻近桩的灌注，应在下层桩或邻近桩混凝土达到设计强度等级的30%以后方可进行 |
| --- | --- | --- |
| | 起吊运输 | ①混凝土达到设计强度的70%后方可起吊。②达到设计强度的100%方可运输和打桩 |
| | 堆放 | 堆放层数不宜超过4层。不同规格的桩应分别堆放 |
| 沉桩 | 锤击沉桩 | 锤击沉桩法适用于桩径较小（一般桩径0.6m下列）。地基土质为可塑性黏土、砂性土、粉土、细砂以及松散的碎卵石类土的情况。施工速度快，机械化程度高，适应范围广，现场文明程度高，但施工时有挤土、噪声和振动等公害。施工时常采用重锤低击或轻锤高击。当桩基的设计标高不同时，打桩顺序易先深后浅；当桩的规格不同时，打桩顺序宜先大后小、先长后短 |
| | 静力压桩 | 静力压桩施工时无冲击力，噪声和振动较小，桩顶不易损坏，且无污染，对周围环境的干扰小，适用于软土地区、城市中心或建筑物密集处的桩基础工程，以及精密工厂的扩建工程。静力压桩的施工工艺为：测量定位→压桩机就位→吊桩、插桩→桩身对中调制→静压沉桩→接桩（下段桩上端距地面0.5～1m时接上段桩）→再静压沉桩→送桩→终止压桩→切割桩头 |
| | 射水沉桩 | 适用于砂土和碎石土，有时特别长的预制桩，单靠锤击有一定困难时，也可用射水沉桩法辅助 |
| | 振动沉桩 | 振动沉桩主要适用于砂土、砂质黏土、亚黏土层，在含水砂层中的效果更为显著。但在砂砾层中采用此法时，尚需配以水冲法，不宜用于黏性土以及土层中夹有孤石的情况 |
| 接桩与拔桩 | | 常用的接桩方法有焊接、法兰或硫黄胶泥锚接。前两种接桩方法适用于各类土层；后者只适用于软弱土层 |
| 桩头处理 | | 当桩顶标高在设计标高以下时，要在桩位上挖成喇叭口，凿掉桩头混凝土，剥出主筋并焊接接长至要求长度，使之与承台钢筋绑扎在一起，用桩身同强度等级的混凝土将承台一起浇筑接长桩身 |

2) 钢管桩施工

钢管桩具有质量轻，刚性好，承载力高，桩长易于调节，排土量小，对邻近建筑物影响小，接头连接简单，工程质量可靠，施工速度快的优点。但钢管桩也存在钢材用量大，工程造价较高；打桩机具设备较复杂，振动和噪声较大；桩材保护不善、易腐蚀等缺点。

钢管桩施工一般采用先打桩后挖土的施工方法。钢管桩的施工顺序是：桩机安装→桩机移动就位→吊桩→插桩→锤击下沉→接桩→锤击至设计深度→内切钢管桩→精割→焊桩盖→浇筑垫层混凝土。

3) 混凝土灌注桩施工

根据成孔工艺不同，混凝土灌注桩施工分为泥浆护壁成孔、干作业成孔套管成孔和爆扩成孔等。

| 泥浆护壁成孔灌注桩 | 正循环钻孔灌注桩 | 可用于桩径小于1.5m、孔深一般小于或等于50m场地 |
| --- | --- | --- |
| | 反循环钻孔灌注桩 | 可用于桩径小于1m，孔深一般小于或等于60m的场地 |
| | 钻孔扩底灌注桩 | 孔深一般小于或等于40m |
| | 冲击成孔灌注桩 | 对厚砂层软塑—流塑状态的淤泥及淤泥质土应慎重使用 |
| 干作业成孔灌注桩 | 干作业成孔的灌注桩常用的有螺旋钻孔灌注桩、螺旋钻孔扩孔灌注桩、机动洛阳铲挖孔灌注桩及人工挖孔灌注桩四种。施工工艺除长螺旋钻孔机为一次成孔，短螺旋钻孔机为分段多次成孔外，其他都相同 | |
| 套管成孔灌注桩 | 有锤击沉管灌注桩、振动沉管灌注桩和套管夯打灌注桩三种 | |
| 爆扩成孔灌注桩 | 爆扩成孔灌注桩又称爆扩桩，由桩柱和扩大头两部分组成。适用范围较广，除软土和新填土外，其他各种土层中均可使用 | |

### 3. 砌体结构工程施工

（1）砌筑砂浆的基本要求

| 水泥使用要求 | ①水泥进场时应对其品种、等级、包装或散装仓号、出厂日期等进行检查，并应对其强度、安定性进行复验。②当对水泥质量有怀疑或水泥出厂超过三个月（快硬硅酸盐水泥超过一个月）时，应复查试验，并按复验结果使用。③不同品种的水泥不得混合使用 |
| --- | --- |
| 建筑生石灰、建筑生石灰粉熟化为石灰膏，分别不得少于7d和2d。严禁采用脱水硬化的石灰膏。建筑生石灰粉、消石灰粉不得替代石灰膏配置水泥石灰砂浆 | |
| 砌筑砂浆应进行配合比设计 | |
| 不得采用强度小于M5水泥砂浆替代同强度等级水泥混合砂浆，如需替代，应将水泥砂浆提高一个强度等级 | |
| 砌筑砂浆应采用机械搅拌 | |
| 现场拌制的砂浆应随拌随用，拌制的砂浆应在3h内使用完毕；当施工期间最高气温超过30℃时，应在2h内使用完毕 | |
| 砌筑砂浆试块强度验收时，其强度合格标准应符合：①同一验收批砂浆试块强度平均值应大于或等于设计强度等级值的1.10倍；②同一验收批砂浆试块抗压强度的最小一组平均值应大于或等于设计强度等级值的85% | |

（2）砖砌体结构施工

砌砖施工通常包括抄平、放线、摆砖、立皮数杆、挂准线、铺灰、砌砖等工序。如果是清水墙，则还要进行勾缝。

（3）混凝土小型空心砌块施工

砌块砌筑的主要工序包括：铺灰、砌块安装就位、校正、灌缝、镶砖。施工时应注意以下几项：

① 小砌块的产品龄期不应小于28d。

② 轻骨料混凝土小型砌块，应提前浇水湿润，块体的相对含水率宜为40%～50%。雨天及小型砌块表面有浮水时，不得施工。

③ 小型砌块应将生产时的底面朝上反砌于墙上。

④ 砌体水平灰缝和竖向灰缝的砂浆饱满度，按净面积计算不得低于90%。

⑤ 砌体的水平灰缝厚度和竖向灰缝宽度宜为10mm，但不应小于8mm，也不应大于12mm。

**4. 混凝土结构工程施工**

（1）钢筋工程

1）钢筋加工

钢筋加工包括冷拉、调直、除锈、剪切和弯曲等，宜在常温状态下进行，加工过程中不应对钢筋进行加热。钢筋应一次弯折到位。

2）钢筋连接

钢筋的连接方法有焊接连接、绑扎搭接连接和机械连接。

A. 钢筋连接的基本要求

① 钢筋的接头宜设置在受力较小处。同一纵向受力钢筋不宜设置两个或两个以上接头，接头末端至钢筋弯起点的距离不应小于钢筋直径的10倍。

② 当受力钢筋采用机械连接接头或焊接接头时，设置在同一构件内的接头宜相互错开。

B. 焊接连接

① 闪光对焊。闪光对焊广泛应用于钢筋纵向连接及预应力钢筋与螺丝端杆的焊接。

② 电弧焊。电弧焊广泛应用于钢筋接头、钢筋骨架焊接、装配式结构接头的焊接、钢筋与钢板的焊接及各种钢结构的焊接。

③ 电阻点焊。电阻点焊主要用于小直径钢筋的交叉连接，如用来焊接钢筋骨架、钢筋网中交叉钢筋的焊接。

④ 电渣压力焊。电渣压力焊适用于现浇钢筋混凝土结构中直径14～40mm的竖向或斜向钢筋的焊接接长。

⑤ 气压焊。气压焊不仅适用于竖向钢筋的连接，也适用于各种方位布置的钢筋连接。当不同直径钢筋焊接时，两钢筋直径差不得大于7mm。

3）绑扎搭接连接

① 同一构件中相邻纵向受力钢筋的绑扎搭接接头宜相互错开，横向净距不应小于钢筋直径，且不应小于25mm。

② 钢筋绑扎搭接接头连接区段的长度为$1.3l_1$（$l_1$为搭接长度）。同一连接区段内，纵向钢筋搭接接头的面积百分率应符合设计要求。当设计无具体要求时，应符合相关规定。

4）机械连接

钢筋机械连接包括套筒挤压连接和螺纹套管连接。

① 钢筋套筒挤压连接。这种方法适用于竖向、横向及其他方向的较大直径变形钢筋的连接。

② 钢筋螺纹套管连接。钢筋螺纹套筒连接分为锥螺纹套管连接和直螺纹套管连接两种。钢筋螺纹套筒连接施工速度快，不受气候影响，自锁性能好，对中性好，能承受拉、压轴向力和水平力，可在施工现场连接同径或异径的竖向、水平或任何倾角的钢筋。

（2）模板工程

1）模板类型

| 木模板 | 木模板由于重复利用率低，损耗大，为节约木材，在现浇混凝土结构施工中使用率已大大降低 |
|---|---|
| 组合模板 | 组合模板是一种工具式模板。它由具有一定模数的若干类型的板块、角模、支撑和连接件组成，可以拼出多种尺寸和几何形状，也可以拼成大模板、隧道模和台模等 |
| 大模板 | 大模板是一种大尺寸的工具式模板。一般是一块墙面用一块大模板，目前是我国剪力墙和筒体体系的高层建筑施工用得较多的一种模板 |
| 滑升模板 | 适用于现场浇筑高耸的构筑物和高层建筑物等，如烟囱、筒仓、电视塔、竖井、沉井、双曲线冷却塔和剪力墙体系及筒体体系的高层建筑等 |
| 爬升模板 | 爬升模板简称爬模，施工剪力墙体系和筒体体系的钢筋混凝土结构高层建筑的一种有效的模板体系 |
| 台模 | 台模是一种大型工具式模板，主要用于浇筑平板式或带边梁的楼板，一般是一个房间一块台模，有时甚至更大 |

2）模板安装

关于跨度不小于4m的钢筋混凝土梁、板，其模板应按设计要求起拱；当设计无具体要求时，起拱高度宜为跨度的$1/1000 \sim 3/1000$。

3）模板拆除

模板的拆除顺序：一般是先拆非承重模板，后拆承重模板；先拆侧模，后拆底模。框架结构模板的拆除顺序一般是柱、楼板、梁侧模、梁底模。

（3）混凝土工程

混凝土工程的施工过程有混凝土的制备、运输、浇筑和养护等。

| 原材料的质量要求 | ①钢筋混凝土结构、预应力混凝土结构中，严禁使用含氯化物的水泥。②预应力混凝土结构中，严禁使用含氯化物的外加剂。③拌制混凝土宜采用饮用水 |
|---|---|
| 混凝土制备 | 混凝土搅拌，可采用自落式混凝土搅拌机和强制式搅拌机。为了拌制出均匀优质的混凝土，除合理地选择搅拌机外，还必须正确地确定投料顺序和混凝土搅拌时间。投料顺序是影响混凝土质量及搅拌机生产率的重要因素。常用的投料顺序有一次投料法和分次投料法 |
| 混凝土的运输 | 分为地面水平运输、垂直运输和楼（地）面运输三种情况 |

续表

| | | |
|---|---|---|
| 混凝土的浇筑 | 混凝土浇筑要求 | ①混凝土运输、输送、浇筑过程中严禁加水；混凝土运输、输送、浇筑过程中散落的混凝土严禁用于结构浇筑；混凝土运输、浇筑及间歇的全部时间不应超过混凝土的初凝时间。同一施工段的混凝土应连续浇筑，并应在底层混凝土初凝之前将上一层混凝土浇筑完毕。当底层混凝土初凝后浇筑上一层混凝土时，应按施工技术方案中对施工缝的要求进行处理。②浇筑混凝土前，应清除模板内或垫层上的杂物。③混凝土输送宜采用泵送方式。④梁和板宜同时浇筑，有主、次梁的楼板宜顺着次梁方向浇筑，单向板宜沿着板的长边方向浇筑；拱和高度大于1m时的梁等结构，可单独浇筑 |
| | 施工缝留置与处理 | 在施工缝处继续浇筑混凝土时，应符合下列规定：①已浇筑的混凝土，其抗压强度不应小于1.2N/mm²；②已硬化的混凝土表面，应清除水泥薄膜和松动石子以及软弱混凝土层，并加以充分湿润和冲洗干净，且不得积水；③在浇筑混凝土前，宜先在施工缝处刷一层水泥浆（可掺适量界面剂）或铺一层与混凝土内成分相同的水泥砂浆；④混凝土应细致捣实，使新旧混凝土紧密结合 |
| | 混凝土的养护 | **标准养护**　在温度为20℃±2℃，相对湿度为90％以上的潮湿环境或水中的条件下进行 |
| | | **加热养护**　在较高的温度和湿度环境下迅速凝结、硬化 |
| | | **自然养护**　在常温下（平均气温不低于5℃）采用适当的材料覆盖混凝土 |

**5. 结构吊装工程施工**

（1）钢结构单层厂房安装

① 吊装钢柱时，通常采用一点起吊。常用的吊装方法有旋转法、滑行法和递送法。关于重型钢柱也可采用双机抬吊。

② 钢屋架侧向刚度较差，安装前需进行吊装稳定性验算。

③ 钢柱吊装完成经调整固定于基础上之后，即可吊装吊车梁。

④ 钢桁架可选用自行杆式起重机（尤其是履带式起重机）、塔式起重机和桅杆式起重机等进行吊装。

（2）多层及高层、高耸钢结构安装

多层及高层、高耸钢结构宜划分多个流水作业段进行安装，流水段宜以每节框架为单位。

（3）混凝土结构吊装

1）预制构件吊装工艺

预制构件吊装一般包括绑扎、吊升、就位、临时固定、校正和最后固定等工序。

2）钢筋混凝土单层工业厂房结构吊装

| | | |
|---|---|---|
| 起重机械选择与布置 | 起重机械选择 | 起重机选择时，要保证所选择起重机的起重量Q、起重高度H和起重幅度R三个工作参数均满足结构吊装的要求 |
| | 起重机的平面位置 | 起重机的布置方案主要根据房屋平面形状、构件重量、起重机性能及施工现场环境条件等确定。一般有四种布置方案：单侧布置、双侧布置、跨内单行布置和跨内环形布置 |
| 结构吊装方法与顺序 | 分件吊装法 | 优点：由于每次均吊装同类型构件，可减少起重机变幅和索具的更换次数，从而提高吊装效率，能充分发挥起重机的工作能力，构件供应与现场平面布置比较简单，也能给构件校正、接头焊接、浇筑混凝土和养护提供充分的时间。<br>缺点：不能为后继工序及早提供工作面，起重机的开行路线较长。分件吊装法是目前单层工业厂房结构吊装中采用较多的一种方法 |
| | 综合吊装法 | 优点：开行路线短，停机点少；吊完一个节间，其后续工种就可进入节间内工作，使各个工种进行交叉平行流水作业，有利于缩短工期。<br>缺点：采用综合吊装法，每次吊装不同构件需要频繁变换索具，工作效率低；使构件供应紧张和平面布置复杂；构件的校正困难。因此，目前较少采用 |

### 6. 建筑装饰装修工程施工

（1）抹灰工程

基层处理应符合下列规定：

① 砖砌体，应清除表面杂物、尘土，抹灰前应洒水湿润。

② 混凝土，表面应凿毛或在表面洒水润湿后涂刷 1∶1 水泥砂浆（加适量胶粘剂）。

③ 加气混凝土，应在湿润后边刷界面剂边抹强度不小于 M5 的水泥混合砂浆。

不同品种不同强度等级的水泥不得混合使用。抹灰用砂子宜选用中砂，砂子使用前应过筛，不得含有杂物。抹灰用石灰膏的熟化期不应少于 15d，罩面用磨细石灰粉的熟化期不应少于 3d。

（2）吊顶工程

安装龙骨应符合：

① 应根据吊顶的设计标高，在四周墙上弹线。弹线应清晰、位置应正确。

② 主龙骨吊点间距、起拱高度应符合设计要求。当设计无要求时，吊点间距应小于 1.2m，应按房间短向跨度适当起拱。主龙骨安装后应及时校正其位置标高。

③ 吊杆应通直，距主龙骨端部距离不得超过 300mm。当吊杆与设备相遇时，应调整吊点构造或增设吊杆。

④ 次龙骨应紧贴主龙骨安装。固定板材的次龙骨间距不得大于 600mm，在潮湿地区和场所，间距宜为 300～400mm。用沉头自攻钉安装饰面板时，接缝处次龙骨宽度不得小于 40mm。

⑤ 暗龙骨系列的横撑龙骨，应用连接件将其两端连接在通长次龙骨上。明龙骨系列的横撑龙骨与通长龙骨搭接处的间隙不得大于 1mm。

（3）涂饰工程

混凝土或抹灰基层涂刷溶剂型涂料时，含水率不得大于 8%；涂刷水性涂料时，含水率不得大于 10%；木质基层含水率不得大于 12%。

施工现场环境温度宜在 5～35℃之间，并应注意通风换气和防尘。

一般涂饰施工方法有滚涂法、喷涂法、刷涂法。

### 7. 防水和保温工程施工

（1）屋面防水工程施工

根据防水材料的不同，屋面防水工程可分为卷材防水层屋面、涂膜防水层屋面、刚性防水屋面。

| 屋面防水的基本要求 | 混凝土结构层宜采用结构找坡，坡度不应小于 3%；当采用材料找坡时，宜采用质量轻、吸水率低和有一定强度的材料，坡度宜为 2% | |
|---|---|---|
| 卷材防水屋面施工 | 施工方法 | ① 当卷材防水层上有重物覆盖或基层变形较大时，应优先采用空铺法、点粘法、条粘法或机械固定法，但距屋面周边 800mm 内以及叠层铺贴的各层之间应满粘。<br>② 当防水层采取满粘法施工时，找平层的分隔缝处宜空铺，空铺的宽度宜为 100mm。<br>③ 立面或大坡面铺贴卷材时，应采用满粘法，并宜减少卷材短边搭接。<br>④ 高聚物改性沥青防水卷材的施工方法一般有热熔法、冷粘法和自粘法等。合成高分子防水卷材的施工方法一般有冷粘法、自粘法、焊接法和机械固定法 |
| | 铺贴顺序与卷材接缝 | 卷材防水层施工时，应先进行细部构造处理，然后由屋面最低标高向上铺贴；檐沟、天沟卷材施工时，宜顺檐沟、天沟方向铺贴，搭接缝应顺流水方向；卷材宜平行屋脊铺贴，上下层卷材不得相互垂直铺贴 |

续表

| 涂膜防水屋面施工 | ① 涂膜防水层的施工：先高后低，先远后近、先高跨后低跨。<br>② 前后两遍涂料的涂布方向应相互垂直。<br>③ 需铺设胎体增强材料时，屋面坡度小于15%时，可平行屋脊铺设，屋面坡度大于15%时应垂直于屋脊铺设。采用二层胎体增强材料时，上下层不得相互垂直铺设，搭接缝应错开，其间距不应小于幅宽的1/3 |
|---|---|

（2）地下防水工程施工

地下工程防水方案主要有下列三类：一是结构自防水；二是表面防水层防水；三是防排结合。地下工程防水等级为4级，地下防水工程不得在雨天、雪天和五级风及其以上时施工。

| 防水混凝土 | 施工注意事项 | ① 防水混凝土浇筑时的自落高度不得大于1.5m；防水混凝土应采用机械振捣。<br>② 防水混凝土应自然养护，养护时间不少于14d |
|---|---|---|
| | 防水构造处理 | ① 墙体水平施工缝不应留在剪力与弯矩最大处或底板与侧墙的交接处，应留在高出底板表面不小于300mm的墙体上。<br>② 拱（板）墙结合的水平施工缝，宜留在拱（板）墙接缝线以下150～300mm处。墙体有预留孔洞时，施工缝距孔洞边缘不应小于300mm |
| 表面防水层防水 | 表面防水层防水有刚性和柔性两种 | |
| | 水泥砂浆防水层 | 水泥砂浆防水层是一种刚性防水层，适用于地下砖石结构的防水层或防水混凝土结构的加强层。但水泥砂浆防水层抵抗变形的能力较差，当结构产生不均匀下沉或受较强烈振动荷载时，易产生裂缝或剥落。关于受腐蚀、高温及反复冻融的砖砌体工程不宜采用 |
| | 涂膜防水施工 | |
| | 卷材防水层 | ① 外贴法：外贴法是指在地下建筑墙体做好后，直接将卷材防水层铺贴墙上，然后砌筑保护墙。<br>② 内贴法：内贴法施工是指在地下建筑墙体施工前，先砌筑保护墙，然后将卷材防水层铺贴在保护墙上，最后进行地下建筑墙体浇筑 |
| 止水带防水 | | 目前，常见的止水带材料有橡胶止水带、塑料止水带、氯丁橡胶止水带和金属止水带等。止水带构造形式有：粘贴式、可卸式和埋入式。目前采用较多的是埋入式 |

（3）保温工程

外保温工程施工期间以及完工后24h内，基层及环境空气温度不低于5℃。夏季应避免阳光暴晒。在5级以上大风天气和雨天不得施工。

**一、单项选择题**（每题的备选项中，只有1个最符合题意）

1. 桩基根据（　　）划分为端承桩和摩擦桩。
   A. 断面形式
   B. 土中的受力情况不同
   C. 材料
   D. 施工方法

2. 基底标高不同时，砌体结构施工应（　　）。
   A. 从短边砌起，并从低处向高处搭砌　B. 从低处砌起，并从高处向低处搭砌
   C. 从长边砌起，并从高处向低处搭砌　D. 从高处砌起，并从高处向低处搭砌

3. 钢筋混凝土预制桩，长度小于（　　）m的短桩，一般多在工厂预制，较长的桩，因不便于运输，通常就在打桩现场附近预制。

A. 5                              B. 10

C. 15                             D. 20

4. 井点降水法不包括(        )。

A. 轻型井点                      B. 管井井点

C. 集水坑降水                    D. 深井井点

5. 浅基坑的开挖深度一般(        )。

A. 小于 3m                       B. 小于 4m

C. 小于 5m                       D. 不大于 5m

6. 下列关于横撑式的沟槽支护，说法正确的是(        )。

A. 关于湿度大的黏土，可以采用间断式水平挡土板支撑

B. 关于湿度很大的黏土，可以采用连续式水平挡土板支撑

C. 采用间断式水平挡土板支撑时，挖土深度超过 5m

D. 挡土板等构件应根据实际布置进行结构验算

7. 挖除不能承受荷载的软弱土体，并回填强度较高、压缩性较低，且没有侵蚀性的材料，作为地基持力层的地基加固处理为(        )。

A. 换填法                        B. 夯实法

C. 预压法                        D. 桩加固法

8. 重锤夯实法适用于加固地下水距地面(        )稍湿的黏土、砂土、湿陷性黄土、杂填土和分层填土，不适用于有效夯实深度内存在软黏土层的地基。

A. 1.0m 以下                     B. 1.0m 以上

C. 0.8m 以上                     D. 0.8m 以下

9. 下列关于钢筋混凝土预制桩的制作、起吊、运输和堆放，说法正确的是(        )。

A. 现场预制桩，多采用重叠法制作

B. 长度小于 10m 的短桩，工艺简单，宜现场预制

C. 钢筋混凝土预制桩应在混凝土达到设计强度的 50% 时方可起吊

D. 不同规格的预制桩应上小下大的模式堆放，堆放层数不宜超过 4 层

10. 下列适用于浇筑平板式楼板混凝土的模板是(        )。

A. 组合模板                      B. 滑升模板

C. 爬升模板                      D. 台模

11. 下列关于混凝土浇筑过程中应注意的事项，说法正确的为(        )。

A. 混凝土运输、浇筑及间歇时间的总和应小于其初凝时间

B. 为了保证大体积混凝土的整体性，不宜分层浇筑

C. 混凝土冬期施工，应增加水灰比，增加水用量

D. 高温期混凝土浇筑入模温度不应低于 35℃

12. 下列关于钢结构安装，说法正确的是(        )。

A. 一般钢柱的刚性较差，吊装时通常采用双机抬吊

B. 高层钢结构一般是划分多个流水作业段进行安装

C. 吊车梁与牛腿用焊接，梁与制动架之间用螺栓连接

D. 吊车梁吊装常采用自行杆式起重机，以轮胎式起重机应用最多

13. 柱吊升中所受振动较小，但对起重机的机动性要求高，一般采用自行式起重机的起吊方式为（　　）。

    A. 旋转法　　　　　　　　　　　　B. 滑行法

    C. 顶升法　　　　　　　　　　　　D. 滑移法

14. 吊装作业较安全，但吊升过程中柱所受振动较大，只有当起重机或场地受限时才采用的起吊方法为（　　）。

    A. 旋转法　　　　　　　　　　　　B. 滑行法

    C. 顶升法　　　　　　　　　　　　D. 滑移法

15. 柱的最后固定中，灌筑分两次进行，第一次灌筑后，待混凝土强度达到（　　）设计强度后，拔去楔块再第二次灌筑混凝土至杯口顶面。

    A. 25％　　　　　　　　　　　　　B. 30％

    C. 70％　　　　　　　　　　　　　D. 75％

16. 某结构吊装工程，待吊装结构为屋架，其安装支座表面高度为 10m，屋架绑扎点至屋架底面距离 1.5m，索具高度为 1.5m，则起重机的起重高度至少为（　　）。

    A. 11.5m　　　　　　　　　　　　B. 13.0m

    C. 13.3m　　　　　　　　　　　　D. 14.5m

17. 当卷材防水层上有重物覆盖或基层变形较大时，不应优先采用铺贴方式为（　　）。

    A. 满粘法　　　　　　　　　　　　B. 点粘法

    C. 条粘法　　　　　　　　　　　　D. 空铺法

18. 下列不属于合成高分子防水卷材施工方式的为（　　）。

    A. 冷粘法　　　　　　　　　　　　B. 自粘法

    C. 热熔法　　　　　　　　　　　　D. 焊接法

19. 地下防水混凝土工程施工时，应满足的要求是（　　）。

    A. 环境应保持潮湿

    B. 混凝土浇筑时的自落高度应控制在 1.5m 以内

    C. 自然养护时间应不少于 7d

    D. 施工缝应留在底板表面以下的墙体上

20. 下列关于地下室表面防水施工，说法错误的是（　　）。

    A. 涂膜防水的特点在于适用部位广泛

    B. 可以采用多层法和外加剂法进行水泥砂浆刚性防水

    C. 卷材防水采用外贴法时，应先砌保护墙，并在保护墙内侧铺贴卷材

    D. 在同一个变形缝处，采用止水带防水，可采用多种止水带组合构造

21. 下列关于墙面铺装工程施工的说法，正确的是（　　）。

    A. 墙面砖铺贴，结合砂浆宜采用 1∶2 水泥砂浆

    B. 墙面石材铺装，采用湿法铺装时，灌注砂浆时应一次性连续进行

    C. 墙面砖铺贴，每面墙不应有两列非整砖，非整砖宽度不宜小于整砖的 1/3

    D. 墙面石材铺装，采用湿法铺装时，每块石材与钢筋网的拉结点不得少于 2 个

22. 涂饰工程施工中，施工现场环境温度宜在（　　）之间。

A. −5～5℃                          B. −5～10℃

C. 5～35℃                          D. 5～38℃

23. 下列关于地面工程施工，说法错误的是（    ）。

    A. 当使用张紧器伸展地毯时，应由地毯中心向四周展开

    B. 竹、实木地板的铺装中，毛地板及地板与墙之间应留有 3mm 的缝隙

    C. 竹、实木地板的铺装中，毛地板应与龙骨呈 30°或 45°铺钉，相邻板的接缝应错开

    D. 强化复合地板的铺装中，当房间长度或宽度超过 8m 时，应在适当位置设置伸缩缝

24. 下列关于砌体工程施工，说法正确的是（    ）。

    A. 马牙槎应先进后退，对称砌筑

    B. 拉结钢筋伸入墙内不宜小于 600mm

    C. 砌体的转角处和交接处应同时砌，不应留槎

    D. 构造柱墙体，应砌成马牙槎，马牙槎凹凸尺寸不宜大于 60mm

25. 屋面防水工程应满足的要求是（    ）。

    A. 结构找坡不应小于 3%

    B. 找平层初凝前压实抹平，不应留设分格缝

    C. 分格缝不宜与排气道贯通

    D. 涂膜防水层的无纺布，上下胎体搭接缝不应错开

26. 关于钢筋混凝土构造柱的说法，正确的是（    ）。

    A. 应按先浇柱后砌墙的施工顺序进行

    B. 构造柱与墙体连接处应砌马牙槎，从每层柱脚开始，先进后退

    C. 沿墙高每 500mm 设 $2\phi6$ 拉结钢筋，每边伸入墙内不宜小于 500mm

    D. 构造柱拉结钢筋不得任意弯折

27. 墙体为构造柱砌成的马牙槎，其凹凸尺寸和高度可约为（    ）。

    A. 60mm 和 345mm                  B. 60mm 和 260mm

    C. 70mm 和 385mm                  D. 90mm 和 385mm

28. 在直接承受动力荷载的钢筋混凝土构件中，纵向受力钢筋的连接方式不宜采用（    ）。

    A. 套筒挤压连接                    B. 钢筋直螺纹套管连接

    C. 钢筋锥螺纹套管连接              D. 闪光对焊连接

29. 在剪力墙体系和筒体体系高层建筑的钢筋混凝土结构施工时，高效、安全、一次性投资少的模板形式应为（    ）。

    A. 组合模板                        B. 大模板

    C. 爬升模板                        D. 台模

30. 主要用于浇筑平板式楼板或带边梁楼板的工具式模板为（    ）。

    A. 大模板                          B. 台模

    C. 隧道模板                        D. 永久式模板

31. 单层钢结构厂房在安装前需要进行吊装稳定性验算的钢结构构件是（    ）。

A. 钢柱
B. 钢屋架
C. 吊车梁
D. 钢桁架

32. 钢结构单层厂房的吊车梁安装选用较多的起重机械是（　　）。
　　A. 拔杆
　　B. 桅杆式起重机
　　C. 履带式起重机
　　D. 塔式起重机

33. 关于地基夯实加固处理成功的经验是（　　）。
　　A. 砂土、杂填土和软黏土层适宜采用重锤夯实
　　B. 地下水距地面 0.8m 以上的湿陷性黄土不宜采用重锤夯实
　　C. 碎石土、砂土、粉土不宜采用强夯法
　　D. 工业废渣、垃圾地基适宜采用强夯法

34. 地基处理常采用强夯法，其特点在于（　　）。
　　A. 处理速度快、工期短，适用于城市施工
　　B. 不适用于软黏土层处理
　　C. 处理范围应小于建筑物基础范围
　　D. 采取相应措施还可用于水下夯实

35. 钢筋混凝土预制桩起吊时，混凝土强度应至少达到设计强度的（　　）。
　　A. 30%
　　B. 50%
　　C. 70%
　　D. 100%

36. 关于钢筋混凝土预制桩加工制作，说法正确的是（　　）。
　　A. 长度在 10m 以上的桩必须工厂预制
　　B. 现场预制桩不采用重叠法制作
　　C. 桩的强度达到设计强度的 70% 方可运输
　　D. 桩的强度达到设计强度的 70% 方可起吊

37. 静力压桩正确的施工工艺流程是（　　）。
　　A. 定位-吊桩-对中-压桩-接桩-压桩-送桩-切割桩头
　　B. 吊桩-定位-对中-压桩-送桩-压桩-接桩-切割桩头
　　C. 对中-吊桩-插桩-送桩-静压-接桩-压桩-切割桩头
　　D. 吊桩-定位-压桩-送桩-接桩-压桩-切割桩头

38. 在钢筋混凝土预制桩打桩施工中，仅适用于软弱土层的接桩方法是（　　）。
　　A. 硫黄胶泥锚接
　　B. 焊接连接
　　C. 法兰连接
　　D. 机械连接

39. 爆扩成孔灌注桩的主要优点在于（　　）。
　　A. 适于在软土中形成桩基础
　　B. 扩大桩底支撑面
　　C. 增大桩身周边土体的密实度
　　D. 有效扩大桩柱直径

40. 在松散土体中开挖 6m 深的沟槽，支护方式应优先采用（　　）。
　　A. 间断式水平挡土板横撑式支撑
　　B. 连续式水平挡土板横撑式支撑
　　C. 垂直挡土板式支撑
　　D. 重力式支护结构支撑

**41.** 在基坑开挖过程中，明排水法的集水坑应设置在(　　)。

    A. 基础范围以内
    B. 地下水走向的上游

    C. 基础附近
    D. 地下水走向的下游

**42.** 电渗井点降水的井点管应(　　)。

    A. 布置在地下水流上游侧
    B. 布置在地下水流下游侧

    C. 沿基坑中线布置
    D. 沿基坑外围布置

**43.** 关于基坑土石方工程采用轻型井点降水，说法正确的是(　　)。

    A. U形布置不封闭段是为施工机械进出基坑留的开口

    B. 双排井点管适用于宽度小于6m的基坑

    C. 单排井点管应布置在基坑的地下水下游一侧

    D. 施工机械不能经U形布置的开口端进出基坑

**44.** 轻型井点降水安装过程中，冲成井孔，拔出冲管，插入井点管后，灌填砂滤料，主要目的是(　　)。

    A. 保证滤水
    B. 防止塌孔

    C. 保护井点管
    D. 固定井点管

**45.** 止水带的构造形式有很多，目前较多采用的是(　　)。

    A. 固定式
    B. 粘贴式

    C. 可卸式
    D. 埋入式

**46.** 某大型基坑，施工场地标高为±0.000m，基坑底面标高为−6.600m，地下水位标高为−2.500m，土的渗透系数为60m/d，则应选用的降水方式是(　　)。

    A. 一级轻型井点
    B. 喷射井点

    C. 管井井点
    D. 深井井点

**47.** 有关混凝土的制备，说法正确的是(　　)。

    A. 钢筋混凝土结构可以使用含氯化物的水泥

    B. 混凝土实心板用的骨料最大颗粒粒径不宜超过板厚的1/2

    C. 自落式混凝土搅拌机适用于搅拌塑性混凝土

    D. 对于混凝土坍落度和搅拌机出料量相同的情况，自落式比强制式搅拌机的搅拌最短时间短

**48.** 涂膜防水时，防水层必须翻至墙面并做到离地面(　　)。

    A. 100mm
    B. 1m

    C. 150mm
    D. 1.5m

**49.** 在直接承受动力荷载的钢筋混凝土构件中，纵向受力钢筋的连接方式不宜采用(　　)。

    A. 绑扎搭接连接
    B. 钢筋直螺纹套管连接

    C. 钢筋锥螺纹套管连接
    D. 闪光对焊连接

**50.** 以下土层中不宜采用重锤夯实地基的是(　　)。

    A. 砂土
    B. 湿陷性黄土

    C. 杂填土
    D. 软黏土

**51.** 履带式起重机的主要参数不包括(　　)。

A. 起重量　　　　　　　　　　　　B. 起重高度
C. 起重时间　　　　　　　　　　　D. 起重半径

52. 砌筑工程中，当现场拌制水泥砂浆时，若施工期间最高温度超过 30℃时，应在（　）h 内使用完毕。
    A. 1　　　　　　　　　　　　　　B. 2
    C. 3　　　　　　　　　　　　　　D. 5

53. 用锤击法沉桩施工时，下列叙述错误的是（　　　）。
    A. 锤重应大于等于桩重
    B. 应重锤高击
    C. 应重锤低击
    D. 当锤重大于桩重的 1.5～2.0 倍时，能取得良好的效果

54. 在松散潮湿的砂土中挖 4m 深的基槽，支护方式不宜采用（　　　）。
    A. 悬臂式板式支护　　　　　　　B. 垂直挡土板式支撑
    C. 间断式水平挡土板支撑　　　　D. 连续式水平挡土板支撑

55. 钢筋混凝土预制桩应在混凝土达到设计强度的（　　　）方可起吊。
    A. 30％　　　　　　　　　　　　B. 60％
    C. 70％　　　　　　　　　　　　D. 100％

56. 地下水位以下或含水量超过（　　　）的土，不宜采用土桩或灰土桩。
    A. 15％　　　　　　　　　　　　B. 20％
    C. 25％　　　　　　　　　　　　D. 30％

57. 打桩的顺序，以下说法不正确的是（　　　）。
    A. 基坑不大时，打桩应从中间开始分头向两边或四周进行
    B. 当桩基的设计标高不同时，应先深后浅
    C. 当桩的规格不同时，应先大后小，先长后短
    D. 当桩基的设计标高不同时，应先浅后深

58. 下列不属于水泥砂浆防水层施工特点的是（　　　）。
    A. 取材容易，施工方便　　　　　B. 抵抗变形能力强
    C. 防水效果好　　　　　　　　　D. 成本较低

59. 水泥砂浆终凝后应及时进行养护，养护温度不宜低于（　　　）℃，养护时间不得少于（　　　）d。
    A. 5，14　　　　　　　　　　　　B. 10，14
    C. 5，28　　　　　　　　　　　　D. 10，28

60. 在渗透系数大、地下水量大的土层中，适宜采用的降水形式为（　　　）。
    A. 轻型井点　　　　　　　　　　B. 电渗井点
    C. 喷射井点　　　　　　　　　　D. 管井井点

61. 管井井点泥浆护壁成孔灌注桩施工流程为（　　　）。
    A. 测量放线定位→桩机就位→埋设护筒→成孔→一次清孔→安装导管→安装钢筋笼→二次清孔→灌注水下混凝土→起拔导管、护筒→桩头混凝土养护
    B. 测量放线定位→埋设护筒→桩机就位→成孔→安装钢筋笼→一次清孔→安装导

  管→二次清孔→起拔导管、护筒→灌注水下混凝土→桩头混凝土养护

  C. 测量放线定位→埋设护筒→桩机就位→成孔→一次清孔→安装钢筋笼→安装导
   管→二次清孔→灌注水下混凝土→起拔导管、护筒→桩头混凝土养护

  D. 测量放线定位→埋设护筒→桩机就位→成孔→一次清孔→安装钢筋笼→安装导
   管→灌注水下混凝土→二次清孔→桩头混凝土养护→起拔导管、护筒

62. 预应力钢筋与螺丝端杆的对接,宜采用的焊接方式是(  )。

  A. 电阻点焊        B. 电渣压力焊

  C. 闪光对焊        D. 电弧压力焊

63. 屋面防水工程中,混凝土结构层宜采用结构找坡,坡度不应小于(  )。

  A. 2%          B. 3%

  C. 4%          D. 5%

64. 采用深层搅拌法进行地基加固处理,适用条件为(  )。

  A. 砂砾石松软地基      B. 松散砂地基

  C. 黏土软弱地基       D. 碎石土软弱地基

65. 下列关于钢结构单层厂房的描述错误的是(  )。

  A. 一般钢柱吊装时通常采用一点起吊

  B. 钢吊车梁均为简支梁

  C. 钢桁架多用悬空吊装

  D. 钢屋架侧向刚度好

66. 与采用综合吊装法相比,采用分件吊装法的优点是(  )。

  A. 起重机开行路线短,停机点少

  B. 能为后续工序提供工作面

  C. 有利于各工种交叉平行流水作业

  D. 起重机变幅和索具更换次数少,吊装效率高

67. 排水设施中管井井点的间距,一般为(  )m。

  A. 10～20         B. 20～40

  C. 20～50         D. 30～60

68. 某建筑物的外墙外边线尺寸为 60m×8m,起重机采用外单侧布置,外脚手宽
1.5m,吊车轨距850mm,求塔式起重机的最小起重半径为(  )m。

  A. 9.725         B. 10.35

  C. 10.425         D. 10.85

69. 在多层及高层、高耸钢结构安装中,宜划分多个流水作业段进行安装,每节流水
段内柱的分节位置宜在梁顶标高以上(  )m 处。

  A. 0.5～1.0        B. 1.0～1.3

  C. 1.3～1.8        D. 1.8～2.1

70. 轻质隔墙工程,安装竖向龙骨应垂直,龙骨间距应符合设计要求,潮湿房间和钢
板网抹灰墙的龙骨间距不宜大于(  )mm。

  A. 100          B. 200

  C. 300          D. 400

71. 模板类型较多，适用于现场浇筑高层筒仓的是（　　）。

    A. 组合模板

    B. 大模板

    C. 台模

    D. 滑升模板

72. 对跨度不小于（　　）m 的钢筋混凝土梁、板，其模板应要求起拱。

    A. 3

    B. 4

    C. 5

    D. 6

73. 采用明排水法开挖基坑，在基坑开挖过程中设置的集水坑应（　　）。

    A. 布置在基础范围以外

    B. 布置在基坑底部中央

    C. 布置在地下水走向的下游

    D. 经常低于挖土面 1.0m 以上

74. 混凝土或抹灰基层涂刷溶剂型涂料时，含水率不得大于（　　）。

    A. 8%

    B. 9%

    C. 10%

    D. 12%

75. 关于钢筋混凝土预制桩加工制作，说法正确的是（　　）。

    A. 长度在 10m 以上的桩必须工厂预制

    B. 重叠法预制不宜超过 6 层

    C. 桩的强度达到设计强度的 100% 方可运输和打桩

    D. 重叠法预制下层桩强度达到设计强度的 70% 时方可灌注上层桩

76. 通常情况下，基坑土方开挖的明排水法主要适用于（　　）。

    A. 细砂土层

    B. 粉砂土层

    C. 淤泥土层

    D. 渗水量小的黏土层

77. 地下室底层和上部结构首层柱、墙混凝土带模的自然养护时间不宜少于（　　）d。

    A. 7

    B. 14

    C. 3

    D. 28

78. 某厂房平面宽度为 70m，外搭脚手架宽度为 3m，采用轨距为 2.6m 的塔式起重机施工。塔式起重机为双侧布置，其最大起重半径不得小于（　　）m。

    A. 74.3

    B. 74.8

    C. 39.3

    D. 39.8

79. 可降低水位 30~40m，有的甚至可达百米以上的降水形式为（　　）。

    A. 轻型井点

    B. 电渗井点

    C. 喷射井点

    D. 深井井点

80. 下列对于水泥砂浆施工应注意的情况，描述错误的是（　　）。

    A. 水泥砂浆的配制，应按所掺材料的技术要求准确计量

    B. 防水层各层应紧密粘合，每层宜连续施工

    C. 水泥砂浆终凝后应及时进行养护，养护温度不宜低于 5℃

    D. 掺外加剂、掺合料等的水泥砂浆防水层厚度宜为 10~12mm

81. 砌体水平灰缝的砂浆饱满度，按净面积不能低于（　　）。

    A. 70%

    B. 75%

    C. 80%

    D. 90%

82. 在轻型井点施工中，井点系统的安装内容包括：①挖井点沟槽；②冲孔；③灌填

砂滤料;④弯联管将井点管与集水管连接;⑤铺设集水总管;⑥沉没井点管;⑦安装抽水设备、试抽。其正确的安装顺序为( )。

A. ①②③④⑤⑥⑦      B. ①②③⑥⑤④⑦

C. ①⑤②⑥③④⑦      D. ①②③⑤⑥④⑦

83. 轻型井点施工,冲孔孔径不应小于( )mm,并保持垂直,上下一致,使滤管有一定厚度的砂滤层。

A. 100      B. 200

C. 300      D. 400

84. 混凝土或抹灰基层涂刷水性涂料时,含水率不得大于( )。

A. 8%      B. 9%

C. 10%      D. 12%

85. 对于 HPB300 级光圆钢筋受拉时,钢筋末端作 180°弯钩时,弯钩的弯折后平直段长度不应小于钢筋直径 $d$ 的( )倍。

A. 2.5      B. 3

C. 3.5      D. 4

86. 防水混凝土浇筑时的自落高度不得大于( )。

A. 0.5m      B. 1.0m

C. 1.5m      D. 2.0m

87. 起重机的单侧布置:起重半径应满足:$R \geqslant b + a$,其中 $a$ 是( )。

A. 房屋宽度      B. 外脚手的宽度

C. 1/2 轨距+外脚手的宽度      D. 外脚手的宽度+1/2 轨距+0.5m

88. 打桩机正确的打桩顺序为( )。

A. 先外后内      B. 先大后小

C. 先短后长      D. 先浅后深

89. 钢筋混凝土预制桩的运输和堆放应满足以下要求( )。

A. 混凝土强度达到设计强度的 70% 方可运输

B. 混凝土强度达到设计强度的 100% 方可运输

C. 堆放层数不宜超过 10 层

D. 不同规格的桩按上小下大的原则堆放

90. 适合在透水性较差的淤泥和淤泥质土中采用的降水方式是( )。

A. 轻型井点      B. 喷射井点

C. 管井井点      D. 电渗井点

91. 集水坑的宽度或者直径一般为( )。

A. 0.3~0.6m      B. 0.6~0.8m

C. 0.7~0.9m      D. 0.8~1.0m

92. 湿度小的黏性土挖土深度小于( )时,可用间断式水平挡土板支撑。

A. 1m      B. 2m

C. 3m      D. 4m

93. 一般开挖深度超过( )的基坑称为深基坑。

A. 5m

B. 6m

C. 7m

D. 8m

94. 下列关于防水混凝土在施工中应注意的事项，叙述正确的是（　　）。

　　A. 浇筑时的自落高度不得大于 1.5m

　　B. 浇筑时的自落高度不得大于 2.0m

　　C. 应采用人工振捣，并保证振捣密实

　　D. 应蒸汽养护，养护时间不少于 14d

95. 屋面涂膜防水需要铺设胎体增强材料时，当屋面坡度大于 15% 时，铺贴的方向应是（　　）。

　　A. 任意铺贴

B. 垂直于屋脊铺贴

　　C. 平行于屋脊铺贴

D. 平行于屋面长边方向

96. 同一构件中相邻纵向受力钢筋的绑扎搭接接头宜相互错开。绑扎搭接接头中钢筋的横向净距不应小于钢筋直径，且不应小于（　　）mm。

　　A. 10

B. 15

　　C. 25

D. 35

97. 关于一般抹灰的说法，正确的是（　　）。

　　A. 抹灰应分层进行，抹石灰砂浆和水泥混合砂浆每遍厚度宜为 5~7mm

　　B. 当抹灰总厚度大于 25mm 时，应采取加强措施

　　C. 用石灰砂浆抹灰时，应待前一抹灰层七八成干后方可抹后一层

　　D. 用石灰砂浆抹灰时，应待前一抹灰层凝结后方可抹后一层

98. 工程施工中用得最多的一种模板是（　　）。

　　A. 木模板

B. 大模板

　　C. 组合模板

D. 永久式模板

99. 适用于小直径钢筋交叉连接的是（　　）。

　　A. 闪光对焊

B. 电阻点焊

　　C. 电弧焊

D. 气压焊

100. 使用气压焊焊接不同直径的钢筋时，两钢筋直径差不得大于（　　）mm。

　　A. 5

B. 7

　　C. 9

D. 12

101. 基坑开挖的电渗井点降水适用于饱和（　　）。

　　A. 黏土层

B. 砾石层

　　C. 砂土层

D. 砂砾层

102. 通常情况下，基坑土方开挖的明排水法主要适用于（　　）。

　　A. 细砂土层

B. 粉砂土层

　　C. 粗粒土层

D. 淤泥土层

103. 现场采用重叠法预制钢筋混凝土桩时，上层桩的浇注应等到下层桩混凝土强度达到设计强度等级的（　　）。

　　A. 30%

B. 60%

　　C. 70%

D. 100%

**104.** 在砂土地层中施工泥浆护壁成孔灌注桩，桩径 1.8m，桩长 52m，应优先考虑采用（　　）。

 A. 正循环钻孔灌注桩     B. 反循环钻孔灌注桩

 C. 钻孔扩底灌注桩      D. 冲击成孔灌注桩

**105.** 关于钢筋混凝土预制桩施工，说法正确的是（　　）。

 A. 基坑较大时，打桩宜从周边向中间进行

 B. 打桩宜采用重锤低击

 C. 钢筋混凝土预制桩堆放层数不超过 2 层

 D. 桩体混凝土强度达到设计强度的 70％方可运输

**106.** 墙面石材铺装应符合的规定是（　　）。

 A. 较厚的石材应在背面粘贴玻璃纤维网布

 B. 较薄的石材应在背面粘贴玻璃纤维网布

 C. 强度较高的石材应在背面粘贴玻璃纤维网布

 D. 采用粘贴法施工时基层应压光

**107.** 在淤泥质黏土中开挖 10m 深的基坑时，降水方法应优先选用（　　）。

 A. 单级轻型井点       B. 管井井点

 C. 电渗井点         D. 深井井点

**108.** 在含水砂层中施工钢筋混凝土预制桩基础，沉桩方法应优先选用（　　）。

 A. 锤击沉桩         B. 静力压桩

 C. 射水沉桩         D. 振动沉桩

**109.** 砌筑砂浆试块强度验收合格的标准是，同一验收批砂浆试块强度平均值应不小于设计强度等级值的（　　）。

 A. 90％          B. 100％

 C. 110％          D. 120％

**110.** 混凝土浇筑应符合的要求为（　　）。

 A. 梁、板混凝土应分别浇筑，先浇梁、后浇板

 B. 有主、次梁的楼板宜顺着主梁方向浇筑

 C. 单向板宜沿板的短边方向浇筑

 D. 高度大于 1.0m 的梁可单独浇筑

**二、多项选择题**（每题的备选项中，有 2 个或 2 个以上符合题意，至少有 1 个错项）

**1.** 放坡的坡度应根据（　　）等因素确定，在保证边坡稳定和方便施工的前提下，应减少放坡所增加的挖方量。

 A. 土石性质         B. 开挖深度

 C. 开挖方法         D. 人工筹备

 E. 地下水位

**2.** 某工程拟采用井点降水，应根据（　　）等条件选择进行。

 A. 渗透系数         B. 降低水位的深度

 C. 工程特点         D. 设备条件

E. 管理水平

3. 与常规钢筋混凝土桩和预应力混凝土桩相比，钢管桩的特点有(　　)。

    A. 重量大
    B. 刚性好
    C. 承载力高
    D. 排土量大
    E. 造价高

4. 下列铺贴防水卷材的位置，应当满粘的有(　　)。

    A. 立面
    B. 大坡面
    C. 基层变形较大部位
    D. 叠层铺贴的各层之间
    E. 距屋面周边 1000mm 以内部位

5. 下列玻璃幕墙的形式，属于点式连接玻璃幕墙的有(　　)。

    A. 玻璃肋点式连接玻璃幕墙
    B. 钢桁架点式连接玻璃幕墙
    C. 拉索式点式连接玻璃幕墙
    D. 吊挂式点式连接玻璃幕墙
    E. 坐落式点式连接玻璃幕墙

6. 爬升模板适用于的工程是(　　)。

    A. 剪力墙体系
    B. 筒体体系
    C. 框架体系
    D. 混合体系
    E. 钢结构体系

7. 下列关于屋面涂膜防水施工，说法错误的是(　　)。

    A. 按先高后低原则进行
    B. 按涂料的品种分层逐遍涂布
    C. 屋面坡度小于 15% 的，胎体增强材料应平行于屋脊铺设
    D. 屋面坡度大于 15% 的，胎体增强材料可垂直于屋脊铺设
    E. 分隔缝处增设的胎体增强材料，宜空铺 100mm 的宽度

8. 卷材防水屋面施工时，卷材铺贴正确的有(　　)。

    A. 采用满粘法施工时，找平层分隔缝处空铺宽度宜为 100mm
    B. 应在干燥的基层上铺贴干燥卷材
    C. 水泥找平层养护时间不得少于 14d
    D. 结构找坡，坡度不应小于 3%
    E. 材料找坡，坡度不应小于 2%

9. 当卷材防水层上有重物覆盖或基层变形较大时，优先采用的施工铺贴方法有(　　)。

    A. 空铺法
    B. 点粘法
    C. 满粘法
    D. 条粘法
    E. 机械固定法

10. 现浇混凝土灌注桩，按成孔方法分为(　　)。

    A. 柱锤冲扩桩
    B. 泥浆护壁成孔灌注桩
    C. 干作业成孔灌注桩
    D. 人工挖孔灌注桩
    E. 爆扩成孔灌注桩

11. 在基坑开挖过程中，井点降水的形式包括(　　)。

    A. 轻型井点
    B. 电渗井点

  C. 喷射井点         D. 管井井点

  E. 浅井井点

**12.** 关于轻型井点降水施工的说法，正确的有(     )。

  A. 轻型井点一般可采用单排或双排布置

  B. 当有土方机械频繁进出基坑时，井点宜采用环形布置

  C. 由于轻型井点需埋入地下蓄水层，一般不宜双排布置

  D. 槽宽大于 6m，且降水深度超过 5m 时，不适宜采用单排井点

  E. 为了更好地集中排水，井点管应布置在地下水下游一侧

**13.** 常见的混凝土的养护方法有(     )。

  A. 标准养护          B. 加热养护

  C. 冷结养护          D. 自然养护

  E. 分件养护

**14.** 屋面防水工程中，关于涂膜防水层的说法错误的是(     )。

  A. 胎体增强材料宜采用无纺布或化纤无纺布

  B. 胎体增强材料长边搭接宽度不应小于 70mm

  C. 胎体增强材料短边搭接宽度不应小于 50mm

  D. 上下层胎体增强材料应相互垂直铺设

  E. 上下层胎体增强材料的长边搭接缝应错开，且不得小于幅宽的 1/3

**15.** 钢筋的连接方法有(     )。

  A. 焊接连接          B. 绑扎搭接连接

  C. 机械连接          D. 化学粘结

  E. 铆钉连接

**16.** 钢筋机械连接包括(     )。

  A. 套筒挤压连接        B. 螺纹套管连接

  C. 焊接            D. 绑扎连接

  E. 对接连接

**17.** 混凝土施工缝正确的留设位置是(     )。

  A. 柱子应留在基础顶面     B. 带牛腿的柱面留在牛腿上面

  C. 留在牛腿下面        D. 单向板留在平行于长边的任何位置

  E. 单向板留在平行于短边的任何位置

**18.** 地下防水施工中，外贴法施工卷材防水层的主要特点有(     )。

  A. 施工占地面积较小      B. 底板与墙身接头处卷材易受损

  C. 结构不均匀沉降对防水层影响大   D. 可及时进行漏水试验，修补方便

  E. 施工工期较长

**19.** 现浇钢筋混凝土构件模板拆除的条件有(     )。

  A. 悬臂构件底模拆除时的混凝土强度应达到设计强度的 50%

  B. 后张预应力混凝土结构构件的侧模宜在预应力筋张拉前拆除

  C. 跨度大于 8m 的板拆除底模时的混凝土强度应达到设计强度的 75%

  D. 侧模拆除时混凝土强度须达到设计混凝土强度的 50%

E. 一般是先拆非承重模板，后拆承重模板

20. 下列关于卷材防水屋面施工的注意事项说法正确的有（　　）。

A. 基层处理剂、接缝胶粘剂、密封材料等与铺贴的卷材性能应不相容

B. 卷材在铺贴前应保持干燥

C. 铺贴卷材前，应根据屋面特征及面积大小，合理划分施工流水段

D. 铺贴时天沟等处应直接铺贴防水层

E. 铺贴时卷材的接缝应用沥青玛琦脂赶平压实

21. 关于混凝土搅拌的说法，正确的有（　　）。

A. 轻骨料混凝土搅拌可选用自落式搅拌机

B. 搅拌时间不应小于最小搅拌时间

C. 选择二次投料法搅拌可提高混凝土强度

D. 施工配料的主要依据是混凝土施工配合比

E. 混凝土强度相同时，一次投料法比二次投料法节约水泥

22. 剪力墙和筒体体系的高层建筑混凝土工程的施工模板通常采用（　　）。

A. 台模
B. 大模板

C. 滑升模板
D. 压型钢板永久式模板

E. 爬升模板

23. 关于柱的吊装，以下说法正确的有（　　）。

A. 一般中、小型柱吊装时要绑扎一点

B. 旋转法起吊时柱所受振动较大

C. 滑行法起吊时柱子不受振动

D. 一般在起重机场地受限时才采用滑行法起吊

E. 应优先选用滑行法起吊

24. 静力压桩接桩时，通常采用的方法是（　　）。

A. 桩接柱法
B. 焊接法

C. 整浇法
D. 硫黄胶泥锚接

E. 钢筋绑扎法

25. 下列对于屋面保温工程的描述正确的是（　　）。

A. 板状材料保温层采用干铺法施工时，相邻板块应错缝拼接

B. 纤维材料保温层施工时，应避免重压，并应采取防潮措施

C. 在浇筑泡沫混凝土时，泵送时应采取低压泵送

D. 当设计有隔汽层时，先施工隔汽层，然后再施工保温层

E. 泡沫混凝土应分层浇筑，一次浇筑厚度不宜超过 300mm

26. 下列关于钢筋焊接连接，叙述正确的是（　　）。

A. 闪光对焊不适宜于预应力钢筋焊接

B. 电阻点焊主要应用于大直径钢筋的交叉焊接

C. 电渣压力焊适宜于斜向钢筋的焊接

D. 气压焊不仅适用于竖向钢筋的连接，也适用于各种方向位置的钢筋连接

E. 电弧焊可用于钢筋和钢板的焊接

27. 关于施工缝留置，下面说法正确的是（        ）。

A. 无论梁板式结构还是无梁楼盖结构，柱子的施工缝位置在基础顶面均宜留置

B. 单向板的施工缝位置应留置在平行于板长边的任何位置

C. 有主次梁楼盖的施工缝浇筑应顺着主梁方向

D. 有主次梁楼盖的施工缝留在次梁跨度的中间 1/3 跨度范围内

E. 楼梯的施工缝位置应留置在楼梯段跨度端部 1/3 长度范围内

28. 下列关于混凝土浇筑的说法，正确的是（        ）。

A. 混凝土输送宜采用泵送方式

B. 混凝土浇筑前，应先在底部填以不小于 50mm 厚与混凝土内砂浆成分相同的水泥砂浆

C. 在浇筑与柱和墙连成整体的梁和板时，应在柱和墙浇筑完毕后停歇 1.0～1.5h，再继续浇筑

D. 粗骨料粒径小于 25mm 时，自由倾落高度 5m 时，不需要加设串筒

E. 有主次梁的楼板宜顺着主梁方向浇筑

29. 影响混凝土搅拌最短时间的因素有（        ）。

A. 搅拌机类型                          B. 混凝土配合比

C. 混凝土强度等级                      D. 混凝土坍落度

E. 搅拌机容量

30. 卷材防水屋面施工时，卷材铺贴正确的有（        ）。

A. 采用满贴法施工时，找平层分隔缝处空铺宽度宜为 100mm

B. 屋面坡度 3％～15％时，应优先采取平行于屋脊方向铺贴

C. 屋面坡度大于 15％时，合成高分子卷材可平行于屋脊方向铺贴

D. 屋面受振动时，沥青毡应平行于屋脊方向铺贴

E. 当屋面坡度小于 3％时，宜垂直于屋脊方向铺贴

31. 直径大于 40mm 钢筋的切断方法应采用（        ）。

A. 锯床锯断                            B. 手动剪切器切断

C. 氧-乙炔焰割切                        D. 钢筋剪切机切断

E. 电弧割切

32. 地下防水工程防水混凝土正确的防水构造措施有（        ）。

A. 竖向施工缝应设置在地下水和裂缝水较多的地段

B. 竖向施工缝尽量与变形缝相结合

C. 贯穿防水混凝土的铁件应在铁件上加焊止水铁片

D. 贯穿铁件端部混凝土覆盖厚不少于 250mm

E. 水平施工缝应避开底板与侧墙交接处

33. 防水混凝土施工时应注意的事项有（        ）。

A. 应尽量采用人工振捣，不宜用机械振捣

B. 浇筑时自落高度不得大于 1.5m

C. 应采用自然养护，养护时间不少于 7d

D. 墙体水平施工缝应留在高出底板表面 300mm 以上的墙体上

E. 施工缝距墙体预留孔洞边缘不小于 300mm

34. 关于卷材防水屋面施工，说法正确的有（　　　）。

A. 当基层变形较大时，卷材防水层应优先选用满粘法

B. 采用满粘法施工，找平层分隔缝处卷材防水层应空铺

C. 屋面坡度为 3％～15％时，卷材防水层应优先采用平行屋脊方向铺粘

D. 屋面坡度小于 3％时，卷材防水层应平行屋脊方向铺粘

E. 屋面坡地大于 25％时，卷材防水层应采取固定措施

35. 单层工业厂房结构吊装的起重机，可根据现场条件、构件重量、起重机性能选择（　　　）。

A. 单侧布置　　　　　　　　　　B. 双侧布置

C. 跨内单行布置　　　　　　　　D. 跨外环形布置

E. 跨内环形布置

36. 关于混凝土灌注桩施工，下列说法正确的有（　　　）。

A. 泥浆护壁成孔灌注桩实际成桩顶标高应比设计标高高出 0.8～1.0m

B. 地下水位以上地层可采用人工成孔工艺

C. 泥浆护壁正循环钻孔灌注柱适用于桩径 2.0m 以下桩的成孔

D. 干作业成孔灌注桩采用短螺旋钻孔机一般分段多次成孔

E. 爆扩成孔灌注桩由桩柱、爆扩部分和桩底扩大头三部分组成

## 答案与解析

### 一、单项选择题

1. B； 2. B； 3. B； 4. C； 5. C； 6. D； 7. A； 8. C； 9. A； 10. D；
11. A； 12. B； 13. A； 14. B； 15. A； 16. C； 17. A； 18. C； 19. B； 20. C；
21. A； 22. C； 23. B； 24. B； 25. D； 26. D； 27. B； 28. D； 29. C； 30. B；
31. B； 32. C； 33. D； 34. D； 35. C； 36. D； 37. A； 38. A； 39. B； 40. C；
41. B； 42. D； 43. A； 44. B； 45. D； 46. C； 47. C； 48. C； 49. D； 50. D；
51. C； 52. B； 53. D； 54. C； 55. B； 56. C； 57. D； 58. B； 59. A； 60. D；
61. C； 62. C； 63. B； 64. C； 65. D； 66. D； 67. C； 68. C； 69. B； 70. D；
71. D； 72. B； 73. A； 74. A； 75. D； 76. D； 77. C； 78. D； 79. D； 80. D；
81. D； 82. C； 83. C； 84. C； 85. B； 86. C； 87. D； 88. B； 89. B； 90. D；
91. B； 92. C； 93. A； 94. A； 95. B； 96. C； 97. C； 98. C； 99. B； 100. B；
101. A； 102. C； 103. A； 104. B； 105. B； 106. B； 107. C； 108. D； 109. C； 110. D

【解析】

### 二、多项选择题

1. ABCE； 2. ABCD； 3. BCE； 4. ABD； 5. ABC； 6. AB； 7. CD；
8. ABDE； 9. ABDE； 10. BCDE； 11. ABCD； 12. AD； 13. ABD； 14. BCD；
15. ABC； 16. AB； 17. ABCE； 18. BDE； 19. BE； 20. BCE； 21. BCD；
22. BCE； 23. AD； 24. BD； 25. ABCD； 26. CDE； 27. ADE； 28. ACD；

29. ADE；　30. ABC；　31. ACE；　32. BCDE；　33. BDE；　34. BCDE；　35. ABCE；
36. ABD

解析

# 第4节　土建工程常用施工机械的类型及应用

## 复习要点

### 1. 土方工程机械

常用的施工机械有：推土机、铲运机、单斗挖土机、装卸机等。

| 推土机 | 推土机的经济运距在100m以内，以30~60m为最佳运距。推土机的特点是操作灵活、运输方便，所需工作面较小，行驶速度较快，易于转移，能爬30°左右的缓坡 | | | |
|---|---|---|---|---|
| | 施工方法 | 下坡推土法 | 在推土丘、回填管够时，均可采用 | |
| | | 分批集中，一次推送法 | 在较硬的土中，推土机的切土深度较小，一次铲土不多，可分批集中，再整批地推送到卸土区 | |
| | | 并列推土法 | 在较大面积的平整场地施工中，采用2~3台推土机并列推土，能减少土的散失。并列台数不宜超过4台，否则互相影响 | |
| | | 沟槽推土法 | 当推土层较厚时，运距远时，采用此法较为适宜 | |
| | | 斜角推土法 | 一般在管沟回填且无倒车余地时可采用这种方法 | |
| 铲运机 | 铲运机的特点是能独立完成铲土、运土、卸土、填筑、压实等工作，对行驶道路要求较低，行驶速度快，操纵灵活，运转方便，生产效率高。常用于坡度在20°以内的大面积场地平整，开挖大型基坑、沟槽，以及填筑路基等土方工程。铲运机可在Ⅰ~Ⅵ类土中直接挖土、运土，适宜运距为600~1500m，当运距为200~350m时效率最高 | | | |
| | 开行路线 | 环形路线、大环形路线、8字形路线 | | |
| | 施工方法 | 下坡铲土、跨铲法、助铲法 | | |
| 单斗挖掘机 | 正铲挖掘机 | 前进向上，强制切土 | 能开挖停机面以上的Ⅰ~Ⅳ级土 | 适用在土质较好、无地下水的地区工作 |
| | 反铲挖掘机 | 后退向下，强制切土 | 能开挖停机面以下的Ⅰ~Ⅲ级土 | 适宜开挖深度4m以内的基坑、槽和管沟，有地下水位的土或泥泞土 |
| | 拉铲挖掘机 | 后退向下，自重切土 | 能开挖停机面下列的Ⅰ~Ⅱ级土 | 适宜开挖大型基坑及水下挖土 |
| | 抓铲挖掘机 | 直上直下，自重切土 | 能开挖Ⅰ~Ⅱ级土 | 可以挖掘独立基坑、沉井，特别适于水下挖土 |

续表

| 装载机 | 按行走方式分为履带式和轮胎式两种，按工作方式分为单斗式装载机、链式和轮斗式装载机。土方工程主要使用单斗铰链式轮胎装载机 |

**2. 起重机械**

结构吊装工程中常用的起重机械有桅杆式起重机、自行式起重机和塔式起重机等。自行式起重机包括履带式起重机、汽车式起重机和轮胎式起重机等。

塔式起重机按起重能力可分为：

① 轻型塔式起重机：起重量为 0.5～3t，一般用于六层以下建筑施工。

② 中型塔式起重机：起重量为 3～15t，适用于工业建筑和高层民用建筑施工。

③ 重型塔式起重机：起重量为 20～40t，一般用于大型工业厂房的施工和高炉等设备的吊装。

塔式起重机按构造性能可分为轨道式、爬升式、附着式和固定式四种。

**3. 混凝土运输机械**

混凝土运输工作分为地面运输、垂直运输和楼面运输三种情况。

**4. 混凝土密实成型机械**

用于振动捣实混凝土拌合物的振动器按其工作方式可分为内部振动器、表面振动器、外部振动器和振动台。内部振动器适用于基础、柱、梁、墙等深度或厚度较大的结构构件的混凝土捣实，振捣时要"快插慢拔"。表面振动器是放在混凝土表面进行振捣，适用于振捣楼板、地面、板形构件和薄壳等薄壁构件。外部振动器又称附着式振动器，适用于振捣断面较小或钢筋较密的柱、梁、墙等构件。振动台是混凝土预制构件厂中的固定生产设备，用于振实预制构件。

**一、单项选择题**（每题的备选项中，只有 1 个最符合题意）

1. 铲运机的施工特点是适宜于（　　）。
A. 砾石层开挖
B. 独立完成铲土、运土、填土
C. 冻土层开挖
D. 远距离运土

2. 某工程场地平整，土质为含水量较小的亚黏土，挖填高差不大，且挖区与填区有一宽度 400m 相对平整地带，这种情况宜选用的主要施工机械为（　　）。
A. 推土机
B. 铲运机
C. 正铲挖土机
D. 反铲挖土机

3. 下列不属于自行杆式起重机的是（　　）。
A. 履带式起重机
B. 汽车式起重机
C. 轮胎式起重机
D. 桅杆式起重机

4. 某 6 层工业建筑，其厂房结构吊装，适宜采用的起重机械为（　　）。
A. 塔式起重机
B. 履带式起重机
C. 汽车式起重机
D. 自升式塔式起重机

5. 入模后的混凝土拌合物应用振动器振动捣实，下图所示的振捣器中，属于外部振捣器的为（　　）。

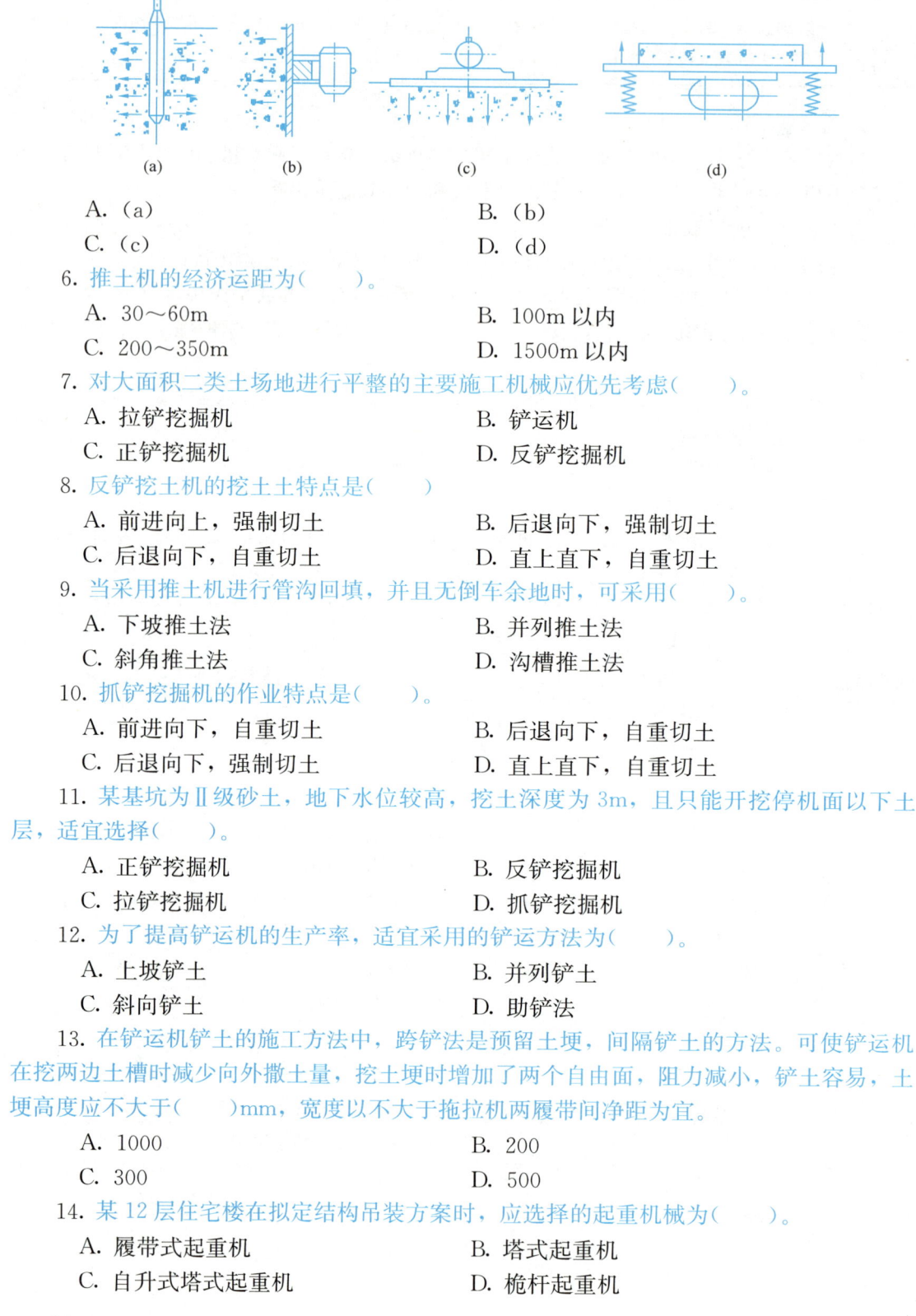

|  |  |  |  |
|---|---|---|---|
| (a) | (b) | (c) | (d) |

A．（a）                         B．（b）

C．（c）                         D．（d）

6. 推土机的经济运距为（          ）。

A．30～60m                  B．100m 以内

C．200～350m               D．1500m 以内

7. 对大面积二类土场地进行平整的主要施工机械应优先考虑（          ）。

A．拉铲挖掘机               B．铲运机

C．正铲挖掘机               D．反铲挖掘机

8. 反铲挖土机的挖土土特点是（          ）

A．前进向上，强制切土       B．后退向下，强制切土

C．后退向下，自重切土       D．直上直下，自重切土

9. 当采用推土机进行管沟回填，并且无倒车余地时，可采用（          ）。

A．下坡推土法               B．并列推土法

C．斜角推土法               D．沟槽推土法

10. 抓铲挖掘机的作业特点是（          ）。

A．前进向下，自重切土       B．后退向下，自重切土

C．后退向下，强制切土       D．直上直下，自重切土

11. 某基坑为Ⅱ级砂土，地下水位较高，挖土深度为 3m，且只能开挖停机面以下土层，适宜选择（          ）。

A．正铲挖掘机               B．反铲挖掘机

C．拉铲挖掘机               D．抓铲挖掘机

12. 为了提高铲运机的生产率，适宜采用的铲运方法为（          ）。

A．上坡铲土                 B．并列铲土

C．斜向铲土                 D．助铲法

13. 在铲运机铲土的施工方法中，跨铲法是预留土埂，间隔铲土的方法。可使铲运机在挖两边土槽时减少向外撒土量，挖土埂时增加了两个自由面，阻力减小，铲土容易，土埂高度应不大于（          ）mm，宽度以不大于拖拉机两履带间净距为宜。

A．1000                     B．200

C．300                      D．500

14. 某 12 层住宅楼在拟定结构吊装方案时，应选择的起重机械为（          ）。

A．履带式起重机             B．塔式起重机

C．自升式塔式起重机         D．桅杆起重机

15. 土石方工程施工中，铲运机采用 8 字形路线的作业条件是（    ）。

    A. 施工地形起伏不大、工作地段较长    B. 施工地形起伏较大、工作地段较长

    C. 施工地形起伏较大、工作地段较短    D. 施工地形起伏不大、工作地段较短

16. 适用于振捣基础、柱、梁、墙等深度或厚度较大的结构构件的振捣机械是（    ）。

    A. 内部振动器                 B. 表面振动器

    C. 附着式振动器            D. 振动台

17. 用推土机回填管沟，当无倒车余地时一般采用（    ）。

    A. 沟槽推土法                B. 斜角推土法

    C. 下坡推土法                D. 分批集中，一次推土法

18. 铲运机的开行路线不包括（    ）。

    A. 环形路线                   B. 大环形路线

    C. 8 字形路线                D. U 形路线

19. "后退向下，强制切土"描述的是（    ）的特点。

    A. 正铲挖掘机               B. 反铲挖掘机

    C. 拉铲挖掘机               D. 抓铲挖掘机

20. 在较硬的土质中，用推土机进行挖、运作业，较适宜的施工方法是（    ）。

    A. 下坡推土法               B. 并列推土法

    C. 分批集中，一次推送法      D. 沟槽推土法

21. （    ）可以挖掘独立基坑，沉井，特别适于水下挖土。

    A. 正铲挖掘机               B. 反铲挖掘机

    C. 拉铲挖土掘机            D. 抓铲挖掘机

22. 与正铲挖掘机相比，反铲挖掘机的显著优点是（    ）。

    A. 对开挖土层级别的适应性宽     B. 对基坑大小的适应性宽

    C. 对开挖土层的地下水位适应性宽     D. 装车方便

23. 为了提高铲运机铲土效率，适宜采用的铲运方法为（    ）。

    A. 上坡铲土                   B. 并列铲土

    C. 斜向铲土                   D. 间隔铲土

24. 关于推土机施工作业，说法正确的是（    ）。

    A. 土质较软使切土深度较大时可采用分批集中后一次推送

    B. 并列推土的推土机数量不宜超过 4 台

    C. 沟槽推土法是先用小型推土机推出两侧沟槽后再用大型推土机推土

    D. 斜角推土法是指推土机行走路线沿斜向交叉推进

25. 关于单斗挖掘机作业特点，说法正确的是（    ）。

    A. 正铲挖掘机；前进向下，自重切土    B. 反铲挖掘机；后退向上，强制切土

    C. 拉铲挖掘机；后退向下，自重切土    D. 抓铲挖掘机；前进向上，强制切土

26. 在挖深 3m，1～3 类土砂性土壤基坑，且地下水位较高，宜优先选用（    ）。

    A. 正铲挖掘机               B. 反铲挖掘机

    C. 拉铲挖掘机               D. 抓铲挖掘机

27. 用单斗挖掘机械施工时，如果要开挖停机面以上IV级土，应选用（　　）。

    A. 正铲挖掘机　　　　　　　　　　B. 反铲挖掘机

    C. 拉铲挖掘机　　　　　　　　　　D. 抓铲挖掘机

28. 推土机施工时，可使铲刀的推送数量增大，缩短运输时间，提高生产效率12%～18%的是（　　）。

    A. 沟槽推土法　　　　　　　　　　B. 斜角推土法

    C. 下坡推土法　　　　　　　　　　D. 分批集中，一次推送法

29. 采用推土机并列推土时，并列台数不宜超过（　　）。

    A. 2台　　　　　　B. 3台　　　　　　C. 4台　　　　　　D. 5台

**二、多项选择题**（每题的备选项中，有2个或2个以上符合题意，至少有1个错项）

1. 下列关于土石方开挖机械的说法，正确的有（　　）。

    A. 推土机的经济运距为30～60m

    B. 浅孔钻属于冲击和切削并用的钻机

    C. 铲运机的运距以200～350m时效率最高

    D. 铲运机可在Ⅰ～Ⅱ类土中直接挖土、运土

    E. 单斗挖掘机按其工作装置不同，可分为机械传动和液压传动

2. 单斗挖掘机施工，按其工作装置的不同，可分为（　　）。

    A. 正铲　　　　　　　　　　　　　B. 反铲

    C. 侧铲　　　　　　　　　　　　　D. 抓铲

    E. 拉铲

3. 铲运机的开行路线包括（　　）。

    A. 环形路线　　　　　　　　　　　B. 一字形路线

    C. 8字形路线　　　　　　　　　　D. 阶梯形路线

    E. 交叉形路线

4. 下列选项中，关于防水混凝土振捣的说法，正确的是（　　）。

    A. 当用插入式混凝土振动器时，插点间距不宜大于振动棒作用半径的1.4倍，振动棒与模板的距离，不应大于其作用半径的0.5倍

    B. 振动棒插入下层混凝土内的深度应不小于30mm，每一振点应快插慢拔，使振动棒拔出后，混凝土自然地填满插孔

    C. 当采用表面式混凝土振动器时，其移动间距应保证振动器的平板能覆盖已振实部分的边缘

    D. 混凝土必须振捣密实，每一振点的振捣延续时间，应使混凝土表面呈现浮浆和不再沉落

    E. 施工时的振捣是保证混凝土密实性的关键，浇灌时，必须分层进行，按顺序振捣

## 答案与解析

**一、单项选择题**

1. B；　2. B；　3. D；　4. A；　5. B；　6. B；　7. B；　8. B；　9. C；　10. D；

11. B；　12. D；　13. C；　14. C；　15. B；　16. A；　17. B；　18. D；　19. B；　20. C；
21. D；　22. C；　23. D；　24. B；　25. C；　26. B；　27. A；　28. D；　29. C

二、多项选择题

1. BCD；　　2. ABDE；　　3. AC；　　4. ACDE

答案解析

## 第5节　土建工程施工组织设计的编制原理、内容及方法

### 复习要点

#### 1. 施工组织设计概念、作用与分类

| 概念 | 施工组织设计是以施工项目为对象编制的，用以指导施工的技术、经济和管理的综合文件 | |
| --- | --- | --- |
| 作用 | 施工组织设计是对施工活动实行科学管理的重要手段之一，它具有战略部署和战术安排的双重作用 | |
| 按编制对象分类 | 施工组织总设计 | 以整个建设工程项目为对象（如一个工厂、一个机场、一个居住小区等）而编制的 |
| | 单位工程施工组织设计 | 以单位工程（如一栋楼房、一个烟囱、一段道路、一座桥等）为对象编制的 |
| | 分部（分项）工程施工组织设计 | 是直接指导分部（分项）工程施工的依据 |

#### 2. 施工组织设计的编制原则
#### 3. 施工组织总设计

| 编制依据 | ①计划文件；②设计文件；③合同文件；④建设地区基础资料；⑤关于的标准、规范和法律；⑥类似建设工程项目的资料和经验 |
| --- | --- |
| 主要内容 | ①工程概况；②施工部署及其核心工程的施工方案；③全场性施工准备工作计划；④施工总进度计划；⑤各项资源需求量计划；⑥全场性施工总平面图设计；⑦主要技术经济指标 |

#### 4. 单位工程施工组织设计

| 编制依据 | ①与工程建设相关的法律、法规和文件；②国家现行相关标准和技术经济指标；③工程所在地区行政主管部门的批准文件，建设单位对施工的要求；④工程施工合同或招投标文件；⑤工程设计文件；⑥工程施工范围内的现场条件，工程地质及水文地质、气象等自然条件；⑦与工程相关的资源供应情况；⑧施工企业的生产能力、机具设备状况、技术水平等 |
| --- | --- |
| 主要内容 | ①工程概况及施工特点分析；②施工方案的选择；③单位工程施工准备工作计划；④单位工程施工进度计划；⑤各项资源需求量计划；⑥单位工程施工总平面图设计；⑦技术组织措施、质量保证措施和安全施工措施；⑧主要技术经济指标 |

| 编制、审批和交底 | 施工组织设计应由项目负责人主持编制，项目经理部全体管理人员参加，施工单位主管部门审核，施工单位技术负责人或其授权的技术人员审批，审批后在工程开工前由施工单位项目负责人组织，对项目部全体管理人员及主要分包单位进行交底并做好交底记录 |
|---|---|
| 发放和归档 | 单位工程施工组织设计审批后加盖受控章，由项目资料员报送及发放并登记记录，报送监理方及建设方，发放企业主管部门、项目相关部门、主要分包单位 |
| 动态管理 | ①项目施工过程中，发生下列情况之一时。施工组织设计应及时进行修改成补充。工程设计有重大修改；关于法律、法规、规范和标准实施、修订和废止；主要施工方法有重大调整；主要施工资源配置有重大调整；施工环境有重大改变。②经修改或补充的施工组织设计应重新审批后实施 |

### 5. 施工组织设计技术经济分析

| 目的 | 通过科学的计算和分析比较，论证其在技术上是否可行，在经济上是否合算，选择一套技术经济效果最佳的方案，使技术上的可行性和经济上的合理性达到统一 |
|---|---|
| 工程施工组织总设计指标 | 施工组织总设计的技术分析以定性分析为主，定量为辅。进行定量分析时，主要涉及下列指标：施工周期；劳动生产率（全员劳动生产率、单位用工、劳动力不均衡系数）；单位工程质量优良率；降低成本指标（成本额、成本率）；机械指标（完好率、利用率）；预制加工程度；节约三大材百分比（钢材、木材、水泥）；临时工程指标（投资比例、费用比例） |
| 单位工程施工组织设计指标 | 进行定量分析时，主要关于下列指标：总工期指标；单方用工；质量优良品率；主要材料节约指标；大型机械耗用台班及相关指标 |
| 分析方法 | 施工组织设计技术经济分析主要有定性分析方法和定量分析方法两种，其中定量分析方法中有多指标分析法、评分法、价值法、综合指标分析法 |

### 一、单项选择题 （每题的备选项中，只有1个最符合题意）

1. 需要编制分部工程施工组织设计的是（　　）。
   A. 大型结构构件吊装工程　　　　B. 单位工程
   C. 建设项目　　　　　　　　　　D. 群体工程

2. 将施工组织设计，按编制范围不同，施工组织设计的三个层次是指（　　）。
   A. 施工总平面图、施工总进度计划和资源需求计划
   B. 施工总平面图、施工总进度计划和专项施工方案
   C. 施工组织总设计、单位工程施工进度计划和施工作业计划
   D. 施工组织总设计、单位工程施工组织设计和分部工程施工组织设计

3. 单位（单项）工程施工组织设计应由（　　）负责编制。
   A. 总承包单位技术负责人　　　　B. 施工项目负责人
   C. 总承包单位法定代表人　　　　D. 施工项目技术负责人

4. 下列施工组织设计技术经济分析指标中，属于劳动生产率指标的是（　　）。
   A. 全员劳动生产率　　　　　　　B. 单位工程质量优良率
   C. 工伤事故率　　　　　　　　　D. 机械完好率

5. 下列施工组织设计技术经济分析指标中，属于机械指标的是（　　）。

    A. 施工机械化程度          B. 施工机械完好率

    C. 施工机械故障率          D. 施工机械折旧额

6. 施工组织设计是以（　　）为对象编制的。

    A. 施工项目              B. 施工内容

    C. 施工单位              D. 施工目标

7. 施工组织设计是对施工活动实行科学管理的重要手段，它具有（　　）的作用。

    A. 战略部署和经济安排      B. 战术安排和经济安排

    C. 战略部署和战术安排      D. 战术安排和技术安排

8. 施工组织总设计的编制对象为（　　）。

    A. 整个建设项目         B. 分部工程

    C. 专项工程             D. 单位工程

9. 组织单位工程施工组织设计交底的是（　　）。

    A. 企业技术负责人        B. 项目施工负责人

    C. 项目技术负责人        D. 企业主管部门

10. 工程竣工后将《单位工程施工组织设计》整理归档的单位是（　　）。

    A. 施工单位            B. 监理单位

    C. 建设单位            D. 设计单位

11. 单位工程施工阶段的划分一般是（　　）。

    A. 地基基础、主体结构、装饰装修

    B. 地基、基础、主体结构、装饰装修

    C. 地基基础、主体结构、装饰装修和机电设备安装

    D. 地基、基础、主体结构、装饰装修和机电设备安装

12. 施工机具配置计划确定的依据是（　　）。

    A. 施工方法和施工进度计划     B. 施工部署和施工方法

    C. 施工部署和施工进度计划     D. 施工顺序和施工进度计划

**二、多项选择题**（每题的备选项中，有2个或2个以上符合题意，至少有1个错项）

1. 施工组织总设计、单位工程施工组织设计和分部（分项）工程施工组织设计的区别有（　　）。

    A. 编制原则和目标不同      B. 编制的对象和范围不同

    C. 编制的依据不同        D. 编制主体不同

    E. 编制深度要求不同

2. 在单位工程施工组织设计中，绘制施工进度计划图时，可以选择（　　）。

    A. 横道图计划          B. 双代号网络计划

    C. 时标网络计划         D. 单代号网络计划

    E. 多代号网络计划

3. 单位工程施工组织设计的主要内容包括（　　）。

    A. 工程概况            B. 施工方案

C. 施工进度计划及资源需要量计划　　D. 工程量清单

E. 施工平面图及主要技术经济指标

4. 施工过程中，施工组织设计应进行修改或补充的情况有（　　）。

　A. 工程设计有重大修改　　　　　　B. 关于标准规范修订和废止

　C. 原审批人员发生变更　　　　　　D. 主要施工资源配置有重大调整

　E. 施工环境有重大改变

5. 施工现场平面布置图应包括的基本内容有（　　）。

　A. 工程施工场地状况

　B. 拟建建（构）筑物的位置、轮廓尺寸、层数等

　C. 施工现场生活、生产设施的位置和面积

　D. 施工现场外的安全、消防、保卫和环境保护等设施

　E. 相邻地上、地下既有建（构）筑物及相关环境

6. 关于单位工程施工组织设计发放与归档的说法，正确的有（　　）。

　A. 审核后加盖受控章

　B. 项目资料员报送及发放登记记录

　C. 报送监理及设计方

　D. 发放企业主管部门、项目相关部门、主要分包单位

　E. 工程竣工后，将《单位工程施工组织设计》整理归档

7. 施工组织设计技术经济分析的方法有（　　）。

　A. 统计法　　　　　　　　　　　B. 评分法

　C. 网络法　　　　　　　　　　　D. 价值法

　E. 定性分析法

## 答案与解析

### 一、单项选择题

1. A;　　2. D;　　3. B;　　4. A;　　5. B;　　6. A;　　7. C;　　8. A;　　9. B;　　10. A;

11. C;　　12. C

### 二、多项选择题

1. BCDE;　　2. ABCD;　　3. ABC;　　4. ABDE;　　5. ABCE;　　6. BDE;　　7. BDE

答案解析

# 第二章 工 程 计 量

## 第1节 建筑工程识图基本原理及方法

### 复习要点

**1. 建筑识图的基本知识**

产生投影的三要素：被投射的形体、投射线和投影面。

三视图之间的位置对应关系可以总结为三点：①水平投影图与正立面投影是长对正；②正立面投影图与侧立面投影图是高平齐；③水平投影图与侧立面投影图是宽相等。

**2. 工程形体的表达方法**

工程形体表达最常用的方法就是形体分析法和线面分析法。

**3. 建筑施工图**

建筑施工图是标识拟建项目的总体布局、外部造型、室内布置、细部构造和施工工程做法要求的一整套设计文件总称，简称"建施（JS）图"，一套完整的建筑施工图一般包括：建筑设计总说明、建筑总平面图、建筑平面图、建筑立面图、建筑剖面图、建筑节点详图、非承重墙体构造柱示意图、标准图集引用，以及必要的补充说明和必要的表格。

**4. 结构施工图**

结构是承受建筑物重量的骨架体系，通常把表达建筑物承重构件的布置、形状、尺寸、材料、构件及其相互关系的图样称为结构施工图，简称"结施（GS）图"。一套完整的结构施工图一般包括：结构设计总说明、基础结构图、结构平面图、构件详图、其他结构详图。

### 一、单项选择题 （每题的备选项中，只有1个最符合题意）

1. 展示建筑物外观施工图为（　　）。

   A. 平面图　　　　　　　　　　　B. 剖面图

   C. 立面图　　　　　　　　　　　D. 大样图

2. 相对标高的零点正确的注写方式为（　　）。

   A. ＋0.000　　　　　　　　　　B. －0.000

   C. ±0.000　　　　　　　　　　D. 0.000

3. 建筑平面图不包括（　　）。

   A. 基础平面图　　　　　　　　　B. 首层平面图

   C. 标准平面图　　　　　　　　　D. 屋顶平面图

4. 下列不属于建筑立面图图示的内容的是（　　）。

   A. 散水构造做法　　　　　　　　B. 外墙各主要部位标高

   C. 建筑物两端定位轴线　　　　　D. 详图索引符号

5. 某框架柱的配筋 φ8@100/200，其含义为（　　）。

    A. 该框架柱的箍筋为直径 8mm 的一级钢筋，钢筋间隔 100～200mm 布置

    B. 该框架柱的箍筋为直径 8mm 的一级钢筋，钢筋每间隔 100、200mm 隔一布一

    C. 该框架柱的箍筋为直径 8mm 的一级钢筋，加密区间隔 100mm 布置，非加密区间隔 200mm 布置

    D. 该框架柱的箍筋为直径 8mm 的二级钢筋，加密区间隔 100mm 布置，非加密区间隔 200mm 布置

6. 列表示预应力空心板和构造柱的符号是（　　）。

    A. YB；GZ
                            B. YKB；GZZ

    C. Y-KB；GZ
                         D. YT；GZZ

7. 某梁代号为 KL2（2A），其表示的含义为（　　）。

    A. 第 2 号框架梁，两跨，一端悬挑
    B. 第 2 号框架梁，两跨，两端悬挑

    C. 第 2 号框支梁，两跨，无悬挑
    D. 第 2 号框架梁，两跨，无悬挑

8. 《国家建筑标准设计图集》（16G101）平法施工图中，圈梁和构造柱的标注代号为（　　）。

    A. QL、GZZ
                         B. QL、GZ

    C. GL、GZZ
                         D. GL、GZ

9. 《国家建筑标准设计图集》（16G101）平法施工图中，剪力墙上柱的标注代号为（　　）。

    A. JLQZ
                         B. JLQSZ

    C. LZ
                         D. QZ

10. 在我国现行的《国家建筑标准设计图集》（16G101）系列平法标准图集中，楼层框架梁的标注代号为（　　）。

    A. WKL
                         B. KL

    C. KBL
                         D. KZL

11. 关于标注为 φ6@200 的混凝土构件配筋，说法错误的是（　　）。

    A. φ 表示钢筋等级
                        B. 6 表示钢筋的根数

    C. @ 表示钢筋间距
                    D. 200 表示钢筋间距为 200mm

**二、多项选择题**（每题的备选项中，有 2 个或 2 个以上符合题意，至少有 1 个错项）

1. 建筑施工图是用以指导施工的一套图纸，包括下列哪几项？（　　）。

    A. 建筑设计总说明
                        B. 结构施工图

    C. 建筑总平面图
                        D. 建筑节点详图

    E. 规划设计图

2. 根据钢筋在混凝土中的受力，将钢筋分为（　　）。

    A. 受力筋
                        B. 架立筋

    C. 弯起筋
                        D. 光圆筋

    E. 箍筋

3. 根据《国家建筑标准设计图集》（16G101）平法施工图注写方式，含义正确的有（　　）。

A. LZ 表示梁上柱

B. 梁 $300 \times 700 GY400 \times 300$ 表示梁规格为 $300 \times 700$，水平加长腋长、宽分别为 400、300mm

C. XL300 $\times$ 600/400 表示根部和端部不同高的悬挑梁

D. $\phi10@120$（4）/150（2）表示 $\phi10$ 的钢筋加密区间 120、4 肢箍，非加密区间距 150、2 肢箍

E. KL3（2A）400 $\times$ 600 表示 3 号楼层框架梁，2 跨，一端悬挑

## 答案与解析

### 一、单项选择题

1. C；　2. C；　3. A；　4. A；　5. C；　6. C；　7. A；　8. B；　9. D；　10. B；

11. B

### 二、多项选择题

1. ACD；　　2. ABCE；　　3. ACDE

答案解析

## 第 2 节　建筑面积计算规则及应用

## 复习要点

### 1. 建筑面积的概念

| 定义 | | 指建筑物（包括墙体）所形成的楼地面面积，以外墙结构外围水平面积计算。包括附属于建筑物的室外台阶、雨篷、檐廊、室外走廊、室外楼梯等的面积 |
| --- | --- | --- |
| 建筑面积组成 | 使用面积 | 可直接为生产或生活使用的净面积，如居室、客厅、书房等 |
| | 辅助面积 | 指建筑物各层平面布置中为辅助生产或生活所占净面积的总和，如楼梯、走道、卫生间、厨房等 |
| | 结构面积 | 结构面积是指建筑物各层平面布置中的墙体、柱等结构所占面积的总和 |

### 2. 建筑面积的作用

① 是评价工程设计方案的依据。

② 是衡量和控制工程建设投资的主要指标。

③ 是国家进行建设工程数据统计、固定资产宏观调控的重要指标，是统计部门汇总

发布房屋建筑面积完成情况的基础。

④ 是房地产交易、工程承发包交易、建筑工程关于运营费用的核定等的一个关键指标。

**3. 建筑面积计算规则与方法**

确定建筑面积的顺序：

| 有围护结构的 | 按围护结构计算面积 |
|---|---|
| 无围护结构、有底板的 | 按底板计算面积（如室外走廊、架空走廊） |
| 底板也不利于计算的 | 取顶盖（如车棚、货棚等） |

（1）应计算建筑面积的范围及规则

1）建筑物的建筑面积应按自然层外墙结构外围水平面积之和计算。结构层高在2.20m及以上的，应计算全面积；结构层高在2.20m以下的，应计算1/2面积。

① 计算建筑面积时不考虑勒脚。

② 当外墙结构本身在一个层高范围内不等厚时（不包括勒脚，外墙结构在该层高范围内材质不变），以楼地面结构标高处的外围水平面积计算。

③ 当围护结构下部为砌体，上部为彩钢板围护的建筑物，其建筑面积的计算：当 $h < 0.45m$ 时，建筑面积按彩钢板外围水平面积计算；当 $h \geq 0.45m$ 时，建筑面积按下部砌体外围水平面积计算。

2）建筑物内设有局部楼层时，关于局部楼层的二层及以上楼层，有围护结构的应按其围护结构外围水平面积计算，无围护结构的应按其结构底板水平面积计算，且结构层高在2.20m及以上的，应计算全面积，结构层高在2.20m以下的，应计算1/2面积。

3）形成建筑空间的坡屋顶，结构净高在2.10m及以上的部位应计算全面积；结构净高在1.20m及以上至2.10m以下的部位应计算1/2面积；结构净高在1.20m下列的部位不应计算建筑面积。

4）场馆看台下的建筑空间，结构净高在2.10m及以上的部位应计算全面积；结构净高在1.20m及以上至2.10m以下的部位应计算1/2面积；结构净高在1.20m以下的部位不应计算建筑面积。室内单独设置的有围护设施的悬挑看台，应按看台结构底板水平投影面积计算建筑面积。有顶盖无围护结构的场馆看台应按其顶盖水平投影面积的1/2计算面积。

5）地下室、半地下室应按其结构外围水平面积计算。结构层高在2.20m及以上，应计算全面积；结构层高在2.20m以下的，应计算1/2面积。

① 当外墙为变截面时，按地下室、半地下室楼地面结构标高处的外围水平面积计算。

② 地下室的外墙结构不包括找平层、防水（潮）层、保护墙等。地下空间未形成建筑空间的，不属于地下室或半地下室，不计算建筑面积。

6）出入口外墙外侧坡道有顶盖的部位，应按其外墙结构外围水平面积的1/2计算面积。

① 出入口坡道分有顶盖出入口坡道和无顶盖出入口坡道，顶盖以设计图纸为准，对后增加及建设单位自行增加的顶盖等，不计算建筑面积。顶盖不分材料种类。

② 坡道是从建筑物内部一直延伸到建筑物外部的，建筑物内的部分随建筑物正常计算建筑面积，建筑物外的部分按本条执行。建筑物内、外的划分以建筑物外墙结构外边线为界。所以，出入口坡道顶盖的挑出长度，为顶盖结构外边线至外墙结构外边线的长度。

7）建筑物架空层及坡地建筑物吊脚架空层，应按其顶板水平投影计算建筑面积。结构层高在 2.20m 及以上的，应计算全面积；结构层高在 2.20m 以下的，应计算 1/2 面积。

① 架空层建筑面积的计算方法适用于建筑物吊脚架空层、深基础架空层，也适用于目前部分住宅、学校教学楼等工程在底层架空或在二楼或以上某个甚至多个楼层架空，作为公共活动、停车、绿化等空间的情况。

② 顶板水平投影面积是指架空层结构顶板的水平投影面积，不包括架空层主体结构外的阳台、空调板、通长水平挑板等外挑部分。

8）建筑物的门厅、大厅应按一层计算建筑面积，门厅、大厅内设置的走廊应按走廊结构底板水平投影面积计算建筑面积。结构层高在 2.20m 及以上的，应计算全面积；结构层高在 2.20m 以下的，应计算 1/2 面积。

9）建筑物间的架空走廊，有顶盖和围护结构的，应按其围护结构外围水平面积计算全面积；无围护结构、有围护设施的，应按其结构底板水平投影面积计算 1/2 面积。

10）立体书库、立体仓库、立体车库。

① 有围护结构的，应按其围护结构外围水平面积计算建筑面积；无围护结构、有围护设施的，应按其结构底板水平投影面积计算建筑面积。

② 无结构层的应按一层计算，有结构层的应按其结构层面积分别计算。

③ 结构层高在 2.20m 及以上的，应计算全面积；结构层高在 2.20m 以下的，应计算 1/2 面积。

11）有围护结构的舞台灯光控制室，应按其围护结构外围水平面积计算。结构层高在 2.20m 及以上的，应计算全面积；结构层高在 2.20m 下列的，应计算 1/2 面积。

12）附属在建筑物外墙的落地橱窗，应按其围护结构外围水平面积计算。结构层高在 2.20m 及以上的，应计算全面积；结构层高在 2.20m 以下的，应计算 1/2 面积。

13）窗台与室内楼地面高差在 0.45m 以下且结构净高在 2.10m 及以上的凸（飘）窗，应按其围护结构外围水平面积计算 1/2 面积。（高差＜0.45m 且净高≥2.10m）

14）有围护设施的室外走廊（挑廊），应按其结构底板水平投影面积计算 1/2 面积；有围护设施（或柱）的檐廊，应按其围护设施（或柱）外围水平面积计算 1/2 面积。

15）门斗应按其围护结构外围水平面积计算建筑面积。结构层高在 2.20m 及以上的，应计算全面积；结构层高在 2.20m 以下的，应计算 1/2 面积。

16）门廊应按其顶板的水平投影面积的 1/2 计算建筑面积；有柱雨篷应按其结构板水平投影面积的 1/2 计算建筑面积；无柱雨篷的结构外边线至外墙结构外边线的宽度在 2.10m 及以上的，应按雨篷结构板的水平投影面积的 1/2 计算建筑面积。

雨篷分为有柱雨篷和无柱雨篷。有柱雨篷，没有出挑宽度的限制，也不受跨越层数的限制，均计算建筑面积。无柱雨篷，其结构板不能跨层，并受出挑宽度的限制，设计出挑宽度大于或等于 2.10m 时才计算建筑面积。出挑宽度，系指雨篷结构外边线至外墙结构外边线的宽度，弧形或异形时，取最大宽度。

17）设在建筑物顶部的、有围护结构的楼梯间、水箱间、电梯机房等，结构层高在 2.20m 及以上的应计算全面积；结构层高在 2.20m 以下的，应计算 1/2 面积。

18）围护结构不垂直于水平面的楼层，应按其底板面的外墙外围水平面积计算。结构净高在 2.10m 及以上的部位，应计算全面积；结构净高在 1.20m 及以上至 2.10m 以下的部位，应计算 1/2 面积；结构净高在 1.20m 以下的部位，不应计算建筑面积。

19）建筑物的室内楼梯、电梯井、提物井、管道井、通风排气竖井、烟道，应并入建筑物的自然层计算建筑面积。有顶盖的采光井应按一层计算面积，且结构净高在2.10m及以上的，应计算全面积；结构净高在2.10m以下的，应计算1/2面积。

建筑物的楼梯间层数按建筑物的层数计算。有顶盖的采光井包括建筑物中的采光井和地下室采光井。

20）室外楼梯应并入所依附建筑物自然层，并应按其水平投影面积的1/2计算建筑面积。

① 层数为室外楼梯所依附的楼层数，即梯段部分投影到建筑物范围的层数。

② 利用室外楼梯下部的建筑空间不得重复计算建筑面积；利用地势砌筑的为室外踏步，不计算建筑面积。

21）在主体结构内的阳台，应按其结构外围水平面积计算全面积；在主体结构外的阳台，应按其结构底板水平投影面积计算1/2面积。

22）有顶盖无围护结构的车棚、货棚、站台、加油站、收费站等，应按其顶盖水平投影面积的1/2计算建筑面积。

23）以幕墙作为围护结构的建筑物，应按幕墙外边线计算建筑面积。幕墙以其在建筑物中所起的作用和功能来区分，直接作为外墙起围护作用的幕墙，按其外边线计算建筑面积；设置在建筑物墙体外起装饰作用的幕墙，不计算建筑面积。

24）建筑物的外墙外保温层，应按其保温材料的水平截面积计算，并计入自然层建筑面积。

① 建筑物外墙外侧有保温隔热层的，保温隔热层以保温材料的净厚度乘以外墙结构外边线长度按建筑物的自然层计算建筑面积，其外墙外边线长度不扣除门窗和建筑物外已计算建筑面积构件（如阳台、室外走廊、门斗、落地橱窗等部件）所占长度。当建筑物外已计算建筑面积的构件（如阳台、室外走廊、门斗、落地橱窗等部件）有保温隔热层时，其保温隔热层也不再计算建筑面积。

② 外墙是斜面者按楼面楼板处的外墙外边线长度乘以保温材料的净厚度计算。外墙外保温以沿高度方向满铺为准，某层外墙外保温铺设高度未达到全部高度时（不包括阳台、室外走廊、门斗、落地橱窗、雨篷、飘窗等），不计算建筑面积。

③ 保温隔热层的建筑面积是以保温隔热材料的厚度来计算的，不包含抹灰层、防潮层、保护层（墙）的厚度。

25）与室内相通的变形缝，应按其自然层合并在建筑物建筑面积内计算。关于高低联跨的建筑物，当高低跨内部连通时，其变形缝应计算在低跨面积内。

与室内相通的变形缝，是指暴露在建筑物内，在建筑物内可以看见的变形缝，应计算建筑面积；与室内不相通的变形缝不计算建筑面积。

26）关于建筑物内的设备层、管道层、避难层等有结构层的楼层，结构层高在2.20m及以上的，应计算全面积；结构层高在2.20m以下的，应计算1/2面积。

在吊顶空间内设置管道的，则吊顶空间部分不能被视为设备层、管道层。

（2）不计算建筑面积的范围

1）与建筑物内不相连通的建筑部件。建筑部件指的是依附于建筑物外墙外不与户室开门连通，起装饰作用的敞开式挑台（廊）、平台，以及不与阳台相通的空调室外机搁板（箱）等设备平台部件。

2）骑楼、过街楼底层的开放公共空间和建筑物通道。

3）舞台及后台悬挂幕布和布景的天桥、挑台等。这里指的是影剧院的舞台及为舞台服务的可供上人维修、悬挂幕布、布置灯光及布景等搭设的天桥和挑台等构件设施。

4）露台、露天游泳池、花架、屋顶的水箱及装饰性结构构件。

5）建筑物内的操作平台、上料平台、安装箱和罐体的平台。

6）勒脚、附墙柱（附墙柱是指非结构性装饰柱）、垛、台阶、墙面抹灰、装饰面、镶贴块料面层、装饰性幕墙，主体结构外的空调室外机搁板（箱）、构件、配件，挑出宽度在 2.10m 以下的无柱雨篷和顶盖高度达到或超过两个楼层的无柱雨篷。

7）窗台与室内地面高差在 0.45m 以下且结构净高在 2.10m 以下的凸（飘）窗，窗台与室内地面高差在 0.45m 及以上的凸（飘）窗。

8）室外爬梯、室外专用消防钢楼梯。专用的消防钢楼梯是不计算建筑面积的。当钢楼梯是建筑物通道，兼顾消防用途时，则应计算建筑面积。

9）无围护结构的观光电梯。

10）建筑物以外的地下人防通道，独立的烟囱、烟道、地沟、油（水）罐、气柜、水塔、贮油（水）池、贮仓、栈桥等构筑物。

**一、单项选择题**（每题的备选项中，只有 1 个最符合题意）

1. 下列选项中，需要计算建筑面积的是（　　）。

A. 与建筑物内相连通的建筑部件　　B. 骑楼、过街楼底层的开放公共空间

C. 建筑物内的操作平台　　D. 室外专用消防钢楼梯

2. 一幢六层住宅，勒脚以上结构的外围水平面积，每层为 448.38m²，六层无围护结构的挑阳台的水平投影面积之和为 108m²，则该工程的建筑面积为（　　）。

A. 556.38m²　　　　　　　　　　B. 502.38m²

C. 2744.28m²　　　　　　　　　　D. 2798.28m²

3. 某两坡坡屋顶剖面如图所示，已知该坡屋顶内的空间设计可利用，平行于屋脊方向的外墙的结构外边线长度为 40m，且外墙无保温层。按《建筑工程建筑面积计算规范》GB/T 50353—2013 计算该坡屋顶内空间的建筑面积为（　　）。

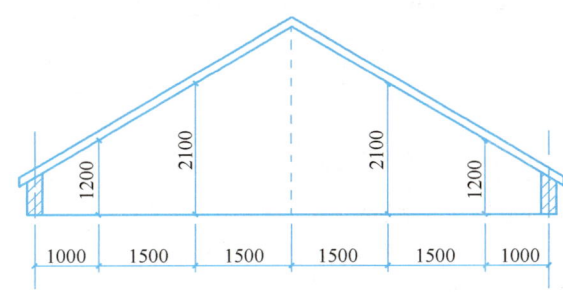

A. 120m²　　　　　　　　　　　　B. 180m²

C. 240m²　　　　　　　　　　　　D. 280m²

4. 按《建筑工程建筑面积计算规范》GB/T 50353—2013 计算建筑面积时，下列走廊中，（　　）不是按其结构底板水平投影面积计算 1/2 面积。

A. 无围护结构，有栏杆，且结构层高 2.2m 的室外走廊

B. 无围护结构，无顶盖，有栏杆的建筑物间架空走廊

C. 无围护结构，有顶盖，有栏杆，且结构层高2.2m的建筑物间架空走廊

D. 大厅内设置的有栏杆，且结构层高2.2m的回廊

5. 按《建筑工程建筑面积计算规范》GB/T 50353—2013计算建筑面积时，下列飘窗中，(    )应按其围护结构外围水平面积计算1/2面积。

A. 窗台与室内楼面高差0.3m，飘窗结构净高2.4m

B. 窗台与室内楼面高差0.3m，飘窗结构净高1.8m

C. 窗台与室内楼面高差0.6m，飘窗结构净高2.4m

D. 窗台与室内楼面高差0.6m，飘窗结构净高1.8m

6. 关于建筑面积、使用面积、辅助面积、结构面积、有效面积的相互关系，正确的表达式是(    )。

A. 有效面积＝建筑面积－结构面积　　B. 使用面积＝有效面积＋结构面积

C. 建筑面积＝使用面积＋辅助面积　　D. 辅助面积＝使用面积－结构面积

7. 下列内容中，属于建筑面积中的辅助面积的是(    )。

A. 阳台面积　　　　　　　　　　B. 墙体所占面积

C. 柱所占面积　　　　　　　　　D. 会议室所占面积

8. 根据《建筑工程建筑面积计算规范》GB/T 50353—2013，关于形成建筑空间的坡屋顶建筑面积的计算，错误的是(    )。

A. 结构净高超过2.10m的部位计算全面积

B. 结构净高2.0m部位计算1/2面积

C. 结构净高在1.20～2.10m的部位计算1/2面积

D. 结构层高在2.10m及以上者计算全面积

9. 根据《建筑工程建筑面积计算规范》GB/T 50353—2013，单层建筑物内有局部楼层时，其建筑面积计算，正确的是(    )。

A. 有围护结构的按底板水平面积计算

B. 无围护结构的不计算建筑面积

C. 层高超过2.10m计算全面积

D. 层高不足2.20m计算1/2面积

10. 根据《建筑工程建筑面积计算规范》GB/T 50353—2013，下列应计算全部建筑面积的是(    )。

A. 层高为2.3m的地下商店

B. 层高为2.1m的半地下贮藏室

C. 屋面上部有顶盖和1.4m高钢管围栏的凉棚

D. 外挑宽度1.6m的悬挑雨篷

11. 根据《建筑工程建筑面积计算规范》GB/T 50353—2013，下列关于建筑面积计算说法正确的是(    )。

A. 建筑物外有围护结构的挑廊按其外围水平面积的1/2计算建筑面积

B. 室外楼梯应并入所依附建筑物自然层，并应按其水平投影面积的1/2计算建筑面积

C. 建筑物前的混凝土台阶按其水平投影面积的 1/2 计算建筑面积

D. 建筑物间有顶盖的架空走廊按其顶盖水平投影面积的一半计算建筑面积

12. 根据《建筑工程建筑面积计算规范》GB/T 50353—2013，下列关于建筑物雨篷结构的建筑面积计算，正确的是（　　）。

A. 有柱雨篷按结构外边线计算

B. 无柱雨篷按雨篷水平投影面积计算

C. 雨篷外边线至外墙结构外边线不足 2.10m 不计算面积

D. 雨篷外边线至外墙结构外边线超过 2.10m 按投影计算面积

13. 根据《建筑工程建筑面积计算规范》GB/T 50353—2013，下列计算建筑面积的是（　　）。

A. 挑出墙外 1.5m 的悬挑雨篷

B. 挑出墙外 1.5m 的有盖檐廊

C. 层高 2.5m 的管道层

D. 层高 4.5m 的单层建筑物内分隔的单层房间

14. 根据《建筑工程建筑面积计算规范》GB/T 50353—2013，不计算建筑面积的是（　　）。

A. 层高在 2.1m 下列的场馆看台下的空间

B. 不足 2.2m 高的单层建筑

C. 层高不足 2.2m 的立体仓库

D. 外挑宽度在 2.1m 以内的无柱雨篷

15. 根据《建筑工程建筑面积计算规范》GB/T 50353—2013，下列说法正确的是（　　）。

A. 无永久性顶盖的室外楼梯不计算

B. 建筑物主体结构内阳台按其外围结构水平投影面积计算

C. 建筑物顶部有围护结构的楼梯间，层高超过 2.10m 的部分计算全面积

D. 雨篷外挑宽度超过 2.10m 时，按雨篷结构板的水平投影面积的 1/2 计算

16. 根据《建筑工程建筑面积计算规范》GB/T 50353—2013，不应计算建筑面积的是（　　）。

A. 建筑物外墙外侧保温隔热层　　　B. 建筑物内的变形缝

C. 无围护设施的架空走廊　　　　　D. 有围护结构的屋顶水箱间

17. 根据《建筑工程建筑面积计算规范》GB/T 50353—2013，建筑物屋顶无围护结构的水箱，建筑面积计算应为（　　）。

A. 层高超过 2.2m 应计算全面积　　B. 不计算建筑面积

C. 层高不足 2.2m 不计算建筑面积　D. 层高不足 2.2m 部分面积计算

18. 根据《建筑工程建筑面积计算规范》GB/T 50353—2013 关于大型体育场看台下部设计利用部位建筑面积计算，下列说法正确的是（　　）。

A. 层高＜2.10m，不计算建筑面积

B. 层高＞2.10m，且设计加以利用计算 1/2 面积

C. 1.20m≤净高＜2.10m 时，计算 1/2 面积

D. 层高≥1.20m 计算全面积

19. 根据《建筑工程建筑面积计算规范》GB/T 50353—2013，建筑物的建筑面积应按自然层外墙结构外围水平面积之和计算。下列说法正确的是(　　)。

A. 建筑物高度为 2.00m 部分，应计算全面积

B. 建筑物高度为 1.80m 部分不计算面积

C. 建筑物高度为 1.20m 部分不计算面积

D. 建筑物高度为 2.10m 部分应计算 1/2 面积

20. 根据《建筑工程建筑面积计算规范》GB/T 50353—2013，建筑物内设有局部楼层，局部二层层高 2.15m，其建筑面积计算正确的是(　　)。

A. 无围护结构的不计算面积

B. 无围护结构的按其结构底板水平面积计算

C. 有围护结构的按其结构底板水平面积计算

D. 无围护结构的按其结构底板水平面积的 1/2 计算

21. 根据《建筑工程建筑面积计算规范》GB/T 50353—2013，下列建筑面积计算正确的是(　　)。

A. 单层建筑物应按其外墙勒脚以上结构外围水平面积计算

B. 单层建筑高度 2.10m 以上者计算全面积，2.10m 及下列计算 1/2 面积

C. 设计利用的坡屋顶，净高不足 2.10m 不计算面积

D. 坡屋顶内净高在 1.20～2.20m 部位应计算 1/2 面积

22. 根据《建筑工程建筑面积计算规范》GB/T 50353—2013，地下室的建筑面积计算正确的是(　　)。

A. 外墙保护墙上口外边线所围水平面积

B. 层高 2.10m 及以上者计算全面积

C. 层高不足 2.20m 者应计算 1/2 面积

D. 层高在 1.90m 下列者不计算面积

23. 根据《建筑工程建筑面积计算规范》GB/T 50353—2013，下列关于深基础架空层的建筑面积计算，说法正确的是(　　)。

A. 层高不足 2.20m 的部位应计算 1/2 面积

B. 层高在 2.10m 及以上的部位应计算全面积

C. 层高不足 2.10m 的部位不计算面积

D. 各种深基础架空层均不计算面积

24. 根据《建筑工程建筑面积计算规范》GB/T 50353—2013，高度为 2.1m 的立体书库结构层，其建筑面积(　　)。

A. 不予计算                    B. 按 1/2 面积计算

C. 按全面积计算                D. 只计算一层面积

25. 根据《建筑工程建筑面积计算规范》GB/T 50353—2013，某无永久性顶盖的室外楼梯，建筑物自然层为 5 层，楼梯水平投影面积为 6m²，则该室外楼梯的建筑面积为(　　)。

A. 12m²                       B. 15m²

C. 18m²                       D. 24m²

26. 根据《建筑工程建筑面积计算规范》GB/T 50353—2013，内部连通的高低联跨建筑物内的变形缝应（    ）。

    A. 计入高跨面积　　　　　　　　B. 高低跨平均计算

    C. 计入低跨面积　　　　　　　　D. 不计算面积

27. 某厂房外墙外围水平面积1778m²，内设有二层办公楼，层高大于2.2m，每层外墙外围水平面积200m²，则总建筑面积应是（    ）。

    A. 1778m²　　　　　　　　　　　B. 2178m²

    C. 1978m²　　　　　　　　　　　D. 2078m²

28. 以幕墙作为围护结构的建筑物，应按（    ）计算建筑面积。

    A. 建筑物外墙外围水平面积　　　B. 幕墙外边线围护面积

    C. 幕墙中心线围护面积　　　　　D. 幕墙内侧围护面积

29. 下图所示为单层建筑物内设有局部楼层，该建筑物的建筑面积（墙厚为240mm）应是（    ）。

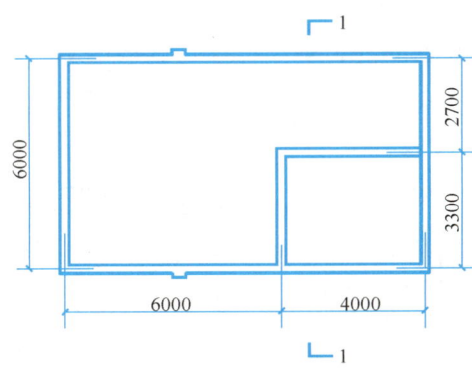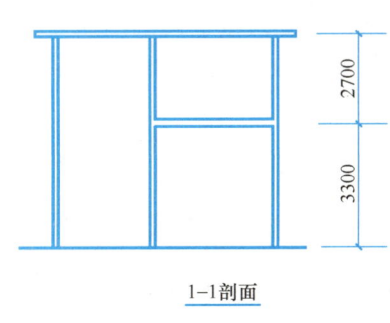

    A. 63.90m²　　　　　　　　　　B. 60.00m²

    C. 78.91m²　　　　　　　　　　D. 73.20m²

30. 某地下室及出入口尺寸（结构层高大于2.20m）如下图所示，该地下室及出入口的建筑面积应是（    ）。

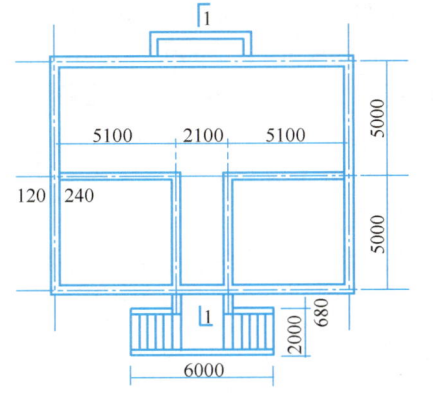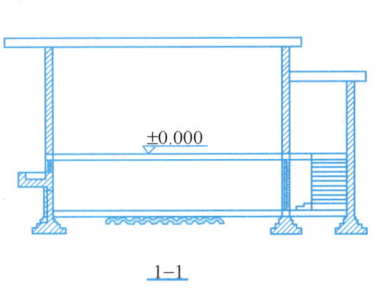

    A. 142.00m²　　　　　　　　　　B. 123.00m²

    C. 128.41m²　　　　　　　　　　D. 136.43m²

31. 下图所示为舞台灯光控制室（结构层高为 2.20m），该舞台灯光控制室的建筑面积应是（　　）。

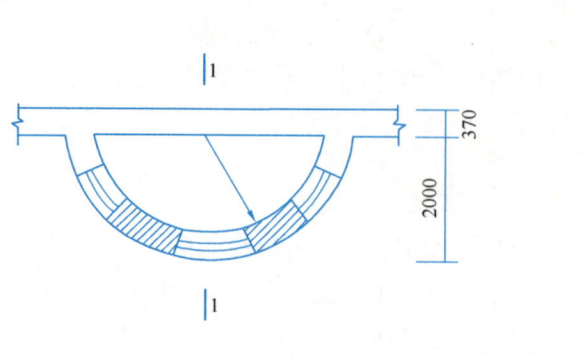
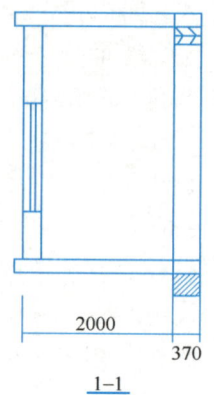

A. 12.56m²

B. 6.28m²

C. 17.64m²

D. 8.82m²

32. 某四层办公楼下列图所示，墙厚均为 240mm，轴线标注均到墙中心线；底层为有柱走廊，楼层设有无围护结构的挑廊，顶层设有永久性的顶盖。该办公楼的建筑面积应是（　　）。

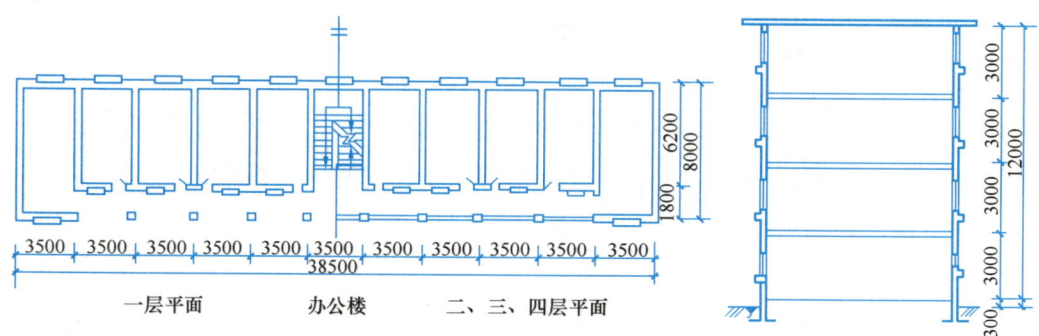

A. 1276.87m²

B. 1051.80m²

C. 997.94m²

D. 1164.33m²

33. 某建筑工程地下 1 层，地上 9 层，外墙轴线尺寸均为 60m×15m，外墙均为一砖厚，地下室层高为 2.1m，首层层高为 3.6m，其他层高均为 3m，入口处有一有柱雨篷 6m ×2.4m，则该建筑物的建筑面积为（　　）。

A. 8721.55m²

B. 9180.58m²

C. 8728.75m²

D. 8735.95m²

34. 某工业厂房为单层建筑，其建筑面积为 1560m²。厂房内分隔出部分楼层，其首层为办公室，外墙结构外围水平面积为 60m²，层高 2.7m；2 层为休息室，层高 2.6m；3 层为仓库，层高 2.1m。则该厂房的建筑面积为（　　）m²。

A. 1560

B. 1650

C. 1680

D. 1740

35. 根据《建筑工程建筑面积计算规则》GB/T 50353—2013，关于形成建筑空间的坡屋顶建筑面积的计算，错误的是(　　)。

    A. 结构净高超过 2.10m 的部位计算全面积

    B. 结构净高 2.0m 部位计算 1/2 面积

    C. 结构净高在 1.20～2.10m 的部位计算 1/2 面积

    D. 结构层高在 2.10m 及以上者计算全面积

36. 根据《房屋建筑与装饰工程工程量计量规范》GB 50854—2013，关于大型体育场看台下部设计利用部位建筑面积计算，说法正确的是(　　)。

    A. 层高<2.10m，不计算建筑面积

    B. 层高>2.10m，且设计加以利用计算 1/2 面积

    C. 1.20m≤净高<2.10m 时，计算 1/2 面积

    D. 层高≥1.20m 计算全面积

37. 以下哪项不属于建筑面积的作用(　　)。

    A. 确定各项技术经济指标的基础　　B. 进行工程结算的重要依据

    C. 进行有关分项工程量计算的依据　　D. 评价设计方案的依据

38. 下列说法不正确的是(　　)。

    A. 与室内相通的变形缝，是指暴露在建筑物内，在建筑物内可以看见的变形缝，不应计算建筑面积

    B. 建筑物的外墙外保温层，应按其保温材料的水平截面面积计算，并计入自然层建筑面积

    C. 复合墙体不属于外墙外保温层，整体视为外墙结构，按外围面积计算

    D. 幕墙以其在建筑物中所起的作用和功能来区分，直接作为外墙起围护作用的幕墙，按其外边线计算建筑面积

39. 对于建筑物内的设备层、管道层、避难层等有结构层的楼层，结构层高在 2.20m 及以上的，应计算全面积；结构层高在 2.20m 以下的，应计算(　　)。

    A. 1/3 面积　　　　　　　　　　B. 2/3 面积

    C. 1/4 面积　　　　　　　　　　D. 1/2 面积

40. 根据《房屋建筑与装饰工程工程量计量规范》GB 50854—2013，以下选项中，应当计算面积的项目是(　　)。

    A. 室外爬梯、室外专用消防钢楼梯

    B. 无围护结构的观光电梯

    C. 与建筑物内不相连通的建筑部件

    D. 当钢楼梯是建筑物通道，兼顾消防用途时，应计算建筑面积

41. 下列选项中，需要计算建筑面积的是(　　)。

    A. 与建筑物内相连通的建筑部件　　B. 骑楼、过街楼底层的开放公共空间

    C. 建筑物内的操作平台　　　　　　D. 室外专用消防钢楼梯

42. 一幢六层住宅，勒脚以上结构的外围水平面积，每层为 $448.38m^2$，六层无围护结构的挑阳台的水平投影面积之和为 $108m^2$，则该工程的建筑面积为(　　)。

    A. $556.38m^2$　　　　　　　　　B. $502.38m^2$

    C. $2744.28m^2$　　　　　　　　D. $2798.28m^2$

43. 按《建筑工程建筑面积计算规范》GB/T 50353—2013 计算建筑面积时，下列走廊中，（　　）不是按其结构底板水平投影面积计算 1/2 面积。

  A. 无围护结构，有栏杆，且结构层高 2.2m 的室外走廊

  B. 无围护结构，无顶盖，有栏杆的建筑物间架空走廊

  C. 无围护结构，有顶盖，有栏杆，且结构层高 2.2m 的建筑物间架空走廊

  D. 大厅内设置的有栏杆，且结构层高 2.2m 的回廊

44. 按《建筑工程建筑面积计算规范》GB/T 50353—2013 计算建筑面积时，下列飘窗中，（　　）应按其围护结构外围水平面积计算 1/2 面积。

  A. 窗台与室内楼面高差 0.3m，飘窗结构净高 2.4m

  B. 窗台与室内楼面高差 0.3m，飘窗结构净高 1.8m

  C. 窗台与室内楼面高差 0.6m，飘窗结构净高 2.4m

  D. 窗台与室内楼面高差 0.6m，飘窗结构净高 1.8m

45. 建筑面积包括（　　）。

  A. 使用面积、有效面积和结构面积  B. 使用面积、辅助面积和结构面积

  C. 使用面积、辅助面积和居住面积  D. 有效面积、辅助面积和结构面积

46. 根据《建筑工程建筑面积计算规范》GB/T 50353—2013，下列应计算全部建筑面积的是（　　）。

  A. 层高为 2.3m 的地下商店

  B. 层高为 2.1m 的半地下贮藏室

  C. 屋面上部有顶盖和 1.4m 高钢管围栏的凉棚

  D. 外挑宽度 1.6m 的悬挑雨篷

47. 根据《建筑工程建筑面积计算规范》GB/T 50353—2013，下列关于建筑面积计算说法正确的是（　　）。

  A. 建筑物外有围护结构的挑廊按其外围水平面积的一半计算建筑面积

  B. 室外楼梯应并入所依附建筑物自然层，并应按其水平投影面积的 1/2 计算建筑面积

  C. 建筑物前的混凝土台阶按其水平投影面积的一半计算建筑面积

  D. 建筑物间有顶盖的架空走廊按其顶盖水平投影面积的一半计算建筑面积

48. 根据《建筑工程建筑面积计算规范》GB/T 50353—2013，下列计算建筑面积的是（　　）。

  A. 挑出墙外 1.5m 的悬挑雨篷

  B. 挑出墙外 1.5m 的有盖檐廊

  C. 层高 2.5m 的管道层

  D. 层高 4.5m 的单层建筑物内分隔的单层房间

49. 根据《建筑工程建筑面积计算规范》GB/T 50353—2013，不计算建筑面积的是（　　）。

  A. 层高在 2.1m 以下的场馆看台下的空间

  B. 不足 2.2m 高的单层建筑

  C. 层高不足 2.2m 的立体仓库

D. 外挑宽度在 2.1m 以内的无柱雨篷

50. 根据《建筑工程建筑面积计算规范》GB/T 50353—2013，下列说法正确的是（　　）。

A. 无永久性顶盖的室外楼梯不计算

B. 建筑物主体结构内阳台按其外围结构水平投影面积计算

C. 建筑物顶部有围护结构的楼梯间，层高超过 2.10m 的部分计算全面积

D. 雨篷外挑宽度超过 2.10m 时，按雨篷结构板的水平投影面积的 1/2 计算

51. 根据《建筑工程建筑面积计算规范》GB/T 50353—2013，不应计算建筑面积的是（　　）。

A. 建筑物外墙外侧保温隔热层　　　　B. 建筑物内的变形缝

C. 无围护设施的架空走廊　　　　　　D. 有围护结构的屋顶水箱间

52. 建筑物各层平面布置中，可直接为生产或生活适用的净面积总和，称为建筑物的（　　）。

A. 结构面积　　　　　　　　　　　　B. 辅助面积

C. 居住面积　　　　　　　　　　　　D. 使用面积

53. 对于国家投资的项目，施工图的建筑面积不得超过初步设计的（　　），否则必须重新报批。

A. 2%　　　　　　　　　　　　　　　B. 7%

C. 5%　　　　　　　　　　　　　　　D. 10%

54. 门斗应按其围护结构外围水平面积计算建筑面积。结构层高在 2.20m 及以上的，应计算全面积；结构层高在 2.20m 以下的，应计算（　　）面积。

A. 1/4　　　　　　　　　　　　　　　B. 1/3

C. 1/2　　　　　　　　　　　　　　　D. 2/3

55. 下列关于场馆看台下的建筑面积计算范围和规则的表述，错误的是（　　）。

A. 结构净高在 1.20m 及以上至 2.10m 以下的部位应计算 1/2 面积

B. 结构净高在 1.20m 以下的部位应计算 1/4 面积

C. 结构净高在 2.10m 及以上的部位应计算全面积

D. 结构净高在 1.20m 以下的部位不应计算建筑面积

56. 下列描述正确的有（　　）。

A. 使用面积是指建筑物各层平面布置中可直接为生产或生活使用的面积总和

B. 使用面积是指建筑物各层平面布置中可直接为生产或生活使用的建筑面积总和

C. 使用面积是指建筑物各层平面布置中可直接为生产或生活使用的净面积总和

D. 使用面积是指建筑物各层平面布置中可直接为生产或生活使用的净居住面积

57. 建筑面积包括使用面积、辅助面积和（　　）。

A. 结构面积　　　　　　　　　　　　B. 居住面积

C. 有效面积　　　　　　　　　　　　D. 生产或生活使用的净面积

58. 凸（飘）窗计算建筑面积时，窗台与室内楼地面高差在（　　）以下且结构净高在（　　）及以上时，应按其围护结构外围水平面积计算（　　）。

A. 0.45m，2.2m，全面积　　　　　　B. 0.6m，2.2m，1/2 面积

C. 0.6m，2.1m. 全面积　　　　　　　　D. 0.45m，2.1m，1/2 面积

59. 出入口外墙外侧坡道有顶盖的部位，应按其外墙结构外围水平面积的（　　）计算面积。

    A. 1/4　　　　　　　　　　　　　　　B. 2/3

    C. 1/3　　　　　　　　　　　　　　　D. 1/2

60. 关于建筑物架空层及坡地建筑物吊脚架空层的面积计算，以下描述中正确的是（　　）。

    A. 结构层高在 2.50m 及以上的，应计算 1/2 面积

    B. 结构层高在 2.20m 及以上的，应计算全面积

    C. 结构层高在 2.50m 以下的，应计算 1/2 面积

    D. 结构层高在 2.20m 以下的，应计算 1/4 面积

61. 窗台与室内楼地面高差在 0.45m 以下且结构净高在 2.10m 及以上的凸（飘）窗，应按其围护结构外围水平面积计算（　　）面积。

    A. 全部　　　　　　　　　　　　　　B. 1/2

    C. 1/3　　　　　　　　　　　　　　　D. 1/4

62. 房间地平面低于室外地平面的高度超过该房间净高的（　　）者为地下室。

    A. 1/2　　　　　　　　　　　　　　　B. 2/3

    C. 1/4　　　　　　　　　　　　　　　D. 1/3

63. 门斗应按其围护结构外围水平面积计算建筑面积。结构层高在 2.20m 及以上的，应计算（　　）。

    A. 1/2 面积　　　　　　　　　　　　B. 1/3 面积

    C. 2/3 面积　　　　　　　　　　　　D. 全面积

64. 建筑物的建筑面积应按自然层外墙结构外围水平面积之和计算。结构层高在（　　）及以上的，应计算全面积。

    A. 2.0m　　　　　　　　　　　　　　B. 2.1m

    C. 2.2m　　　　　　　　　　　　　　D. 2.5m

65. 围护结构不垂直于水平面的楼层，应按其底板面的外墙外围水平面积计算。结构净高在（　　）的部位，应计算 1/2 面积。

    A. 1.20～2.10m　　　　　　　　　　B. 1.20～2.50m

    C. 1.50～2.10m　　　　　　　　　　D. 1.50～2.50m

66. 围护结构不垂直于水平面的楼层，应按其底板面的外墙外围水平面积计算。结构净高在 1.20m 及以上至 2.10m 以下的部位，应计算（　　）面积。

    A. 1/2　　　　　　　　　　　　　　　B. 全部

    C. 2/3　　　　　　　　　　　　　　　D. 1/3

67. 室外楼梯应并入所依附建筑物自然层，并应按其水平投影面积的（　　）计算建筑面积。

    A. 全部　　　　　　　　　　　　　　B. 2/3

    C. 1/2　　　　　　　　　　　　　　　D. 1/3

68. 在主体结构内的阳台，应按其结构外围水平面积计算（　　）。

A. 全面积          B. 2/3 面积

C. 1/2 面积         D. 1/3 面积

69. 以下有关判断主体结构的说法，表述有误的是（　　）。

    A. 柱梁体系之外为主体结构外

    B. 阳台处剪力墙与框架混合时，角柱为受力结构，根基落地，则阳台为主体结构外

    C. 砖混结构外墙以内为主体结构内

    D. 阳台在剪力墙包围之内，属于主体结构内

70. 有顶盖无围护结构的车棚、货棚、站台、加油站、收费站等，应按其顶盖水平投影面积的（　　）计算建筑面积。

    A. 全部          B. 2/3

    C. 1/2           D. 1/3

71. 根据《房屋建筑与装饰工程工程量计量规范》GB 50854—2013，有顶盖无围护结构的货棚，其建筑面积应（　　）。

    A. 按其顶盖水平投影面积的 1/2 计算

    B. 按其顶盖水平投影面积计算

    C. 按柱外围水平面积的 1/2 计算

    D. 按柱外围水平面积计算

72. 根据《房屋建筑与装饰工程工程量计量规范》GB 50854—2013 规定，建筑物的建筑面积应按自然层外墙结构外围水平面积之和计算。以下说法正确的是（　　）。

    A. 建筑物结构层高为 2.00m 部分，应计算全面积

    B. 建筑物结构层高为 1.80m 部分不计算面积

    C. 建筑物结构层高为 1.20m 部分不计算面积

    D. 建筑物结构层高为 2.10m 部分应计算 1/2 面积

73. 根据《建筑工程建筑面积计算规范》GB/T 50353—2013，建筑面积有围护结构的以围护结构外围计算，其围护结构包括围合建筑空间的（　　）。

    A. 栏杆         B. 栏板

    C. 门窗         D. 勒脚

74. 根据《建筑工程建筑面积计算规范》GB/T 50353—2013，建筑物出入口坡道外侧设计有外挑宽度为 2.2m 的钢筋混凝土顶盖，坡道两侧外墙外边线间距为 4.4m，则该部位建筑面积为（　　）。

    A. 4.84m²        B. 9.24m²

    C. 9.68m²        D. 不予计算

75. 根据《建筑工程建筑面积计算规范》GB/T 50353—2013，建筑物雨篷部位建筑面积计算正确的为（　　）。

    A. 有柱雨篷按柱外围面积计算

    B. 无柱雨篷不计算

    C. 有柱雨篷按结构板水平投影面积计算

    D. 外挑宽度为 1.8m 的无柱雨篷不计算

76. 根据《建筑工程建筑面积计算规范》GB/T 50353—2013，围护结构不垂直于水平面的楼层，其建筑面积计算正确的为（　　）。

  A. 按其围护底板面积的 1/2 计算

  B. 结构净高≥2.10m 的部位计算全面积

  C. 结构净高≥1.20m 的部位计算 1/2 面积

  D. 结构净高<2.10m 的部位不计算面积

77. 根据《建筑工程建设面积计算规范》GB/T 50353—2013，建筑物室外楼梯建筑面积计算正确的为（　　）。

  A. 并入建筑物自然层，按其水平投影面积计算

  B. 无顶盖的不计算

  C. 结构净高<2.10m 的不计算

  D. 下部建筑空间加以利用的不重复计算

78. 根据《建筑工程建筑面积计算规范》GB/T 50353—2013，建筑物室内变形缝建筑面积计算正确的为（　　）。

  A. 不计算       B. 按自然层计算

  C. 不论层高只按底层计算  D. 按变形缝设计尺寸的 1/2 计算

79. ［2019 年广西］根据现行《房屋建筑与装饰工程工程量计算规范》GB 50854—2013 规定，对于有柱雨篷建筑面积计算，正确的说法是（　　）。

  A. 按雨篷结构板水平投影面积计算

  B. 按雨篷结构板水平投影面积的 1/2 计算

  C. 按结构柱外围水平投影面积计算

  D. 按结构柱外围水平投影面积的 1/2 计算

## 二、多项选择题（每题的备选项中，有 2 个或 2 个以上符合题意，至少有 1 个错项）

1. 根据《建筑工程建筑面积计算规范》GB/T 50353—2013，下列内容中，不应计算建筑面积的有（　　）。

  A. 出挑宽度为 1.8m 的雨篷  B. 与建筑物不连通的装饰性阳台

  C. 消防专用室外钢楼梯  D. 层高不足 1.2m 的单层建筑坡屋顶空间

  E. 层高不足 2.2m 的地下室

2. 根据《建筑工程建筑面积计算规范》GB/T 50353—2013，下列项目中按一半计算建筑面积的有（　　）。

  A. 外挑宽度在 1.5m 以上的有盖有围护设施走廊

  B. 外挑宽度在 1.5m 以上的有盖无围护设施走廊

  C. 有顶盖的单排柱车棚站台

  D. 不封闭的主体结构内阳台

  E. 有围护结构的门斗

3. 根据《建筑工程建筑面积计算规范》GB/T 50353—2013，下列说法正确的有（　　）。

  A. 建筑物之间的地下人防通道不计算建筑面积

  B. 悬挑雨篷应按顶板外围水平投影面积的 1/2 计算建筑面积

C. 悬挑宽度为 1.6m 的檐廊按顶板水平投影面积计算建筑面积

  D. 主体结构外的阳台按底板外围水平投影面积的 1/2 计算建筑面积

  E. 主体结构内的阳台按围护结构外围水平投影面积的 1/2 计算建筑面积

 4. 根据《建筑工程建筑面积计算规范》GB/T 50353—2013，正确的建筑面积计算规则有（  ）。

  A. 建筑物顶部有围护结构的楼梯间，层高不足 2.20m 的不计算

  B. 建筑物外有永久性顶盖的无围护结构走廊，层高超过 2.20m 计算全面积

  C. 建筑物大厅内层高不足 2.20m 的回廊，按其结构底板水平面积的 1/2 计算

  D. 有永久性顶盖的室外楼梯，按自然层水平投影面积的 1/2 计算

  E. 建筑物内的变形缝应按其自然层合并在建筑物面积内计算

 5. 根据《建筑工程建筑面积计算规范》GB/T 50353—2013，下列关于建筑面积计算，正确的说法有（  ）。

  A. 建筑物内的变形缝不计算建筑面积

  B. 建筑物室外台阶按水平投影面积计算

  C. 有围护设施的室外走廊按底板结构外围水平面积的 1/2 计算

  D. 结构高差 0.5m，结构净高 2.1m 的凸（飘）窗不计算面积

  E. 无永久性顶盖的架空走廊不计算面积

 6. 根据《建筑工程建筑面积计算规范》GB/T 50353—2013，层高 2.20m 及以上计算全面积，层高不足 2.20m 者计算 1/2 面积的项目有（  ）。

  A. 宾馆大厅内的回廊

  B. 单层建筑物内设有局部楼层，无围护结构的二层部分

  C. 多层建筑物坡屋顶内和场馆看台下的空间

  D. 坡地吊脚架空层

  E. 建筑物间有围护结构的架空走廊

 7. 根据《建筑工程建筑面积计算规范》GB/T 50353—2013，计算 1/2 建筑面积的项目有（  ）。

  A. 有永久性顶盖无围护结构的货棚

  B. 有永久性顶盖无围护设施的挑廊

  C. 有永久性顶盖无围护结构的场馆看台

  D. 有永久性顶盖无围护设施的架空走廊

  E. 有永久性顶盖无围护设施的檐廊

 8. 根据《建筑工程建筑面积计算规范》GB/T 50353—2013，应计算建筑面积的项目有（  ）。

  A. 建筑物内的设备管道夹层

  B. 屋顶有围护结构的水箱间

  C. 建筑物外地下人防通道

  D. 层高不足 2.20m 的建筑物大厅回廊

  E. 层高不足 2.20m 有围护结构的舞台灯光控制室

 9. 根据《建筑工程建筑面积计算规范》GB/T 50353—2013，下列建筑中不应计算建

筑面积的有(　　)。

　　A. 单层建筑的坡屋顶净高不足 2.10m 部分

　　B. 单层建筑物内局部楼层的二层部分

　　C. 多层建筑坡屋顶内净高不足 1.20m 部分

　　D. 外挑宽度大于 1.20m 但不足 2.10m 的雨篷

　　E. 建筑物室外台阶所占面积

10. 根据《建筑工程建筑面积计算规范》GB/T 50353—2013，关于建筑面积计算，说法正确的有(　　)。

　　A. 露天游泳池按设计图示外围水平投影面积的 1/2 计算

　　B. 建筑物内的储水罐平台按平台投影面积计算

　　C. 室外楼梯不论是否有顶盖都需要计算建筑面积

　　D. 建筑物主体结构内的阳台按其结构外围水平面积计算

　　E. 宽度超过 2.10m 的雨篷按结构板的水平投影面积 1/2 计算

11. 根据《建筑工程建筑面积计算规范》GB/T 50353—2013，关于建筑面积计算正确的为(　　)。

　　A. 建筑物顶部有围护结构的电梯机房不单独计算

　　B. 建筑物顶部层高为 2.10m 的有围护结构的水箱间不计算

　　C. 围护结构不垂直于水平面的楼层，应按其底板面外墙外围水平面积计算

　　D. 建筑物室内提物井不计算

　　E. 建筑物室内楼梯按自然层计算

12. 根据《建筑工程建筑面积计算规范》GB/T 50353—2013，关于建筑面积计算正确的为(　　)。

　　A. 过街楼底层的建筑物通道按通道底板水平面积计算

　　B. 建筑物露台按围护结构外围水平面积计算

　　C. 挑出宽度 1.80m 的无柱雨篷不计算

　　D. 建筑物室外台阶不计算

　　E. 挑出宽度超过 1.00m 的空调室外机搁板不计算

13. 根据《建筑工程建筑面积计算规范》GB/T 50353—2013，不计算建筑面积的有(　　)。

　　A. 建筑物首层地面有围护设施的露台

　　B. 兼顾消防与建筑物通道的室外钢楼梯

　　C. 与建筑物相连室外台阶

　　D. 与室内相通的变形缝

　　E. 形成建筑空间，结构净高 1.50m 的坡屋顶

14. 根据《建筑工程建筑面积计算规范》GB/T 50353—2013，不计算建筑面积的有(　　)。

　　A. 结构层高为 2.10m 的门斗　　　　B. 建筑物内的大型上料平台

　　C. 无围护结构的观光电梯　　　　D. 有围护结构的舞台灯光控制室

　　E. 过街楼底层的开放公共空间

15. 建筑面积有哪些( )。

  A. 有效面积        B. 辅助面积

  C. 结构面积        D. 居住面积

  E. 使用面积

16. 根据《建筑工程建筑面积计算规范》GB/T 50353—2013，关于建筑面积计算范围和规则，说法正确的是( )。

  A. 建筑物的建筑面积应按自然层外墙结构外围水平面积之和计算

  B. 结构层高在 2.20m 及以上的，应计算全面积

  C. 结构层高在 2.20m 以下的，应计算 1/2 面积

  D. 结构层高在 2.20m 及以上的，应计算 1/2 面积

  E. 结构层高在 2.20m 以下的，应计算全面积

17. 下列有关场馆建筑面积计算范围和规则的描述，说法正确的是( )。

  A. 结构净高在 1.20m 以下的部位不应计算建筑面积

  B. 结构净高在 2.10m 以上的部位应计算 1/2 面积

  C. 结构净高在 2.10m 及以上的部位应计算全面积

  D. 结构净高在 1.20m 及以上至 2.10m 以下的部位应计算 1/2 面积

  E. 结构净高在 1.20m 以下的部位应计算 1/4 面积

18. 下列说法不正确的是( )。

  A. 建筑物架空层及坡地建筑物吊脚架空层，应按其顶板水平投影计算建筑面积

  B. 结构层高在 2.20m 以下的，应计算 1/2 面积

  C. 结构层高在 2.50m 及以上的，应计算 1/2 面积

  D. 结构层高在 2.20m 及以上的，应计算全面积

  E. 结构层高在 2.50m 以下的，应计算 1/2 面积

19. 建筑物内的( )应按建筑物的自然层计算。

  A. 室内楼梯        B. 电梯井

  C. 聚物井         D. 通风排气竖井

  E. 管道井

20. 下列有关判断主体结构，表述正确的是( )。

  A. 砖混结构外墙以内为主体结构内

  B. 柱梁体系之外为主体结构外

  C. 柱梁体系之内为主体结构内

  D. 阳台处剪力墙与框架混合时，角柱仅为造型，无根基，则阳台为主体结构内

  E. 阳台处剪力墙与框架混合时，角柱为受力结构，根基落地，则阳台为主体结构外

21. 下列有关计算建筑面积，表述错误的是( )。

  A. 复合墙体不属于外墙外保温层，整体视为外墙结构，按外围面积计算

  B. 室外楼梯应并入所依附建筑物自然层，并应按其水平投影面积的 1/3 计算建筑面积

  C. 建筑物的外墙外保温层，应按其保温材料的水平截面积计算，并计入自然层

建筑面积

D. 设置在建筑物墙体外起装饰作用的幕墙，按其外边线计算建筑面积

E. 建筑物的外墙外保温层，应按其保温材料的水平截面面积计算，并计入自然层建筑面积

22. 建筑面积的作用是（　　）。

A. 确定建设规模的重要指标　　　　B. 确定各项技术经济指标的重要基础

C. 进行有关分项工程量计算的依据　D. 选择概算指标和编制概算的基础数据

E. 进行工程结算的重要依据

23. 根据《建筑工程建筑面积计算规范》GB/T 50353—2013 规定，关于建筑面积计算范围和规则，下列说法正确的是（　　）。

A. 建筑物的建筑面积应按自然层外墙结构外围水平面积之和计算

B. 结构层高在 2.20m 及以上的，应计算全面积

C. 结构层高在 2.20m 以下的，应计算 1/2 面积

D. 结构层高在 2.20m 及以上的，应计算 1/2 面积

E. 结构层高在 2.20m 以下的，应计算全面积

24. 建筑物内的（　　）应按建筑物的自然层计算。

A. 室内楼梯　　　　　　　　　　　B. 电梯井

C. 聚物井　　　　　　　　　　　　D. 通风排气竖井

E. 管道井

25. 关于判断剪力墙主体结构的叙述，正确的是（　　）。

A. 阳台在剪力墙包围之内，属于主体结构内

B. 相对两侧仅一侧为剪力墙，属于主体结构外

C. 相对两侧均为剪力墙时，属于主体结构内

D. 相对两侧均为剪力墙，属于主体结构外

E. 以上选项都对

26. 根据《房屋建筑与装饰工程工程量计量规范》GB 50854—2013 规定，下列项目不应计算面积的包括（　　）。

A. 舞台及后台悬挂幕布和布景的天桥、挑台等

B. 室外爬梯、室外专用消防钢楼梯

C. 骑楼、过街楼底层的开放公共空间和建筑物通道

D. 与建筑物内不相连通的建筑部件

E. 有围护结构的观光电梯

## 答案与解析

### 一、单项选择题

1. A；　2. C；　3. B；　4. D；　5. A；　6. A；　7. A；　8. D；　9. D；　10. A；
11. B；　12. A；　13. C；　14. D；　15. B；　16. D；　17. B；　18. C；　19. D；　20. D；
21. A；　22. C；　23. A；　24. B；　25. A；　26. C；　27. C；　28. B；　29. C；　30. A；

31. B；  32. D；  33. C；  34. B；  35. D；  36. C；  37. B；  38. A；  39. D；  40. D；
41. A；  42. C；  43. D；  44. A；  45. B；  46. A；  47. B；  48. C；  49. D；  50. B；
51. C；  52. D；  53. C；  54. C；  55. B；  56. C；  57. A；  58. D；  59. D；  60. B；
61. B；  62. A；  63. D；  64. C；  65. A；  66. A；  67. C；  68. A；  69. B；  70. C；
71. A；  72. D；  73. C；  74. A；  75. D；  76. B；  77. D；  78. B；  79. B

## 二、多项选择题

1. BCD；  2. AC；  3. AD；  4. CE；  5. CD；  6. ADE；  7. AC；
8. ABDE；  9. CE；  10. CD；  11. CE；  12. CDE；  13. AC；  14. BCE；
15. BCE；  16. ABC；  17. ACD；  18. CE；  19. ABDE；  20. ABC；  21. BD；
22. ABCD；  23. ABC；  24. ABDE；  25. ABC；  26. ABCD

答案解析

# 第3节　土建工程工程量计算规则及应用

## 复习要点

### 1. 土石方工程

| 平整场地 | m² | 按设计图示尺寸以建筑物首层面积计算 |
|---|---|---|
| 挖一般土方 | m³ | 按设计图示尺寸以体积计算 |
| 挖沟槽、挖基坑土方 | m³ | 按设计图示尺寸以基础垫层底面积乘以挖土深度计算 |
| 冻土开挖 | m³ | 按设计图示尺寸开挖面积乘以厚度以体积计算 |
| 挖淤泥、流砂 | m³ | 按设计图示位置、界限以体积计算 |
| 管沟土方 | m | 按设计图示以管道中心线长度计算 |
| | m³ | 按设计管底垫层面积乘以挖土深度计算，无管底垫层按管外径的水平投影面积乘以挖土深度计算 |
| 挖一般石方 | m³ | 按设计图示尺寸以体积计算 |
| 挖沟槽、挖基坑石方 | m³ | 按设计图示尺寸沟槽底面积乘以挖石深度以体积计算 |
| 管沟石方 | m | 按设计图示以管道中心线长度计算 |
| 回填方 | m³ | 按设计图示尺寸以体积计算 |
| 余方弃置 | m³ | 按挖方清单项目工程量减利用回填方体积（正数）计算 |

### 2. 地基处理与边坡支护工程

| | | |
|---|---|---|
| 换填垫层 | m³ | 按设计图示尺寸以体积计算 |
| 铺设土工合成材料 | m² | 按设计图示尺寸以面积计算 |
| 预压地基、强夯地基、振冲桩（不填料） | m² | 按设计图示处理范围以面积计算 |
| 振冲桩（填料） | m | 按设计图示尺寸以桩长计算 |
| | m³ | 按设计桩截面乘以桩长以体积计算 |
| 水泥粉煤灰碎石桩、夯实水泥土桩、石灰桩、灰土（土）挤密桩 | m | 按设计图示尺寸以桩长（包括桩尖）计算 |
| 深层搅拌桩、粉喷桩、柱锤冲扩桩 | m | 按设计图示尺寸以桩长计算 |
| 砂石桩 | m | 按设计图示尺寸以桩长（包括桩尖）计算 |
| | m³ | 按设计桩截面乘以桩长（包括桩尖）以体积计算 |
| 注浆地基 | m | 按设计图示尺寸以钻孔深度计算 |
| | m³ | 按设计图示尺寸以加固体积计算。<br>高压喷射注浆类型包括旋喷、摆喷、定喷，高压喷射注浆方法包括单管法、双重管法、三重管法 |
| 褥垫层 | m² | 按设计图示尺寸以铺设面积计算 |
| | m³ | 按设计图示尺寸以体积计算 |
| 地下连续墙 | m³ | 按设计图示墙中心线长乘以厚度乘以槽深以体积计算。<br>地下连续墙和喷射混凝土（砂浆）的钢筋网、咬合灌注桩的钢筋笼及钢筋混凝土支撑的钢筋制作、安装，混凝土挡土墙按混凝土及钢筋混凝土工程中相关项目列项 |
| 咬合灌注桩 | m | 按设计图示尺寸以桩长计算 |
| | 根 | 按设计图示数量计算 |
| 圆木桩、预制钢筋混凝土板桩 | m | 按设计图示尺寸以桩长（包括桩尖）计算 |
| | 根 | 按设计图示数量计算 |
| 型钢桩 | t | 按设计图示尺寸以质量计算 |
| | 根 | 按设计图示数量计算 |
| 钢板桩 | t | 按设计图示尺寸以质量计算 |
| | m² | 按设计图示墙中心线长乘以桩长以面积计算 |
| 锚杆（锚索）土钉 | m | 按设计图示尺寸以钻孔深度计算 |
| | 根 | 按设计图示数量计算 |
| 喷射混凝土、水泥砂浆 | m² | 按设计图示尺寸以面积计算 |
| 钢筋混凝土支撑 | m³ | 按设计图示尺寸以体积计算 |
| 钢支撑 | t | 按设计图示尺寸以质量计算。不扣除孔眼质量，焊条、铆钉、螺栓等不另增加质量 |

### 3. 桩基础工程

| | | |
|---|---|---|
| 预制钢筋混凝土方桩、预制钢筋混凝土管桩 | m | 按设计图示尺寸以桩长（包括桩尖）计算 |
| | m³ | 按设计图面示截面面积乘以桩长（包括桩尖）以实体积计算 |
| | 根 | 按设计图示数量计算 |
| 钢管桩 | t | 钢管桩按设计图示尺寸以质量计算 |
| | 根 | 按设计图示数量计算 |
| 截（凿）桩头 | m³ | 按设计桩截面乘以桩头长度以体积计算 |
| | 根 | 按设计图示数量计算 |
| 泥浆护壁成孔灌注桩、沉管灌注桩、干作业成孔灌注桩 | m | 按设计图示尺寸以桩长（包括桩尖）计算 |
| | m³ | 按不同截面在桩上范围内以体积计算 |
| | 根 | 按设计图示数量计算 |
| 挖孔桩土（石）方 | m³ | 按设计图示尺寸（含护壁）截面面积乘以挖孔深度以体积计算 |
| 人工挖孔灌注桩 | m³ | 按桩芯混凝土体积计算 |
| | 根 | 按设计图示数量计算 |
| 钻孔压浆桩 | m | 按设计图示尺寸以桩长计算 |
| | 根 | 按设计图示数量计算 |
| 灌注桩后压浆 | 孔 | 按设计图示以注浆孔数计算 |

### 4. 砌筑工程

| | | |
|---|---|---|
| 砖基础 | m³ | 按设计图示尺寸以体积计算 |
| | | 1）包括附墙垛基础宽出部分体积，扣除地梁（圈梁）、构造柱所占体积，不扣除基础大放脚 T 形接头处的重叠部分及嵌入基础内的钢筋、铁件、管道、基础砂浆防潮层和单个面积≤0.3m² 的孔洞所占体积，靠墙暖气沟的挑檐不增加 |
| | | 2）基础长度：外墙基础按外墙中心线计算，内墙基础按内墙净长线计算 |
| 实心砖墙、多孔砖墙、空心砖墙 | m³ | 按设计图示尺寸以体积计算 |
| | | 扣除门窗洞口、嵌入墙内的钢筋混凝土柱、梁、圈梁、挑梁、过梁及凹进墙内的壁龛、管槽、暖气槽、消火栓箱所占体积。不扣除梁头、板头、檩头、垫木、木楞头、沿椽木、木砖、门窗走头、砖墙内加固钢筋、木筋、铁件、钢管及单个面积≤0.3m² 的孔洞所占体积。凸出墙面的腰线、挑檐、压顶、窗台线、虎头砖、门窗套的体积亦不增加。凸出墙面的砖垛并入墙体体积内计算。附墙烟囱、通风道、垃圾道、应按设计图示尺寸以体积（扣除孔洞所占体积）计算并入所依附的墙体体积内。当设计规定孔洞内需抹灰时，应按"墙、柱面装饰与隔断、幕墙工程"中零星抹灰项目编码列项 |
| | | 1）墙长度。外墙按中心线，内墙按净长线 |
| | | 2）墙高度<br>①外墙：斜（坡）屋面无檐口顶棚者算至屋面板底；有屋架且室内外均有顶棚者算至屋架下弦底另加 200mm，无顶棚者算至屋架下弦底另加 300mm，出檐宽度超过 600mm 时按实砌高度计算；有钢筋混凝土楼板隔层者算至板顶；平屋面算至钢筋混凝土板底<br>②内墙：位于屋架下弦者，算至屋架下弦底；无屋架者算至顶棚底另加 100mm；有钢筋混凝土楼板隔层者算至楼板顶；有框架梁时算至梁底<br>③女儿墙：从屋面板上表面算至女儿墙顶面（如有混凝土压顶时算至压顶下表面）<br>④内、外山墙：按其平均高度计算 |

| 空斗墙 | m³ | 按设计图示尺寸以空斗墙外形体积计算。墙角、内外墙交接处、门窗洞口立边、窗台砖、屋檐处的实砌部分体积并入空斗墙体积内 |
|---|---|---|
| 空花墙 | m³ | 按设计图示尺寸以空花部分外形体积计算。不扣除空洞部分体积 |
| 填充墙 | m³ | 按设计图示尺寸以填充墙外形体积计算 |
| 实心砖柱、多孔砖柱 | m³ | 按设计图示尺寸以体积计算,扣除混凝土及钢筋混凝土梁垫、梁头、板头所占体积 |
| 零星砌砖 | m³ | 按图示尺寸截面面积乘以长度以体积计算 |
| | m² | 按图示尺寸水平投影面积计算 |
| | m | 按图示尺寸以长度计算 |
| | 个 | 按设计图示数量计算 |
| 砖散水、地坪 | m² | 按设计图示尺寸以面积计算 |
| 砖地沟、明沟 | m | 按设计图示以中心线长度计算 |
| 砖砌挖空桩护壁 | m³ | 按设计图示尺寸以立方米计算 |
| 砖检查井 | 座 | 砖检查井按设计图示数量计算 |

## 5. 混凝土及钢筋混凝土工程

| 现浇混凝土基础 | m³ | 包括垫层、带形基础、独立基础、满堂基础、设备基础、桩承台基础。按设计图示尺寸以体积计算。不扣除构件内钢筋、预埋铁件和伸入承台基础的桩头所占体积。项目特征包括混凝土种类、混凝土强度等级 |
|---|---|---|
| | | 有肋带形基础、无肋带形基础应分别编码列项,并注明肋高;箱式满堂基础及框架式设备基础中柱、梁、墙、板按现浇混凝土柱、梁、墙、板分别编码列项;箱式满堂基础底板按满堂基础项目列项,框架设备基础的基础部分按设备基础列项 |
| 现浇混凝土柱 | m³ | 现浇混凝土包括矩形柱、构造柱、异形柱。按设计图示尺寸以体积计算。不扣除构件内钢筋、预埋铁件所占体积 |
| | | 1)有梁板的柱高,应自柱基上表面(或楼板上表面)至上一层楼板上表面之间的高度计算。<br>2)无梁板的柱高,应自柱基上表面(或楼板上表面)至柱帽下表面之间的高度计算。<br>3)框架柱的柱高应自柱基上表面至柱顶高度计算。<br>4)构造柱按全高计算,嵌接墙体部分并入柱身体积。<br>5)依附柱上的牛腿和升板的柱帽,并入柱身体积计算 |
| 现浇混凝土梁 | m³ | 包括基础梁、矩形梁、异形梁、圈梁、过梁、弧形梁、拱形梁。按设计图示尺寸以体积计算。不扣除构件内钢筋、预埋铁件所占体积,伸入墙内的梁头、梁垫并入梁体积内 |
| | | 梁长的确定:梁与柱连接时,梁长算至柱侧面;主梁与次梁连接时,次梁长算至主梁侧面 |
| 现浇混凝土墙 | m³ | 包括直形墙、弧形墙、短肢剪力墙、挡土墙。按设计图示尺寸以体积计算。不扣除构件内钢筋、预埋铁件所占体积,扣除门窗洞口及单个面积大于 $0.3m^2$ 的孔洞所占体积,墙垛及突出墙面部分并入墙体体积内计算 |

| | | |
|---|---|---|
| 现浇混凝土板 | m³ | （1）有梁板、无梁板、平板、拱板、薄壳板、栏板。按设计图示尺寸以体积计算。不扣除构件内钢筋、预埋铁件及单个面积小于或等于0.3m²的柱、垛以及孔洞所占体积；压形钢板混凝土楼板扣除构件内压形钢板所占体积 |
| | | （2）天沟（檐沟）、挑檐板。按设计图示尺寸以体积计算 |
| | | （3）雨篷、悬挑板、阳台板，按设计图示尺寸以墙外部分体积计算。包括伸出墙外的牛腿和雨篷反挑檐的体积 |
| | | （4）空心板。按设计图示尺寸以体积计算。空心板（GBF高强薄壁蜂巢芯板等）应扣除空心部分体积 |
| 现浇混凝土楼梯 | | 包括直形楼梯、弧形楼梯 |
| | m² | 按设计图示尺寸以水平投影面积计算，不扣除宽度小于或等于500mm的楼梯井，伸入墙内部分不计算 |
| | m³ | 按设计图示尺寸以体积计算 |
| 现浇混凝土其他构件 | m² | 散水、坡道、室外地坪，按设计图示尺寸以面积计算。不扣除单个面积小于或等于0.3m²的孔洞所占面积。不扣除构件内钢筋、预埋铁件所占体积 |
| | m | 电缆沟、地沟，按设计图示尺寸以中心线长度计算 |
| | m²或m³ | 台阶。按设计图示尺寸以水平投影面积计算；或按设计图示尺寸以体积计算 |
| | m或m³ | 扶手、压顶。按设计图示的中心线延长米计算；或按设计图示尺寸以体积计算 |
| | m³或座 | 化粪池、检查井。按设计图示尺寸以体积计算；按设计图示数量计算 |
| | m³ | 其他构件，主要包括现浇混凝土小型池槽、垫块、门框等，按设计图示尺寸以体积计算 |
| 后浇带 | m³ | 按设计图示尺寸以体积计算 |
| 预制混凝土柱、梁 | m³或根 | 预制混凝土柱包括矩形柱、异形柱。预制混凝土梁包括矩形梁、异形梁、过梁、拱形梁、鱼腹式吊车梁等。均按设计图示尺寸以体积计算。按设计图示尺寸以数量计算 |
| 预制混凝土屋架 | m³或榀 | 包括折线型屋架、组合屋架、薄腹屋架、门式刚架屋架、天窗架屋架，均按设计图示尺寸以体积计算。不扣除构件内钢筋、预埋铁件所占体积；或按设计图示尺寸以数量计算。三角形屋架应按折线形屋架项目编码列项 |
| 预制混凝土板 | m³或块 | （1）平板、空心板、槽形板、网架板、折线板、带肋板、大型板。按设计图示尺寸以体积计算。不扣除构件内钢筋、预埋铁件及单个面积≤300mm×300mm的孔洞所占体积，扣除空心板空洞体积；或按设计图示尺寸以数量计算。（2）沟盖板、井盖板、井圈。按设计图示尺寸以体积计算；或按设计图示尺寸以数量计算 |
| 预制混凝土楼梯 | m³或段 | 按设计图示尺寸以体积计算，扣除空心踏步板空洞体积；或按设计图示数量计 |
| 其他预制构件 | m²或m³或根 | 包括烟道、垃圾道、通风道及其他构件（预制钢筋混凝土小型池槽、压顶、扶手、垫块、隔热板、花格等，按其他构件项目编码列项）。按设计图示尺寸以体积计算，不扣除单个面积小于或等于300mm×300mm的孔洞所占体积，扣除烟道、垃圾道、通风道的孔洞所占体积；或按设计图示尺寸以面积计算，扣除单个面积小于或等于300mm×300mm的孔洞所占面积；或按设计图示尺寸以数量计算 |

| 钢筋工程 | t | （1）现浇混凝土钢筋、预制构件钢筋、钢筋网片、钢筋笼。均按设计图示钢筋（网）长度（面积）乘以单位理论质量计算。现浇构件中伸出构件的锚固钢筋应并入钢筋工程量内。除设计（包括规范规定）标明的搭接外，其他施工搭接不计算工程量，在综合单价中综合考虑。现浇构件中固定位置的支撑钢筋、双层钢筋用的"铁马"在编制工程量清单时，如果设计未明确，其工程数量可为暂估量，结算时按现场签证数量计算 |
|---|---|---|
| | | （2）先张法预应力钢筋，按设计图示钢筋长度乘以单位理论质量计算 |
| | | （3）后张法预应力钢筋、预应力钢丝、预应力钢绞线，按设计图示钢筋（丝束、绞线）长度乘以单位理论质量计算 |
| 螺栓、铁件 | t | （1）螺栓、预埋铁件，按设计图示尺寸以质量计算 |
| | | （2）机械连接按数量计算 |
| | 个 | 编制工程量清单时，如果设计未明确，其工程数量可为暂估量，实际工程量按现场签证数量计算 |

## 6. 门窗工程

| 木门 | 樘或 m² | 木质门、木质门带套、木质连窗门、木质防火门，工程量可以按设计图示数量计算；或按设计图示洞口尺寸以面积计算 |
|---|---|---|
| | 樘或 m | 木门框按设计图示数量计算；或按设计图示框的中心线以延长米计算。木门框项目特征除了描述门代号及洞口尺寸、防护材料的种类，还需描述框截面尺寸 |
| | 个或套 | 门锁安装按设计图示数量计算 |
| 金属门 | 樘或 m² | 金属门包括金属（塑钢）门、彩板门、钢质防火门、防盗门，按设计图示数量计算；或按设计图示洞口尺寸以面积计算（无设计图示洞口尺寸，按门框、扇外围以面积计算） |
| 金属卷帘（闸）门 | 樘或 m² | 金属卷帘（闸）门项目包括金属卷帘（闸）门、防火卷帘（闸）门，工程量按设计图示数量计算；或按设计图示洞口尺寸以面积计算 |
| 厂库房大门、特种门 | 樘或 m² | 木板大门、钢木大门、全钢板大门工程量按设计图示数量计算；按设计图示洞口尺寸以面积计算 |
| | 樘或 m² | 防护铁丝门工程量按设计图示数量计算；或按设计图示门框或扇以面积计算 |
| | 樘或 m² | 金属格栅门工程量按设计图示数量计算积计算；或按设计图示洞口尺寸以面积计算 |
| | 樘或 m² | 钢质花饰大门工程量按设计图示数量计算；或按设计图示门框或扇以面积计算 |
| | 樘或 m² | 特种门工程量按设计图示数量计算；或按设计图示洞口尺寸以面积计算 |
| 其他门 | 樘或 m² | 包括平开电子感应门、旋转门、电子对讲门、电动伸缩门、全玻自由门、镜面不锈钢饰面门、复合材料门。工程量可按数量或按设计图示洞口尺寸以面积计算（无设计图示洞口尺寸，按门框、扇外围以面积计算） |
| 木窗 | 樘或 m² | 木质窗工程量按设计图示数量计算；或按设计图示洞口尺寸以面积计算 |
| | | 木飘（凸）窗、木橱窗工程量按设计图示数量计算；或按设计图示尺寸以框外围展开面积计算 |
| | | 木纱窗工程量按设计图示数量计算；或按框的外围尺寸以面积计算 |

| | | |
|---|---|---|
| 金属窗 | 樘或 m² | 金属（塑钢、断桥）窗、金属防火窗、金属百叶窗、金属格栅窗工程量按设计图示数量计算；或按设计图示洞口尺寸以面积计算 |
| | | 金属纱窗工程量按设计图示数量计算；或按框的外围尺寸以面积计算 |
| | | 金属（塑钢、断桥）橱窗、金属（塑钢、断桥）飘（凸）窗工程量按设计图示数量计算；或按设计图示尺寸以框外围展开面积计算 |
| | | 彩板窗、复合材料窗工程量按设计图示数量计算；或按设计图示洞口尺寸或框外围以面积计算 |
| 门窗套 | 樘或 m² 或 m | 木门窗套、木筒子板、饰面夹板筒子板、金属门窗套、石材门窗套、成品木门窗套工程量按设计图示数量计算；或按设计图示尺寸以展开面积计算；或按设计图示中心以延长米计算 |
| | 樘或 m | 门窗贴脸工程量按设计图示数量计算；或按设计图示尺寸以延长米计算 |
| 窗台板 | m² | 包括木窗台板、铝塑窗台板、石材窗台板、金属窗台板。按设计图示尺寸以展开面积计算 |
| 窗帘、窗帘盒、轨 | m 或 m² | 窗帘工程量按设计图示尺寸以成活后长度计算，或按图示尺寸以成活后展开面积计算 |
| | m | 木窗帘盒，饰面夹板、塑料窗帘盒，铝合金属窗帘盒，窗帘轨。按设计图示尺寸以长度计算 |

## 7. 屋面及防水工程

| | | |
|---|---|---|
| 瓦、型材屋面及其他屋面 | m² | 瓦屋面、型材屋面。按设计图示尺寸以斜面积计算。不扣除房上烟囱、风帽底座、风道、小气窗、斜沟等所占面积，小气窗的出檐部分不增加面积 |
| | | 阳光板、玻璃钢屋面。按设计图示尺寸以斜面积计算。不扣除屋面面积小于或等于 0.3m² 孔洞所占面积 |
| | | 膜结构屋面。按设计图示尺寸以需要覆盖的水平投影面积计算 |
| 屋面防水 | m² | 屋面卷材防水、屋面涂膜防水。按设计图示尺寸以面积计算。斜屋顶（不包括平屋顶找坡）按斜面积计算；平屋顶按水平投影面积计算。不扣除房上烟囱、风帽底座、风道、屋面小气窗和斜沟所占面积。屋面的女儿墙、伸缩缝和天窗等处的弯起部分，并入屋面工程量内。屋面防水搭接及附加层用量不另行计算，在综合单价中考虑 |
| | m² | 屋面刚性防水，按设计图示尺寸以面积计算。不扣除房上烟囱、风帽底座、风道等所占的面积 |
| | m | 屋面排水管，按设计图示尺寸以长度计算。如设计未标注尺寸，以檐口至设计室外撒水上表面垂直距离计算 |
| | m | 屋面排（透）气管，按设计图示尺寸以长度计算 |
| | 根或个 | 屋面（廊、阳台）泄（吐）水管，按设计图示数量计算 |
| | m² | 屋面天沟、檐沟，按设计图示尺寸以展开面积计算 |
| | m | 屋面变形缝，按设计图示以长度计算 |
| 墙面防水、防潮 | m² | 墙面卷材防水、墙面涂膜防水、墙面砂浆防水（潮）。按设计图示尺寸以面积计算 |
| | m | 墙面变形缝。按设计图示尺寸以长度计算。墙面变形缝，若做双面，工程量乘以系数 2 |

| 楼(地)面卷材防水、防潮 | m² | 楼(地)面卷材防水、楼(地)面涂膜防水、楼(地)面砂浆防水(潮),按设计图示尺寸以面积计算,楼(地)面防水搭接及附加层用量不另行计算,在综合单价中考虑 |
| | | ① 楼(地)面防水:按主墙间净空面积计算,扣除凸出地面的构筑物、设备基础等所占面积,不扣除间壁墙及单个面积小于或等于0.3m²柱、垛、烟囱和孔洞所占面积 |
| | m | ② 楼(地)面防水反边高度300mm算作地面防水,反边高度大于300mm按墙面防水计算 |
| | | 楼(地)面变形缝。按设计图示尺寸以长度计算 |

## 8. 保温、隔热、防腐工程

| 保温、隔热 | m² | 保温隔热屋面。按设计图示尺寸以面积计算。扣除面积大于0.3m²孔洞及占位面积 |
| | | 保温隔热顶棚。按设计图示尺寸以面积计算,扣除面积大于0.3m²柱、垛、孔洞所占面积,与顶棚相连的梁按展开面积,计算并入顶棚工程量内 |
| | | 保温隔热墙面。按设计图示尺寸以面积计算。扣除门窗洞口以及面积大于0.3m²梁、孔洞所占面积;门窗洞口侧壁以及与墙相连的柱,并入保温墙体工程量 |
| | | 保温柱、梁。按设计图示尺寸以面积计算 |
| | | ① 柱按设计图示柱断面保温层中心线展开长度乘以保温层高度以面积计算,扣除面积大于0.3m²梁所占面积 |
| | | ② 梁按设计图示梁断面保温层中心线展开长度乘以保温层长度以面积计算 |
| | | 隔热楼地面。按设计图示尺寸以面积计算。扣除面积大于0.3m²柱、垛、孔洞所占面积 |
| 其他保温隔热 | m² | 按设计图示尺寸以展开面积计算。扣除面积大于0.3m²孔洞及占位面积 |
| 防腐面层 | m² | 防腐混凝土面层、防腐砂浆面层、防腐胶泥面层、玻璃钢防腐面层、聚氯乙烯板面层、块料防腐面层。按设计图示尺寸以面积计算 |
| | | ① 平面防腐:扣除凸出地的构筑物、设备基础等以及面积大于0.3m²孔洞、柱垛所占面积 |
| | | ② 立面防腐:扣除门、窗洞口以及面积大于0.3m²孔洞、梁所占面积。门、窗、洞口侧壁、垛突出部分按展开面积计算 |
| | | 池、槽块料防腐面层。按设计图示尺寸以展开面积计算 |
| 其他防腐 | m² | 隔离层。按设计图示尺寸以面积计算 |
| | | ① 平面防腐:扣除凸出地面的构筑物、设备基础等以及面积大于0.3m²孔洞、柱、垛所占面积 |
| | | ② 立面防腐:扣除门、窗、洞口及面积大于0.3m²孔洞、梁所占面积,门、窗、洞口侧壁、垛突出部分按展开面积并入墙面积 |
| | m³ | 砌筑沥青浸渍砖。按设计图示尺寸以体积计算 |
| | m² | 防腐涂料。按设计图示尺寸以面积计算 |
| | | ① 平面防腐:扣除凸出地面的构筑物、设备基础等以及面积大于0.3m²孔洞、柱、垛所占面积 |
| | | ② 立面防腐:扣除门、窗、洞口以及面积大于0.3m²孔洞、梁所占面积,门、窗、洞口侧壁、垛突出部分按展开面积并入墙面积内 |

### 9. 措施项目

| 脚手架 | m² | 综合脚手架，按建筑面积计算。用综合脚手架时，不再使用外脚手架、里脚手架等单项脚手架；综合脚手架适用于能够按"建筑面积计算规则"计算建筑面积的建筑工程脚手架，不适用于房屋加层、构筑物及附属工程 |
|---|---|---|
| | m² | 外脚手架、里脚手架、整体提升架、外装饰吊篮，按所服务对象的垂直投影面积计算。整体提升架包括2m高的防护架体设施 |
| | m² | 悬空脚手架、满堂脚手架，按搭设的水平投影面积计算 |
| | m | 挑脚手架，按搭设长度乘以搭设层数以延长米计算 |
| 混凝土模板及支架 | m² | 混凝土基础、柱、梁、墙板等主要构件模板及支架工程量按模板与现浇混凝土构件的接触面积计算。原槽浇灌的混凝土基础不计算模板工程量。若现浇混凝土梁、板支撑高度超过3.6m时，项目特征应描述支撑高度 |
| | | ① 现浇钢筋混凝土墙、板单孔面积小于或等于0.3m²的孔洞不予扣除，洞侧壁模板亦不增加；单孔面积大于0.3m²时应予扣除，洞侧壁模板面积并入墙、板工程量内计算。②现浇框架分别按梁、板、柱关于规定计算；附墙柱、暗梁、暗柱并入墙内工程量内计算。③柱、梁、墙、板相互连接的重叠部分，均不计算模板面积。④构造柱按图示外露部分计算模板面积 |
| | | 天沟、檐沟、电缆沟、地沟，散水、扶手、后浇带、化粪池、检查井按模板与现浇混凝土构件的接触面积计算 |
| | | 雨篷、悬挑板、阳台板，按图示外挑部分尺寸的水平投影面积计算，挑出墙外的悬臂梁及板边不另计算 |
| | | 楼梯，按楼梯（包括休息平台、平台梁、斜梁和楼层板的连接梁）的水平投影面积计算，不扣除宽度小于或等于500mm的楼梯井所占面积，楼梯踏步、踏步板、平台梁等侧面模板不另计算，伸入墙内部分亦不增加 |
| 垂直运输 | m²或天 | 垂直运输指施工工程在合理工期内所需垂直运输机械。垂直运输可按建筑面积计算也可以按施工工期日历天数计算 |
| 超高施工增加 | m² | 单层建筑物檐口高度超过20m，多层建筑物超过6层时（不包括地下室层数），可按超高部分的建筑面积计算超高施工增加。其工程量计算按建筑物超高部分的建筑面积计算。同一建筑物有不同檐高时，可按不同高度的建筑面积分别计算建筑面积，以不同檐高分别编码列项 |
| 大型机械设备进出场及安拆 | 台次 | 工程量按使用机械设备的数量计算 |
| 施工排水、降水 | m | 成井，按设计图示尺寸以钻孔深度计算 |
| | 昼夜 | 排水、降水，按排、降水日历天数计算 |

**一、单项选择题**（每题的备选项中，只有1个最符合题意）

1. 根据《房屋建筑与装饰工程量计算规范》GB 50854—2013，金属卷帘（闸）门以平方米计量，按（　　）计算。

A. 设计图示尺寸以投影面积计算　　　B. 设计图示数量计算

C. 洞口尺寸以面积计算　　　　　　　D. 外围以展开面积

2. 根据《房屋建筑与装饰工程工程量计算规范》GB 50854—2013,墙面抹灰按设计图示尺寸以面积计算,但应扣除( )。

A. 踢脚线　　　　　　　　　　　B. 门窗洞口

C. 构件与墙交界面　　　　　　　D. 挂镜线

3. 根据《房屋建筑与装饰工程工程量计算规范》GB 50854—2013,顶棚抹灰工程量计算正确的是( )。

A. 带梁顶棚,梁两侧抹灰面积不计算

B. 板式楼梯底面抹灰按水平投影面积计算

C. 锯齿形楼梯底板抹灰按展开面积计算

D. 间壁墙、附墙柱所占面积应予扣除

4. 根据《房屋建筑与装饰工程工程量计算规范》GB 50854—2013,关于刷喷涂料工程量计算,说法正确的是( )。

A. 木材构件喷刷防火涂料按设计图示尺寸以面积计算

B. 金属构件刷防火涂料按构件单面外围面积计算

C. 空花格、栏杆刷涂料按设计图示尺寸以双面面积计算

D. 线条刷涂料按设计展开面积计算

5. 根据《房屋建筑与装饰工程工程量计算规范》GB 50854—2013,下列工程量以个数计算的有( )。

A. 暖气罩　　　　　　　　　　　B. 金属暖气罩

C. 帘子杆　　　　　　　　　　　D. 压条、装饰线

6. 根据《房屋建筑与装饰工程工程量计算规范》GB 50854—2013,外脚手架按照所服务对象的( )计算。

A. 建筑面积　　　　　　　　　　B. 水平投影面积

C. 垂直投影面积　　　　　　　　D. 高度

7. 下列措施项目中,应按分部分项工程量清单编制方式编制的是( )。

A. 垂直运输　　　　　　　　　　B. 安全文明施工

C. 二次搬运　　　　　　　　　　D. 冬雨期施工

8. 根据《房屋建筑与装饰工程工程量计算规范》GB 50854—2013,有梁板(包括主、次梁与板)的工程量( )。

A. 分别计算梁、板体积　　　　　B. 按梁板平均厚度计算体积之和

C. 按梁、板体积之和计算　　　　D. 按梁板水平投影面积计算

9. 根据《房屋建筑与装饰工程工程量计算规范》GB 50854—2013,工程量按面积以平方米为计量单位计算的有( )。

A. 砖地沟　　　　　　　　　　　B. 砖散水

C. 现浇混凝土板后浇带　　　　　D. 现浇混凝土雨篷

10. 关于预制混凝土屋架的计量,说法错误的是( )。

A. 可以立方米计量,按设计图示尺寸以体积计算

B. 可以榀计量,按设计图示尺寸以数量计算

C. 以立方米计量时，项目特征必须描述单件体积

D. 三角形屋架按折线形屋架项目编码列项

11. 根据《房屋建筑与装饰工程工程量计算规范》GB 50854—2013，后张法预应力钢筋混凝土梁长 6m，留设直线孔道，选用低合金钢筋作预应力筋，一端采用帮条锚具，另一端采用镦头插片，则预应力钢筋单根长度为（　　）m。

A. 5.65　　　　　　　　　　　　B. 6.00

C. 6.15　　　　　　　　　　　　D. 6.30

12. 根据《房屋建筑与装饰工程工程量计算规范》GB 50854—2013，依附在钢柱上的牛腿及悬臂梁等并入（　　）工程量内。

A. 短梁　　　　　　　　　　　　B. 钢梁

C. 钢柱　　　　　　　　　　　　D. 短柱

13. 根据《房屋建筑与装饰工程工程量计算规范》GB 50854—2013，钢木屋架工程应（　　）。

A. 按设计图示数量以榀计算

B. 按设计图示尺寸以体积计算

C. 按设计图示尺寸下列弦中心线长度计算

D. 按设计图示尺寸以上部屋面斜面积计算

14. 根据《房屋建筑与装饰工程工程量计算规范》GB 50854—2013，关于涂膜防水屋面工程量计算方法正确的是（　　）。

A. 平屋顶找坡按斜面积计算

B. 应扣除房上烟囱、屋面小气窗及 0.3m² 以上的孔洞面积

C. 女儿墙、伸缩缝处弯起部分并入屋面工程量计算

D. 接缝、收头部分并入屋面工程量计算

15. 根据《房屋建筑与装饰工程工程量计算规范》GB 50854—2013，保温柱的工程量计算，正确的是（　　）。

A. 按设计图示尺寸以体积计算

B. 按设计图示尺寸以保温层外边线展开长度乘以其高度计算

C. 按图示尺寸以柱面积计算

D. 按设计图示尺寸以保温层中心线展开长度乘以其高度计算

16. 根据《房屋建筑与装饰工程工程量计算规范》GB 50854—2013，门窗工程的工程量计算正确的是（　　）。

A. 金属推拉窗按设计图示尺寸以窗净面积计算

B. 金属窗套按设计图示尺寸以展开面积计算

C. 铝合金窗帘盒按设计图示尺寸以展开面积计算

D. 金属窗帘轨按设计图示尺寸数量计算

17. 根据《房屋建筑与装饰工程工程量计算规范》GB 50854—2013，下列关于有设备基础、地沟、间壁墙的水泥砂浆楼地面整体面层工程量计算，正确的是（　　）。

A. 按设计图示尺寸以面积计算，扣除设备基础、地沟所占面积，门洞开口部分不再增加

B. 按内墙净面积计算，设备基础、间壁墙、地沟所占面积不扣除，门洞开口部分不再增加

C. 按设计净面积计算，扣除设备基础、地沟、间壁墙所占面积，门洞开口部分不再增加

D. 按设计图示尺寸面积乘以设计厚度以体积计算

18. 根据《房屋建筑与装饰工程工程量计算规范》GB 50854—2013，土石方工程中，建筑物场地厚度在±30cm 以内的，平整场地工程量应( )。

    A. 按建筑物自然层面积计算        B. 按设计图示厚度计算

    C. 按建筑有效面积计算            D. 按建筑物首层建筑面积计算

19. 根据《房屋建筑与装饰工程工程量计算规范》GB 50854—2013，混凝土基础垂直面做防水层所需工作面宽度是( )。

    A. 300mm                 B. 150mm

    C. 200mm                 D. 1000mm

20. 关于场地的回填的计算说法正确的是( )。

    A. 回填面积乘以设计标高        B. 回填面积乘以平均回填厚度

    C. 主墙间净面积乘以回填厚度    D. 场地面积乘以回填厚度

21. 根据《房屋建筑与装饰工程工程量计算规范》GB 50854—2013，关于管沟石方工程量计算，说法正确的是( )。

    A. 按设计图示尺寸以管道中心线长度计算

    B. 按设计图示尺寸以截面面积计算

    C. 有管沟设计时按管底以上部分体积计算

    D. 无管沟设计时按延长米计算

22. 根据《房屋建筑与装饰工程工程量计算规范》GB 50854—2013，地基处理中深层搅拌桩，按图示尺寸以( )计算。

    A. 面积                 B. 体积

    C. 桩长                D. 质量

23. 根据《房屋建筑与装饰工程工程量计算规范》GB 50854—2013，在工程量计算中，锚杆计量的单位是( )。

    A. 延长米             B. t

    C. m                 D. $m^2$

24. 根据《房屋建筑与装饰工程工程量计算规范》GB 50854—2013，地基处理工程量计算正确的是( )。

    A. 换填垫层按设计图示尺寸以体积计算

    B. 强夯地基按设计图示处理范围乘以处理深度以体积计算

    C. 填料振冲桩以填料体积计算

    D. 水泥粉煤灰碎石桩按设计图示尺寸以体积计算

25. 根据《房屋建筑与装饰工程工程量计算规范》GB 50854—2013，截(凿)桩头按设计桩截面乘以桩头长度以体积计算，单位：$m^3$；或按设计图示( )计算。

    A. 面积                 B. 体积

  C. 数量         D. 质量

26. 根据《房屋建筑与装饰工程工程量计算规范》GB 50854—2013，某建筑基础为砖基础，墙体为加气混凝土墙，基础顶面设计标高为+0.250m，室内地坪为±0.000，室外地坪为−0.100m，则该建筑基础与墙体的分界面为(　　)m处。

  A. 标高−0.300      B. 室外地坪−0.100

  C. 室内地坪−0.000     D. 基础顶面标高+0.250

27. 挖土方的工程量按设计图示尺寸以体积计算，此处的体积是指(　　)。

  A. 虚方体积       B. 夯实后体积

  C. 松填体积       D. 天然密实体积

28. 某建筑基础有 100 根钻孔灌注桩，设计桩长 4.8m，断面直径为 300mm，则总工程量为(　　)。

  A. 33.91m³       B. 35.68m³

  C. 37.44m³       D. 135.65m³

29. 已知某砖外墙中心线总长 60m，设计采用毛石混凝土基础，基础底层标高−1.4m，毛石混凝土与砖砌筑的分界面标高−0.24m，室内地坪 0.00m，墙顶面标高 3.3m，厚 0.37m，按照《房屋建筑与装饰工程工程量计算规范》GB 50854—2013 计算规则，则砖墙工程量为(　　)。

  A. 67.93m³       B. 73.26m³

  C. 78.59m³       D. 104.34m³

30. 根据《房屋建筑与装饰工程工程量计算规范》GB 50854—2013，下列各项中，应计入砌筑墙体工程量的是(　　)。

  A. 凸出墙面的窗台虎头砖   B. 腰线的凸出部分

  C. 混凝土圈梁      D. 附墙柱垛

31. 某独立基础挖土方，按施工方案考虑工作面和放坡后，基坑底面尺寸为 1.6m×1.2m，上口尺寸为 2.8m×2.4m，挖土深度为 1.8m，则该独立基础的基坑挖土方工程量为(　　)。

  A. 4.08m³       B. 5.18m³

  C. 7.34m³       D. 7.78m³

32. 根据《房屋建筑与装饰工程工程量计算规范》GB 50854—2013，下列关于地基处理与边坡支护工程，工程量清单计算规则，说法错误的是(　　)。

  A. 砂石桩工程量，可按设计图示以数量计算

  B. 深层搅拌桩工程量，按设计图示尺寸的桩长以米计算

  C. 铺设土工合成材料工程量按设计图示尺寸以面积计算

  D. 振冲密实（不填料）地基的工程量均按设计图示处理范围以面积计算

33. 根据《房屋建筑与装饰工程工程量计算规范》GB 50854—2013，下列关于地基处理与边坡支护工程，工程量清单计算规则，说法错误的是(　　)。

  A. 粉喷桩工程量，按设计图示尺寸的桩长以米计算

  B. 褥垫层工程量，可按设计图示尺寸以铺设深度计算

  C. 高压喷射注浆桩工程量，按设计图示尺寸的桩长以米计算

D. 注浆地基工程量，可按设计图示尺寸的钻孔深度以米计算

34. 根据《房屋建筑与装饰工程工程量计算规范》GB 50854—2013，下列关于地基处理与边坡支护工程，工程量清单计算规则，说法错误的是(      )。

A. 钢板桩工程量，可按设计图示尺寸以面积计算

B. 咬合灌注桩，可以根计量，按设计图示数量计算

C. 预制钢筋混凝土板桩，可按设计图示尺寸以面积计算

D. 注浆地基工程量，可按设计图示尺寸的钻孔深度以米计算

35. 根据《房屋建筑与装饰工程工程量计算规范》GB 50854—2013，下列桩基础工程量，符合工程量清单计算规则的是(      )。

A. 钢管桩工程量按设计图示尺寸以质量计算，不可按数量计算

B. 灌注桩后压浆，按设计图示以注浆孔数计算，不按照设计图示尺寸以桩长计算

C. 挖孔桩土方工程量按设计图示尺寸（不含护壁）截面面积乘以挖孔深度以体积计算

D. 截桩头项目不适用于地基处理与边坡支护工程，只适用于桩基工程所列桩的桩头截

36. 基础与墙体使用不同材料时，工程量计算规则规定以不同材料为界分别计算基础和墙体工程量，范围是(      )。

A. 室内地坪±0.3m 以内
B. 室内地坪±0.3m 以外
C. 室外地坪±0.3m 以内
D. 室外地坪±0.3m 以外

37. 某建筑基础为钢筋混凝土基础，墙体为黏土砖墙，基础顶面设计标高为 0.10m，室内地坪为±0.00m，室外地坪为−0.20m，则该建筑基础与墙体的分界面为(      )。

A. 标高−0.30m 处
B. 室外地坪−0.20m 处
C. 室内地坪±0.00m 处
D. 基础顶面标高 0.10m 处

38. 计算砌块墙外墙高度时，正确的方法是(      )。

A. 屋面无天棚者外墙高度算至屋架下弦底另加 200mm

B. 平屋面外墙高度算至钢筋混凝土板底

C. 平屋面外墙高度算至钢筋混凝土板顶

D. 女儿墙从屋面板上表面算至压顶上表面

39. 根据《房屋建筑与装饰工程工程量清单计价规范》GB 50584—2013，计算空斗墙的工程量(      )。

A. 应按设计图示尺寸以实砌体积计算

B. 应按设计图示尺寸以外形体积计算

C. 应扣除内外墙交接处部分

D. 应扣除门窗洞口立边部分

40. 根据《房屋建筑与装饰工程工程量计算规范》GB 50854—2013，下列关于砖砌体工程量计算，正确的说法是(      )。

A. 砖砌台阶按设计图示尺寸以体积计算

B. 砖散水按设计图示尺寸以体积计算

C. 砖地沟按设计图示尺寸以中心线长度计算

D. 砖明沟按设计图示尺寸以水平面积计算

41. 根据《房屋建筑与装饰工程工程量计算规范》GB 50854—2013 规定，依附于现浇柱上的混凝土悬臂梁的工程量（　　　）。

A. 不另计算
B. 以柱侧面为界计算后并入柱的体积
C. 并入柱的体积乘以难度系数 1.1
D. 以柱侧面为界，按混凝土梁单独计算

42. 现浇钢筋混凝土无梁楼板的混凝土工程量应为（　　　）。

A. 按板的体积计算
B. 按板的体积乘以 1.22 的系数计算
C. 按板和柱帽体积之和计算
D. 按不同板厚以水平投影面积计算

43. 现浇混凝土挑檐、雨篷与圈梁连接时，其工程量计算的分界线应为（　　　）。

A. 圈梁外边线
B. 圈梁内边线
C. 外墙外边线
D. 板内边线

44. 下列现浇混凝土板工程量计算规则中，正确的说法是（　　　）。

A. 天沟、挑檐按设计图示尺寸以面积计算
B. 雨篷、阳台板按设计图示尺寸以墙外部分体积计算
C. 现浇挑檐、天沟板与板连接时，以板的外边线为界
D. 雨篷、阳台板包括伸出墙外的阳台牛腿和雨篷反挑檐工程量

45. 现浇钢筋混凝土楼梯的工程量应按设计图示尺寸（　　　）。

A. 以体积计算，不扣除宽度小于 500mm 的楼梯井
B. 以体积计算，扣除宽度小于 500mm 的楼梯井
C. 以水平投影面积计算，不扣除宽度小于 500mm 的楼梯井
D. 以水平投影面积计算，扣除宽度小于 500mm 的楼梯井

46. 计算现浇混凝土楼梯工程量时，正确的做法是（　　　）。

A. 以斜面积计算
B. 扣除宽度小于 500mm 的楼梯井
C. 按面积计算时，伸入墙内部分不另增加
D. 整体楼梯不包括连接梁

47. 工程量按面积以平方米为计量单位计算的有（　　　）。

A. 现浇混凝土天沟
B. 现浇混凝土雨篷
C. 现浇混凝土板后浇带
D. 砖砌散水

48. 混凝土后浇带以体积计算，通常包括梁后浇带、板后浇带，还有（　　　）。

A. 墙后浇带
B. 雨篷后浇带
C. 柱后浇带
D. 楼梯后浇带

49. 根据《房屋建筑与装饰工程工程量计算规范》GB 50854—2013 规定，钢筋工程量的计算，正确的是（　　　）。

A. 碳素钢丝束采用镦头锚具时，其长度按孔道长度增加 0.30m 计算
B. 直径为 d 的 HPB300 光圆钢筋，端头 90°弯钩形式，其弯钩增加长度为 3.5d
C. 弯起钢筋增加的长度为 S—L，弯曲度数为 30°时，弯起增加长度为 0.414h
D. 钢筋混凝土梁柱的箍筋长度仅按梁柱设计断面外围周长计算

50. 计算装饰工程楼地面块料面层工程量时，应扣除（　　　）。

A. 凸出地面的设备基础      B. 间壁墙

C. 0.3m² 以内附墙烟囱      D. 0.3m² 以内柱

51. 工程量按体积计算的是(　　　)。

     A. 防腐混凝土面层      B. 防腐砂浆面层

     C. 块料防腐面层      D. 砌筑沥青浸渍砖

52. 根据《房屋建筑与装饰工程工程量计算规范》GB 50854—2013 的关于规定,计算墙体保温隔热工程量清单时,关于有门窗洞口且其侧壁需作保温的,正确的计算方法是(　　　)。

     A. 扣除门窗洞口所占面积,不计算其侧壁保温隔热工程量

     B. 扣除门窗洞口所占面积,计算其侧壁保温隔热工程量,将其并入保温墙体工程量内

     C. 不扣除门窗洞口所占面积,不计算其侧壁保温隔热工程量

     D. 不扣除门窗洞口所占面积,计算其侧壁保温隔热工程量

53. 根据《房屋建筑与装饰工程工程量计算规范》GB 50854—2013 规定,屋面及防水工程量计算,正确的说法是(　　　)。

     A. 瓦屋面、型材屋面按设计图示尺寸的水平投影面积计算

     B. 屋面刚性防水按设计图示尺寸以面积计算

     C. 地面砂浆防水按设计图示面积乘以厚度以体积计算

     D. 屋面天沟、檐沟按设计图示尺寸以长度计算

54. 根据《房屋建筑与装饰工程工程量计算规范》GB 50854—2013 规定,屋面防水工程量的计算,正确的是(　　　)。

     A. 平、斜屋面卷材防水均按设计图示尺寸以水平投影面积计算

     B. 屋面女儿墙、伸缩缝等处弯起部分卷材防水不另增加面积

     C. 屋面排水管设计未标注尺寸的,以檐口至地面散水上表面垂直距离计算

     D. 铁皮、卷材天沟按设计图示尺寸以长度计算

55. 根据《房屋建筑与装饰工程工程量计算规范》GB 50854—2013 若开挖设计长为 20m,宽 16m,深度为 0.8m 的土方,在清单中列项应为(　　　)。

     A. 平整场地      B. 挖沟槽

     C. 挖基坑      D. 挖一般土方

56. 根据《房屋建筑与装饰工程工程量计算规范》GB 50854—2013 在三类土中挖基坑不放坡的坑深可达(　　　)。

     A. 1.20m      B. 1.30m

     C. 1.50m      D. 2.0m

57. 根据《房屋建筑与装饰工程工程量计算规范》GB 50854—2013 关于土石方回填工程量计算,说法正确的是(　　　)。

     A. 回填土方项目特征应包括填方来源及运距

     B. 室内回填应扣除间隔墙所占体积

     C. 场地回填按设计回填尺寸以面积计算

     D. 基础回填不扣除基础垫层所占体积

58. 根据《房屋建筑与装饰工程工程量计算规范》GB 50854—2013 关于现浇混凝土柱高计算，说法正确的是（　　）。

　　A. 有梁板的柱高自楼板上表面至上一层楼板下表面之间的高度计算

　　B. 无梁板的柱高自楼板上表面至上一层楼板上表面之间的高度计算

　　C. 框架柱的柱高自柱基上表面至柱顶高度减去各层板厚的高度计算

　　D. 构造柱按全高计算

59. 根据《房屋建筑与装饰工程工程量计算规范》GB 50854—2013 房屋防水工程量计算，说法正确的是（　　）。

　　A. 斜屋面卷材防水，工程量按水平投影面积计算

　　B. 平屋面涂膜防水，工程量不扣除烟囱所占面积

　　C. 平屋面女儿墙弯起部分卷材防水不计算工程量

　　D. 平屋面伸缩缝卷材防水不计算工程量

60. 根据《房屋建筑与装饰工程工程量清单计价规范》GB 50584—2013，关于金属结构工程工程量计算的说法，错误的是（　　）。

　　A. 不扣除孔眼、切边、切肢的质量，焊条、铆钉、螺栓等质量不另增加

　　B. 钢管柱上牛腿的质量不增加

　　C. 压型钢板墙板，按设计图示尺寸以铺挂面积计算

　　D. 金属网栏按设计图示尺寸以面积计算

61. 根据《房屋建筑与装饰工程工程量清单计价规范》GB 50584—2013，关于金属结构工程量计算的说法，正确的是（　　）。

　　A. 钢吊车梁工程量包括制动梁、制动桁架工程量

　　B. 钢管柱按设计图示尺寸以质量计算，扣除加强环、内衬管工程量

　　C. 空腹钢柱按设计图示尺寸以长度计算

　　D. 实腹钢柱按图示尺寸的长度计算，牛腿和悬臂梁质量另计

62. 根据《房屋建筑与装饰工程工程量清单计价规范》GB 50584—2013，关于金属结构工程量计算，说法正确的是（　　）。

　　A. 钢管柱牛腿工程量列入其他项目中

　　B. 钢网架按设计图示尺寸以质量计算

　　C. 金属结构工程量应扣除孔眼、切边质量

　　D. 金属结构工程量应增加铆钉、螺栓质量

63. 根据《房屋建筑与装饰工程工程量清单计价规范》GB 50584—2013，关于厂库房大门工程量计算，说法正确的是（　　）。

　　A. 防护铁丝门按设计数量以质量计算

　　B. 金属格栅门按设计图示门框以面积计算

　　C. 钢制花饰大门按设计图示数量以质量计算

　　D. 全钢板大门按设计图示洞口尺寸以面积计算

64. 根据《房屋建筑与装饰工程工程量清单计价规范》GB 50584—2013，关于金属窗工程量计算，说法正确的是（　　）。

　　A. 彩板钢窗按设计图示尺寸以框外围展开面积计算

B. 金属纱窗按框的外围尺寸以面积计算

C. 金属百叶窗按框外围尺寸以面积计算

D. 金属橱窗按设计图示洞口尺寸以面积计算

65. 根据《房屋建筑与装饰工程工程量清单计价规范》GB 50584—2013，屋面及防水工程中变形缝的工程量应（    ）。

    A. 按设计图示尺寸以面积计算　　　　B. 按设计图示尺寸以体积计算

    C. 按设计图示以长度计算　　　　　　D. 不计算

66. 根据《房屋建筑与装饰工程工程量清单计价规范》GB 50584—2013，关于楼地面防水、防潮工程量计算，说法正确的是（    ）。

    A. 按设计图示尺寸以面积计算

    B. 按主墙间净面积计算，搭接和反边部分不计

    C. 反边高度≤300mm 部分不计算

    D. 反边高度>300mm 部分计入楼地面防水

67. 根据《房屋建筑与装饰工程工程量清单计价规范》GB 50584—2013，防腐、隔热、保温工程中保温隔热墙面的工程量应（    ）。

    A. 按设计图示尺寸以体积计算　　　　B. 按设计图示以墙体中心线长度计算

    C. 按设计图示以墙体高度计算　　　　D. 按设计图示尺寸以面积计算

68. 根据《房屋建筑与装饰工程工程量清单计价规范》GB 50584—2013，关于防腐工程量计算，说法正确的是（    ）。

    A. 隔离层平面防腐，门洞开口部分按图示面积计入

    B. 隔离层立面防腐，门洞口侧壁部分不计算

    C. 砌筑沥青浸渍砖，按图示水平投影面积计算

    D. 立面防腐涂料，门洞侧壁按展开面积并入墙面积内

69. 根据《房屋建筑与装饰工程工程量清单计价规范》GB 50584—2013，关于保温、隔热工程量计算，说法正确的是（    ）。

    A. 与天棚相连的梁的保温工程量并入顶棚工程量

    B. 与墙相连的柱的保温工程量按柱工程量计算

    C. 门窗洞口侧壁的保温工程量不计

    D. 梁保温工程量按设计图示尺寸以梁的中心线长度计算

70. 根据《房屋建筑与装饰工程工程量清单计价规范》GB 50584—2013，楼地面装饰装修工程的工程量计算，正确的是（    ）。

    A. 水泥砂浆楼地面整体面层按设计图示尺寸以面积计算，不扣除设备基础和室内地沟所占面积

    B. 石材楼地面按设计图示尺寸以面积计算，不考虑门洞开口部分所占面积

    C. 金属复合地板按设计图示尺寸以面积计算，门洞、空圈部分所占面积不另增加

    D. 水泥砂浆楼梯面按设计图示尺寸以楼梯（包括踏步、休息平台及500mm 以内的楼梯井）水平投影面积计算

71. 根据《房屋建筑与装饰工程工程量清单计价规范》GB 50584—2013，关于装饰装修工程量计算的说法，正确的是（    ）。

A. 石材墙面按图示尺寸以面积计算

B. 墙面装饰抹灰工程量应扣除踢脚线所占面积

C. 干挂石材钢骨架按设计图示尺寸以质量计算

D. 装饰板墙面按设计图示面积计算，不扣除门窗洞口所占面积

72. 根据《房屋建筑与装饰工程工程量清单计价规范》GB 50584—2013，关于顶棚装饰工程量计算，说法正确的是（    ）。

A. 灯带（槽）按设计图示尺寸以框外围面积计算

B. 灯带（槽）按设计图示尺寸以延长米计算

C. 送风口按设计图示尺寸以结构内边线面积计算

D. 回风口按设计图示尺寸以面积计算

73. 某建筑工程挖土方工程量需要通过现场签证核定，已知用斗容量为 1.5m³ 的轮胎式装载机运土 500 车，则挖土工程量应为（    ）。

A. 501.92m³

B. 576.92m³

C. 623.15m³

D. 750.00m³

74. 根据《房屋建筑与装饰工程工程量清单计价规范》GB 50584—2013，关于土方的项目列项或工程量计算正确的为（    ）。

A. 建筑物场地厚度为 350mm 的挖土应按平整场地项目列项

B. 挖一般土方的工程量通常按开挖虚方体积计算

C. 基础土方开挖需区分沟槽、基坑和一般土方项目分别列项

D. 冻土开挖工程量需按虚方体积计算

75. 根据《房屋建筑与装饰工程工程量清单计价规范》GB 50584—2013，对某建筑地基设计要求强夯处理，处理范围为 40.0m×56.0m，需要铺设 400mm 厚土工合成材料，并进行机械压实，正确的项目列项或工程量计算是（    ）。

A. 铺设土工合成材料的工程量为 896m³

B. 铺设土工合成材料的工程量为 2240m²

C. 强夯地基工程量按一般土方项目列项

D. 强夯地基工程量为 896m³

76. 根据《房屋建筑与装饰工程工程量清单计价规范》GB 50584—2013，关于地基处理工程量计算正确的为（    ）。

A. 振冲桩（填料）按设计图示处理范围以面积计算

B. 砂石桩按设计图示尺寸以桩长（不包括桩尖）计算

C. 水泥粉煤灰碎石桩按设计图示尺寸以体积计算

D. 深层搅拌桩按设计图示尺寸以桩长计算

77. 根据《房屋建筑与装饰工程工程量清单计价规范》GB 50584—2013，关于桩基础的项目列项或工程量计算正确的为（    ）。

A. 预制钢筋混凝土管桩试验桩应在工程量清单中单独列项

B. 预制钢筋混凝土方桩试验桩工程量应并入预制钢筋混凝土方桩项目

C. 现场截凿桩头工程量不单独列项，并入桩工程量计算

D. 挖孔桩土方按设计桩长（包括桩尖）以米计算

78. 根据《房屋建筑与装饰工程工程量清单计价规范》GB 50584—2013，关于实心砖墙高度计算的说法，正确的是(      )。

    A. 有屋架且室内外均有顶棚者，外墙高度算至屋架下弦底另加 100mm

    B. 有屋架且无顶棚者，外墙高度算至屋架下弦底另加 200mm

    C. 无屋架者，内墙高度算至顶棚底另加 300mm

    D. 女儿墙高度从屋面板上表面算至混凝土压顶下表面

79. 根据《房屋建筑与装饰工程工程量清单计价规范》GB 50584—2013，关于砖砌体工程量计算的说法，正确的是(      )。

    A. 空斗墙按设计尺寸墙体外形体积计算，其中门窗洞口立边的实砌部分不计入

    B. 空花墙按设计尺寸以墙体外形体积计算，其中空洞部分体积应予以扣除

    C. 实心砖柱按设计尺寸以柱体积计算，钢筋混凝土梁垫、梁头所占体积应予以扣除

    D. 空心砖围墙中心线长乘以高以面积计算

80. 根据《房屋建筑与装饰工程工程量清单计价规范》GB 50584—2013，关于砌块墙高度计算正确的为(      )。

    A. 外墙从基础顶面算至平屋面板底面

    B. 女儿墙从屋面板顶面算至压顶顶面

    C. 围墙从基础顶面算至混凝土压顶上表面

    D. 外山墙从基础顶面算至山墙最高点

81. 根据《房屋建筑与装饰工程工程量清单计价规范》GB 50584—2013，关于石砌体工程量计算的说法，正确的是(      )。

    A. 石台阶按设计图示水平投影面积计算

    B. 石坡道按水平投影面积乘以平均高度以体积计算

    C. 石地沟、明沟按设计图示以水平投影面积计算

    D. 一般石栏杆按设计图示尺寸以长度计算

82. 根据《房屋建筑与装饰工程工程量清单计价规范》GB 50584—2013，关于现浇混凝土梁工程量计算的说法，正确的是(      )。

    A. 圈梁区分不同断面按设计中心线长度计算

    B. 过梁工程不单独计算，并入墙体工程量计算

    C. 异形梁按设计图示尺寸以体积计算

    D. 拱形梁按设计拱形轴线长度计算

83. 根据《房屋建筑与装饰工程工程量清单计价规范》GB 50584—2013，关于现浇混凝土板工程量计算的说法，正确的是(      )。

    A. 空心板按图示尺寸以体积计算，扣除空心所占体积

    B. 雨篷板从外墙内侧算至雨篷板结构外边线按面积计算

    C. 阳台板按墙体中心线以外部图示面积计算

    D. 天沟板按设计图示尺寸中心线长度计算

84. 根据《房屋建筑与装饰工程工程量清单计价规范》GB 50584—2013，现浇混凝土楼梯的工程量应(      )。

A. 按设计图示尺寸以体积计算

B. 按设计图示尺寸以实际面积计算

C. 扣除宽度不小于 300mm 的楼梯井

D. 包含伸入墙内部分

85. 根据《房屋建筑与装饰工程工程量清单计价规范》GB 50584—2013，关于预制混凝土构件工程量计算，说法正确的是(    )。

A. 制组合屋架，按设计图示尺寸以体积计算，不扣除预埋铁件所占体积

B. 预制网架板，按设计图示尺寸以体积计算，不扣除孔洞占体积

C. 预制空心板，按设计图示尺寸以体积计算，不扣除空心板孔洞所占体积

D. 预制混凝土楼梯按设计图示尺寸以体积计算，不扣除空心踏步板空洞体积

86. 知某现浇钢筋混凝土梁长 6400mm，截面为 800mm×1200mm，设计用 φ12mm 箍筋，单位理论重量为 0.888kg/m，单根箍筋两个弯钩增加长度共 160mm，钢筋保护层厚为 25mm，箍筋间距为 200mm，则 10 根梁的箍筋工程量为(    )。

A. 1.112t                    B. 1.117t

C. 1.146t                    D. 1.193t

87. 某挖基础土方清单项目（拟采用人工开挖），基础垫层底长 8.0m、宽 5.0m，垫层支模板每侧工作面宽度为 300mm，垫层底面标高－3.3m，自然地坪面标高－0.3m，三类干土，该土方清单工程量为(    )。

A. 144.48m³                  B. 132.00m³

C. 120.00m³                  D. 190.57m³

88. 某建筑物室外地坪以下列一层，室外地坪以上八层，地下室建筑面积为 1000m²，地上建筑面积为 8000m²，其应套用的高层建筑增加费定额基价为 2549.44 元/100m²，则高层建筑增加费为(    )元。

A. 203955.2                  B. 76483.2

C. 50988.8                   D. 以上答案都不对

89. 某建筑采用现浇整体楼梯，楼梯共 3 层自然层，楼梯间净长 6m，净宽 4m，楼梯井宽 450mm，长 3m，则该现浇楼梯的混凝土工程量为(    )。

A. 22.65m²                   B. 24.00m²

C. 67.95m²                   D. 72.00m²

90. 一房间主墙间净空面积为 54.6m²，柱、垛所占面积为 2.4m²，门洞开口部分所占面积为 0.3m²，则该房间水泥砂浆地面工程量为(    )m²。

A. 52.20                     B. 52.76

C. 57.56                     D. 54.60

91. 某一预制钢筋混凝土桩截面 300mm×300mm，长 8.3m，含 0.3m 桩尖，则其制作工程量为(    )。

A. 0.72m³                    B. 0.729m³

C. 0.747m³                   D. 0.734m³

92. 某管沟工程，设计管底垫层宽度为 2000mm，开挖深度为 2.00m，管径为 1200mm，工作面宽为 400mm，管道中心线长为 180m，管沟土方工程量计算正确的

为( )。

A. 432m³                           B. 576m³

C. 720m³                           D. 1008m³

93. 平整场地项目适用于建筑场地厚度在( )cm以内的挖、填、运、找平等工作。

A. ±10                             B. ±20

C. ±30                             D. ±40

94. 根据《房屋建筑与装饰工程工程量计算规范》GB 50854—2013，满堂脚手架高度在3.6～5.2m之间时计算基本层，5.2m以外，每增加1.2m计算一个增加层，不足0.6m按一个增加层乘以系数0.5计算。某建筑物顶棚室内净高为9.2m，则按( )个增加层计算。

A. 1                               B. 2

C. 3                               D. 4

95. 某土方工程，设计挖土数量为15000m³，填土数量为3000m³，挖、填土考虑场内平衡，则其土方外运量为( )m³。

A. 3450                            B. 11550

C. 14250                           D. 12000

96. 某建筑物平面图、1-1剖面图如图所示，墙厚240mm，则按清单计价规定，人工场地平整工程量为( )。

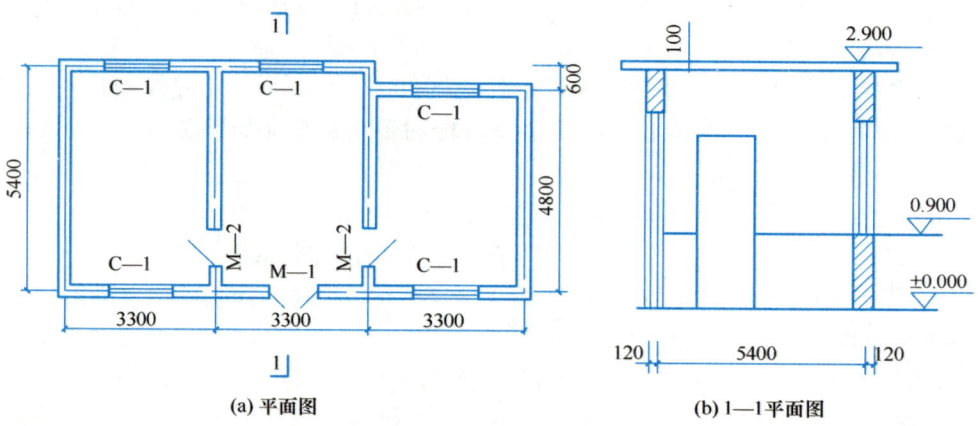

(a) 平面图                    (b) 1—1平面图

A. 134.33m²                        B. 55.21m²

C. 152.33m²                        D. 128.02m²

97. 某工程挖孔灌注桩，单根设计长度10m，总根数为168根，桩截面φ900mm，灌注混凝土强度等级C30，则挖孔桩土方清单工程量为( )。

A. 168根                           B. 10m

C. 1068.77m³                       D. 6.36m³

98. 根据《房屋建筑与装饰工程工程量计量规范》GB 50854—2013，若开挖设计长为20m、宽为6m、深度为0.8m的土方工程，在清单中列项应为( )。

A. 平整场地                        B. 挖沟槽

C. 挖基坑                          D. 挖一般土方

99. 土石方工程不包括(　　)。

A. 土方工程　　　　　　　　B. 石方工程

C. 回填　　　　　　　　　　D. 压实

100. 依据《房屋建筑与装饰工程工程量计算规范》GB 50854—2013，挖一般土方按(　　)尺寸以体积计算。

A. 土方方案　　　　　　　　B. 设计图示

C. 实际开挖　　　　　　　　D. 基础底面面积

101. 建筑物的场地平整工程量应(　　)。

A. 按实际体积计算

B. 按地下室面积计算

C. 按设计图示尺寸以建筑物首层面积计算

D. 按基坑开挖上口面积计算

102. 人工平整场地，挖填土方厚度在300mm以上时应按(　　)计算。

A. 沟槽挖土方　　　　　　　B. 平整场地

C. 挖土方　　　　　　　　　D. 基坑挖土方

103. 根据《房屋建筑与装饰工程工程量计算规范》GB 50854—2013，挖一般土方的工程量按设计图示尺寸以体积计算，挖土方平均厚度应按(　　)。

A. 交付施工场地标高至设计地坪标高间的平均厚度确定

B. 基础垫层底面标高至设计地坪标高间的平均厚度确定

C. 自然地面测量标高至设计地坪标高间的平均厚度确定

D. 基础垫层表面标高至设计地坪标高间的平均厚度确定

104. 挖一般土方的工程量按设计图示尺寸的体积计算。土石方体积应按挖掘前的(　　)计算。

A. 虚方体积　　　　　　　　B. 夯实后体积

C. 松填体积　　　　　　　　D. 天然密实体积

105. 挖基坑土方工程量，按设计图示尺寸以(　　)计算。

A. 基础底面积乘以挖土深度　　B. 基础垫层底面积乘以挖土深度

C. 基坑底面积乘以挖土深度　　D. 基础垫层底面积加工作面乘以挖土深度

106. 根据《房屋建筑与装饰工程工程量计算规范》GB 50854—2013，当土方开挖底长≤3倍底宽，且底面积≥150m²，开挖深度为0.8m时，清单项应列为(　　)。

A. 平整场地　　　　　　　　B. 挖一般土方

C. 挖沟槽土方　　　　　　　D. 挖基坑土方

107. 某建筑基础有100根钻孔灌注桩，设计桩长4.8m，断面直径为300mm，则总工程量为(　　)。

A. 33.91m³　　　　　　　　B. 35.68m³

C. 37.44m³　　　　　　　　D. 135.65m³

108. 以下关于砖基础长度的计算规则的说法正确的是(　　)。

A. 外墙按净长线，内墙按中心线计算

B. 外墙按中心线，内墙按净长线计算

    C. 外墙、内墙按中心线计算

    D. 外墙、内墙按净长线计算

109. 基础与墙身使用不同材料,位于设计室内地坪(　　)mm 以内时以不同材料为界,超过(　　)mm,应以设计室内地坪为界。

    A. ±55;±310　　　　　　　　　　B. ±100;±500

    C. ±150;±550　　　　　　　　　　D. ±300;±300

110. 砖基础工程量按设计图示尺寸以体积计算,不应扣除(　　)。

    A. 嵌入基础内的梁体积　　　　　　B. 大于 0.3m² 孔洞所占体积

    C. 嵌入基础的构造柱　　　　　　　D. 基础大放脚 T 形接头重叠部分体积

111. 砌筑工程中,砖基础的基础长度计算原则为(　　)。

    A. 外墙和内墙都按中心线计算

    B. 外墙和内墙都按净长线计算

    C. 外墙按中心线计算,内墙按净长线计算

    D. 外墙按净长线计算,内墙按中心线计算

112. 计算墙体工程量时墙的长度:外墙长度按外墙中心线计算,内墙按(　　)计算。

    A. 内墙中心线　　　　　　　　　　B. 内墙净长线

    C. 外墙外围线　　　　　　　　　　D. 外墙中心线

113. 下面关于实心砖墙高度计算的说法正确的是(　　)。

    A. 外墙无顶棚者算至屋架下弦底另加 200mm

    B. 内墙位于屋架下弦者,算至屋架下弦底另加 100mm

    C. 女儿墙从屋面板下表面算至女儿墙顶面

    D. 内、外山墙按其平均高度计算

114. 下列哪个选项(　　)按设计图示尺寸以体积计算,且扣除混凝土及钢筋混凝土梁垫、梁头板头所占体积。

    A. 实心砖柱　　　　　　　　　　　B. 砌块柱

    C. 零星砌砖　　　　　　　　　　　D. 空心砖柱

115. 根据《房屋建筑与装饰工程工程量计算规范》GB 50854—2013,下列关于零星砌砖项目中的砖砌台阶工程量的计算,说法正确的是(　　)。

    A. 按实砌体积并入基础工程量中计算

    B. 按砌筑纵向长度以米计算

    C. 按图示尺寸水平投影面积以平方米计算

    D. 按设计图示尺寸体积以立方米计算

116. 关于零星砌砖项目工程量的计算描述,表述错误的是(　　)。

    A. 以立方米计量,按设计图示尺寸截面面积加上长度计算

    B. 以平方米计量,按设计图示尺寸水平投影面积计算

    C. 以个计量,按设计图示数量计算

    D. 以米计量,按设计图示尺寸长度计算

117. 下列说法不正确的是(　　)。

    A. 砖散水(地坪)按设计图示尺寸以面积计算

B. 砖地沟（明沟）按设计图示以中心线长度计算

C. 砖砌挖孔桩护壁按设计图示尺寸以面积计算

D. 砖检查井以座为单位，按设计图示数量计算

118. （　　　）主要有墙和柱。

A. 砖砌体
B. 砖块砌体
C. 石材砌体
D. 配筋砌体

119. 根据《房屋建筑与装饰工程工程量计算规范》GB 50854—2013，现浇混凝土基础不包括（　　　）项目。

A. 带形基础
B. 毛石混凝土基础
C. 设备基础
D. 满堂基础

120. 关于现浇混凝土梁梁长的计算规定的描述，说法错误的是（　　　）。

A. 伸入墙内的梁头体积并入梁体积内计算

B. 主梁与次梁连接时，次梁长算至主梁侧面

C. 伸入墙内的梁垫体积并入砖体积内计算

D. 梁与柱连接时，梁长算至柱侧面

121. 短肢剪力墙是指截面厚度不大于（　　　），各肢截面高度与厚度之比的最大值大于 4 但不大于 8 的剪力墙。

A. 100mm
B. 200mm
C. 300mm
D. 400mm

122. 根据《建设工程工程量清单计价规范》G8 50854—2013，当整体楼梯与现浇楼板无梯梁连接时，以楼梯的最后一个踏步边缘加（　　　）为界。

A. 400mm
B. 300mm
C. 200mm
D. 100mm

123. 根据《房屋建筑与装饰工程工程量计算规范》GB 50854—2013，现浇混凝土柱的工程量按设计图示尺寸以体积计算，在计算柱高时，说法错误的是（　　　）。

A. 各类板伸入墙内的板头并入板体积内计算

B. 依附柱上的牛腿并入柱身体积内计算

C. 无梁板的柱高应自柱基上表面算至柱帽上表面之间的高度计算

D. 框架柱的柱高应自柱基上表面算至柱顶

124. 石砌体的工程量，不按体积计算的是（　　　）。

A. 石勒脚
B. 石坡道
C. 石护坡
D. 石基础

125. 石砌体的工程量，按面积计算的是（　　　）。

A. 石栏杆
B. 石挡土墙
C. 垫层
D. 石坡道

126. 基础与墙身使用不同材料，位于设计室内地面高度≤±300mm 时以（　　　）为分界线。

A. 不同材料
B. 设计室内地面
C. 设计室外地面
D. 实际室内地坪

127. 根据《房屋建筑与装饰工程工程量计算规范》GB 50854—2013，实心砖墙的工程量按设计图示尺寸以体积计算，应扣除( )。

    A. 圈梁
              B. 板头

    C. 梁头
              D. 木砖

128. 实心砖墙的工程量按设计图示尺寸以体积计算，不应扣除的部分是( )。

    A. 洞口
               B. 圈梁

    C. 挑梁
              D. 梁头

129. 根据《房屋建筑与装饰工程工程量计算规范》GB 50854—2013，建筑基础与墙体均为砖砌体，且有地下室，则基础与墙体的划分界限为( )。

    A. 室内地坪设计标高
        B. 室外地面设计标高

    C. 地下室地面设计标高
        D. 自然地面标高

130. 根据《房屋建筑与装饰工程工程量计算规范》GB 50854—2013，对于砌块墙砌筑，下列说法正确的是( )。

    A. 砌块上、下错缝不满足搭砌要求时应加两根 $\phi 8$ 钢筋拉结

    B. 错缝搭接拉结钢筋工程量不计

    C. 垂直灰缝灌注混凝土工程量不计

    D. 垂直灰缝宽大于 30mm 时应采用 C20 细石混凝土灌实

131. 根据《房屋建筑与装饰工程工程量计算规范》GB 50854—2013，石砌体工程量计算正确的为( )。

    A. 石台阶项目包括石梯带和石梯膀

    B. 石坡道按设计图示尺寸以水平投影面积计算

    C. 石护坡按设计图示尺寸以垂直投影面积计算

    D. 石挡土墙按设计图示尺寸以挡土面积计算

132. 根据《房屋建筑与装饰工程工程量计算规范》GB 50854—2013，现浇钢筋混凝土楼梯的工程量计算规则，正确的计算规则是( )。

    A. 弧形楼梯扣除宽度小于 500mm 的楼梯井

    B. 弧形楼梯伸入墙内部分应计算

    C. 整体楼梯按水平投影面积计算，包括平台梁和楼梯的连接梁

    D. 整体楼梯与现浇楼板无梯梁连接时，以楼梯的最后一个踏步边缘为界

133. 依据《房屋建筑与装饰工程工程量计算规范》GB 50854—2013，现浇混凝土板中，工程量按设计图示尺寸以体积计算的是( )。

    A. 平板、拱板、薄壳板
      B. 雨篷、阳台板

    C. 有梁板、平板、阳台板
      D. 天沟、挑檐板、悬挑板

134. 若现浇混凝土梁、板支撑高度超过( )时，项目特征应描述支撑高度。

    A. 1.5m
              B. 2.2m

    C. 3.6m
              D. 4.8m

135. 根据《房屋建筑与装饰工程工程量计算规范》GB 50854—2013，现浇钢筋混凝土楼梯的工程量计算规则，错误的计算规则是( )。

    A. 弧形楼梯应当扣除宽度±500mm 的楼梯井

B. 整体楼梯水平投影面积包括休息平台、平台梁、斜梁和楼梯的连接梁

C. 现浇钢筋混凝土楼梯以立方米计量，按设计图示尺寸以体积计算

D. 当整体楼梯与现浇楼板无梯梁连接时，以楼梯的最后一个踏步边缘加 300mm 为界

136. 依据《房屋建筑与装饰工程工程量计算规范》GB 50854—2013，现浇混凝土板中，工程量按设计图示尺寸以墙外部分体积计算的是(　　)。

A. 有梁板
B. 无梁板
C. 薄壳板
D. 阳台板

137. 碳素钢丝采用锥形锚具，孔道长度在(　　)以内时，钢丝束长度按孔道长度增加 1m 计算。

A. 12m
B. 15m
C. 18m
D. 20m

138. 常见钢筋弯钩的形式有三种，不包括(　　)。

A. 直弯钩
B. 圆弯钩
C. 半圆弯钩
D. 斜弯钩

139. 碳素钢丝采用锥形锚具，孔道长度超过 20m 时，钢丝束长度按孔道长度增加(　　)计算。

A. 1m
B. 1.5m
C. 1.8m
D. 3.5m

140. 根据《房屋建筑与装饰工程工程量计算规范》GB 50854—2013 的规定，碳素钢丝采用锥形锚具，孔道长度在 20m 以内时，钢丝束长度按孔道长度增加(　　)m 计算。

A. 1
B. 1.5
C. 1.8
D. 2

141. 混凝土结构中的纵向受压钢筋，当计算中充分利用其抗压强度时，锚固长度不应小于相应受拉锚固长度的(　　)。

A. 60%
B. 85%
C. 75%
D. 70%

142. 构件中的纵向受压钢筋，当采用搭接连接时，在任何情况下其受压搭接长度不应小于(　　)。

A. 150mm
B. 200mm
C. 250mm
D. 300mm

143. 电缆沟、地沟，按设计图示以(　　)计算。

A. 中心线长度
B. 面积
C. 体积
D. 深度

144. 根据《房屋建筑与装饰工程工程量计算规范》GB 50854—2013，现浇混凝土其他构件中按设计图示尺寸以水平投影面积计算的包括(　　)。

A. 电缆沟、地沟
B. 室外地坪
C. 化粪池、检查井
D. 扶手、压顶

145. 根据《房屋建筑与装饰工程工程量计算规范》GB 50854—2013，工程量按面积以平方米为计量单位计算的有(　　)。

A. 砖地沟　　　　　　　　　　　B. 砖散水

C. 现浇混凝土板后浇带　　　　　D. 现浇混凝土雨篷

146. 根据《房屋建筑与装饰工程工程量计算规范》GB 50854—2013，后张法预应力钢筋混凝土梁长 6m，留设直线孔道，选用低合金钢筋作预应力筋，一端采用帮条锚具，另一端采用镦头插片，则预应力钢筋单根长度为(　　　)m。

A. 5.65　　　　　　　　　　　　B. 6.00

C. 6.15　　　　　　　　　　　　D. 6.30

147. 根据《房屋建筑与装饰工程工程量计算规范》GB 50854—2013，现浇混凝土过梁工程量计算正确的是(　　　)。

A. 伸入墙内的梁头计入梁体积

B. 墙内部分的梁垫按其他构件项目列项

C. 梁内钢筋所占体积予以扣除

D. 按设计图示中心线计算

148. 根据《房屋建筑与装饰工程工程量计算规范》GB 50854—2013，现浇混凝土雨篷工程量计算正确的为(　　　)。

A. 并入墙体工程量，不单独列项

B. 按水平投影面积计算

C. 按设计图示尺寸以墙外部分体积计算

D. 扣除伸出墙外的牛腿体积

149. 根据《房屋建筑与装饰工程工程量计算规范》GB 50854—2013，现浇混凝土构件工程量计算正确的为(　　　)。

A. 坡道按设计图示尺寸以"m³"计算

B. 架空式台阶按现浇楼梯计算

C. 室外地坪按设计图示面积乘以厚度以"m³"计算

D. 地沟按设计图示结构截面面积乘以中心线长度以"m³"计算

150. 根据《房屋建筑与装饰工程工程量计算规范》GB 50854—2013，预制混凝土三角形屋架应(　　　)。

A. 按组合屋架列项　　　　　　　B. 按薄腹屋架列项

C. 按天窗屋架列项　　　　　　　D. 按折线形屋架列项

151. 根据《房屋建筑与装饰工程工程量计算规范》GB 50854—2013，依附在钢柱上的牛腿及悬臂梁等并入(　　　)工程量内。

A. 短梁　　　　　　　　　　　　B. 钢梁

C. 钢柱　　　　　　　　　　　　D. 短柱

152. 根据《房屋建筑与装饰工程工程量计算规范》GB 50854—2013，屋面防水工程量的计算规则，正确的是(　　　)。

A. 屋面天沟、檐沟按设计图示尺寸以长度计算

B. 屋面排水管设计未标注尺寸的，以屋顶至地面散水上表面垂直距离计算

C. 屋面金属排水管按设计图示尺寸以质量计算

D. 屋面涂膜防水的屋面伸缩缝处的弯起部分应增加面积

153. 根据《房屋建筑与装饰工程工程量计算规范》GB 50854—2013，屋面防水工程量计算正确的为（　　）

　　A. 斜屋面按水平投影面积计算

　　B. 女儿墙处弯起部分应单独列项计算

　　C. 防水卷材搭接用量不另行计算

　　D. 屋面伸缩缝弯起部分单独列项计算

154. 下列木构件中不是以体积作为计量单位的有（　　）。

　　A. 木楼梯　　　　　　　　　　B. 木柱

　　C. 木梁　　　　　　　　　　　D. 棕木

155. 木构件工程量计算中错误的是（　　）。

　　A. 木梁按设计图示尺寸以体积计算

　　B. 木楼梯按设计图示尺寸以水平投影面积计算

　　C. 木檩条以立方米计量时，按设计图示尺寸以体积计算

　　D. 木柱按设计图示尺寸以长度计算

156. 根据《房屋建筑与装饰工程工程量计算规范》GB 50854—2013，在工程量计算中，锚杆计量的单位是（　　）。

　　A. 延长米　　　　　　　　　　B. t

　　C. m　　　　　　　　　　　　D. $m^2$

157. 以下叙述错误的是（　　）。

　　A. 金属旗杆以"根"为单位计量　　B. 灯箱以"个"为单位计量

　　C. 信报箱以"台"为单位计量　　　D. 有机玻璃字以"个"为单位计量

158. 以下表述有误的是（　　）。

　　A. 镜面玻璃按设计图示尺寸以边框外围面积计算

　　B. 织锦缎裱糊按设计图示尺寸以面积计算

　　C. 墙面喷刷涂料按设计图示尺寸以面积计算

　　D. 玻璃雨篷按设计图示尺寸以面积计算

159. 以下叙述不正确的是（　　）。

　　A. 线条油漆的工程量按设计图示尺寸以长度计算

　　B. 门油漆工程量以樘计量，按设计图示数量计量

　　C. 木扶手工程量按设计图示尺寸以长度计算

　　D. 金属面油漆工程量以立方米计量，按设计图示尺寸以体积计算

160. 下列工程量的计算，应按设计图示尺寸以长度计算的是（　　）。

　　A. 木材构件喷刷防火涂料　　　　B. 抹灰线条油漆

　　C. 满刮腻子　　　　　　　　　　D. 顶棚喷刷涂料

161. 以下工程量的计算，应按设计图示尺寸以面积计算的是（　　）。

　　A. 抹灰线条油漆　　　　　　　　B. 木扶手

　　C. 抹灰面油漆　　　　　　　　　D. 线条刷涂料

162. 下列选项中，（　　）以"根"为单位计量。

　　A. 金属旗杆　　　　　　　　　　B. 竖式标箱

C. 开孔                              D. 有机玻璃字

163. 关于暖气置的描述不正确的是（      ）。

A. 暖气罩包括饰面板暖气置、塑料板暖气置、金属暖气置

B. 金属暖气罩按设计图示尺寸以垂直投影面积（不展开）计算

C. 塑料板暖气置按设计图示尺寸以垂直投影面积（展开）计算

D. 面板暖气罩按设计图示尺寸以垂直投影面积（不展开）计算

164. ［2019 年广西］关于砌工程量一般规则，墙体工程量按设计图示尺寸以体积计算。凸出墙面的（      ）并入墙体体积内计算。

A. 门窗套                          B. 压顶

C. 砖垛                            D. 腰线

165. ［2019 年广西］建筑物地面防水、防潮层工程量按主墙间净空面积计算，与墙面连接处上卷高度在（      ）以内者按展开面积计算，并入平面工程量内，超过该高度时，按立面防水层计算。

A. 250mm                           B. 300mm

C. 50m                             D. 600mm

166. ［2019 年广西］定额规定满堂脚手架基本层实高按 3.6m 计算，增加层实高按 1.2m 计算，基本层操作高度按 5.2m 计算。某建筑物室内净高为 9.2m，则按（      ）个增加层计算。

A. 1                               B. 2

C. 3                               D. 4

167. ［2019 年广西］计算板模板时，应扣除（      ）所占的面积。

A. 柱

B. 后浇带

C. 墙

D. 单孔面积在 0.3m² 以上的孔洞

168. ［2019 年广西］装配式混凝土结构工程中依附于外墙板制作的凸（飘）窗安装套（      ）。

A. 外墙板安装定额

B. 分别套凸（飘）窗和外墙板安装定额

C. 凸（飘）窗安装定额

D. 阳台板安装定额

169. ［2019 年广西］楼梯的砂浆面层定额中，未包括的内容是（      ）。

A. 踏步抹灰                        B. 砂浆踢脚线

C. 板底抹灰                        D. 梯段侧面抹灰

170. ［2019 年安徽］内墙面抹灰工程量计算时，以下说法不正确的是（      ）。

A. 不扣除各种踢脚线所占面积

B. 墙上梁凸出墙面时，凸出部分按梁抹灰以展开面积计算

C. 附墙柱凸出墙面部分并入相应的墙面计算

D. 应扣除门窗洞口、但洞口侧壁不加

171. ［2019年安徽］关于砖砌体项目中，基础与墙（柱）身的划分，下列说法错误的是（　　）。

　　A. 基础与柱身使用同一种材料时，以柱基上表面为界，以下为基础，以上为柱身

　　B. 基础与墙身使用不同材料时，位于设计室内地面高度≤±300mm时，以不同材料为分界线，高度＞±300mm时，以设计室内地面为分界线

　　C. 砖围墙以设计室外地坪为界，以下为基础，以上为墙身

　　D. 基础与墙身使用同一种材料时，以设计室内地面为界，以下为基础，以上为墙身

**二、多项选择题**（每题的备选项中，有2个或2个以上符合题意，至少有1个错项）

1. 土石方工程包括哪些（　　）。

　　A. 土方工程　　　　　　　　B. 石方工程

　　C. 压实　　　　　　　　　　D. 回填

　　E. 挖基坑石方

2. 关于预制钢筋混凝土方桩计量的描述，正确的是（　　）。

　　A. 以米计量，按设计图示尺寸以桩长（包括桩尖）计算以根计量，按设计图示以桩长（包括桩尖）计算

　　B. 以立方米计量，按设计图示截面面积乘以桩长（包括桩尖）以实体积计算

　　C. 以根计量，按设计图示数量计算

　　D. 以米计量，按设计图示尺寸以桩长（不包括桩尖）计算

　　E. 按图示尺寸以质量计算

3. 根据工程需要和土质要求，高压喷射注浆法在施工时可采用（　　）。

　　A. 单管法　　　　　　　　　B. 双重管法

　　C. 三重管法　　　　　　　　D. 组合管法

　　E. 多重管法

4. 振冲桩（填料）计算工程量，其计量规则为（　　）。

　　A. 以米计量，按设计图示尺寸以桩长计算

　　B. 以米计量，按设计图示尺寸以桩长（包括桩尖）计算

　　C. 以立方米计量，按设计桩截面乘以桩长以体积计算

　　D. 以立方米计量，按设计桩截面乘以桩长（包括桩尖）以体积计算

　　E. 以米计量，按设计图示尺寸以钻孔深度计算

5. 根据《房屋建筑与装饰工程工程量计算规范》GB 50854—2013，下列关于地基处理与边坡支护工程，工程量清单计算规则，说法错误的有（　　）。

　　A. 强夯地基工程量，按设计图示处理范围以面积计算

　　B. 锚杆（锚索）工程量，可按设计图示尺寸以杆体长度计算

　　C. 振冲桩（填料）工程量，可按设计图示尺寸的桩长以米计算

　　D. 圆木桩工程量，可按设计图示尺寸以桩长计算，也可以按设计图示数量计算

　　E. 钢板桩工程量以吨计量时，可按设计图示尺寸以质量计算，也可按设计图示尺寸的体积以立方米计算

6. 下列关于实心砖墙高度计算的说法，错误的是（　　）。

    A. 外墙无顶棚者算至屋架下弦底另加 200mm

    B. 内、外山墙按其平均高度计算

    C. 女儿墙从屋面板下表面算至女儿墙顶面

    D. 外墙无顶棚者算至屋架下弦底另加 300mm

    E. 内墙位于屋架下弦者,算至屋架下弦底另加 100mm

7. 砖基础工程量按设计图示尺寸以体积计算,应扣除(　　)。

    A. 基础大放脚 T 形接头重叠部分体积

    B. 嵌入基础的构造柱

    C. 基础砂浆防潮层

    D. 大于 0.3m² 孔洞所占体积

    E. 嵌入基础内的梁体积

8. 砖基础工程量按设计图示尺寸以体积计算,不应扣除的部分包括(　　)。

    A. 基础砂浆防潮层

    B. 嵌入基础的构造柱

    C. 嵌入基础内的梁体积

    D. 基础大放脚 T 形接头重叠部分体积

    E. 大于 0.3m² 孔洞所占体积

9. 根据《房屋建筑与装饰工程工程量计算规范》GB 50854—2013,实心砖墙的工程量按设计图示尺寸以体积计算,不应扣除(　　)。

    A. 垫木　　　　　　　　　　B. 挑梁

    C. 门窗　　　　　　　　　　D. 圈梁

    E. 门窗走头

10. 砖基础工程量计算正确的有(　　)。

    A. 按设计图示尺寸以体积计算

    B. 扣除大放脚 T 形接头处的重叠部分

    C. 内墙基础长度按净长线计算

    D. 材料相同时,基础与墙身划分通常以设计室内地面为界

    E. 基础工程量不扣除构造柱所占体积

11. 根据《房屋建筑与装饰工程工程量计算规范》GB 50854—2013,下列分部分项工程中,(　　)是以 m³ 为计量单位的。

    A. 现浇混凝土天沟　　　　　B. 现浇混凝土雨篷

    C. 现浇混凝土板后浇带　　　D. 砖散水

    E. 墙面变形缝

12. 根据《房屋建筑与装饰工程工程量计算规范》GB 50854—2013,现浇混凝土板清单工程量计算正确的有(　　)。

    A. 压形钢板混凝土楼板扣除钢板所占体积

    B. 空心板不扣除空心部分体积

    C. 雨篷反挑檐的体积并入雨篷内并计算

    D. 悬挑板不包括伸出墙外的牛腿体积

E. 挑檐板按设计图示尺寸以体积计算

13. 现浇混凝土基础计算体积时，不扣除（　　　）的体积。

A. 构件内钢筋　　　　　　　　　B. 构件内预埋铁件

C. 深入承台基础的桩头　　　　　D. 孔洞

E. 设备基础

14. 石砌体的工程量。按体积计算的有（　　　）。

A. 石台阶　　　　　　　　　　　B. 石基础

C. 石勒脚　　　　　　　　　　　D. 石地沟

E. 石坡道

15. 现浇混凝土梁梁长按（　　　）规定。

A. 梁与柱连接时，梁长算至柱侧面

B. 主梁与次梁连接时，次梁长算至主梁侧面

C. 伸入墙内的梁头、梁垫体积并入梁体积内计算

D. 伸入墙内的梁头体积并入梁体积内计算

E. 伸入墙内的梁垫体积并入砖体积内计算

16. 根据《房屋建筑与装饰工程工程量计算规范》GB 50854—2013，现浇混凝土柱的工程量按设计图示尺寸以体积计算，在计算柱高时，正确的说法是（　　　）。

A. 有梁板的柱高应自柱基上表面至柱帽下表面之间的高度计算

B. 依附柱上的牛腿并入柱身体积内计算

C. 构造柱按全高计算

D. 框架柱的柱高应自柱基上表面算至柱顶

E. 无梁板的柱高应自柱基上表面算至柱帽上表面之间的高度计算

17. 现浇混凝土板中，工程量按设计图示尺寸以墙外部分体积计算的是（　　　）。

A. 挑檐板　　　　　　　　　　　B. 平板

C. 悬挑板　　　　　　　　　　　D. 阳台板

E. 雨篷

18. 根据《房屋建筑与装饰工程工程量计算规范》GB 50854—2013，现浇钢筋混凝土楼梯的工程量计算规则，正确的计算规则是（　　　）。

A. 以平方米计量，按设计图示尺寸以水平投影面积计算，不扣除宽度≤500mm 的楼梯井，伸入墙内部分不计算

B. 整体楼梯按水平投影面积计算，不包括平台和斜梁

C. 整体楼梯按水平投影面积计算，包括平台梁和楼梯的连接梁

D. 整体楼梯与现浇楼板无梯梁连接时，以楼梯的最后一个踏步边缘为界

E. 现浇钢筋混凝土楼梯以立方米计量，按设计图示尺寸以体积计算

19. 弯起钢筋的弯曲度数有（　　　）。

A. 30°　　　　　　　　　　　　B. 45°

C. 60°　　　　　　　　　　　　D. 75°

E. 90°

20. 下列木结构工程量计算中，说法有误的是（　　　）。

A. 木梁按设计图示以重量计算

B. 木楼梯按设计图示尺寸以水平投影面积计算

C. 木柱按设计图示以长度计算

D. 木檩条以立方米计量时，按设计图示尺寸以体积计算

E. 木檩条以米计量时，按设计图示尺寸以长度计算

21. 以下工程量的计算中，应按设计图示尺寸以长度计算的是(    )。

A. 屋面天沟           B. 屋面排（透）气管

C. 屋面变形缝         D. 墙面变形缝

E. 薄钢板

22. 工程量的计算中，按设计图示以长度计算的是(    )。

A. 门窗贴脸            B. 墙面变形缝

C. 楼面变形缝         D. 膜结构屋面

E. 屋面变形缝

23. 根据《房屋建筑与装饰工程工程量计算规范》GB 50854—2013，有关防腐、隔热、保温工程工程量的计算，正确的有(    )。

A. 防腐涂料等按设计图示尺寸以面积计算

B. 聚氯乙烯面层、块料防腐面层按设计图示尺寸以面积计算

C. 保温隔热屋面、隔热楼地面按设计图示尺寸以面积计算，扣除柱、垛所占面积

D. 保温柱按设计图示尺寸以体积计算

E. 保温隔热墙按设计图示尺寸以面积计算，不扣除门窗洞口所占面积

24. 踢脚线不包括(    )。

A. 水泥砂浆踢脚线      B. 石材踢脚线

C. 块料踢脚线         D. 旧浇水磨石踢脚线

E. 塑木板踢脚线

25. 下列(    )选项符合工程量计算规则。

A. 踢脚按墙体的轴线长度以延长米计算，不扣除门窗洞口所占长度

B. 台阶按图示水平投影面积以平方米计算

C. 卷帘门窗按门窗洞口面积以平方米计算

D. 现浇混凝土整体楼梯按设计图示的水平投影面积计算，包括休息平台、平台梁、斜梁和连接梁

E. 散水、坡道按设计图示尺寸以长度计算

26. 下列说法中正确无误的是(    )。

A. 隔断按设计图示框外围尺寸以面积计算

B. 墙饰面按设计图示尺寸以面积计算

C. 全玻璃幕墙按设计图示尺寸以面积计算

D. 墙面装饰浮雕按设计图示尺寸以面积计算

E. 楼梯装饰按设计图示尺寸以楼梯水平投影面积计算

27. 下列说法正确的是(    )。

A. 门油漆工程量以樘计量，按设计图示数量计算

B. 金属面油漆工程量可以吨计量，按设计图示尺寸以质量计算

C. 金属面油漆工程量以立方米计量，按设计图示尺寸以体积计算

D. 窗油漆工程量以平方米计量，按设计图示洞口尺寸以面积计算

E. 木扶手工程量按设计图示尺寸以长度计算

28. 下列工程量的计算，应按设计图示尺寸以面积计算的有（　　）。

A. 抹灰面油漆　　　　　　　　B. 墙面喷刷涂料

C. 满刮腻子　　　　　　　　　D. 抹灰线条油漆

E. 顶棚喷刷涂料

29. 关于暖气罩的描述正确的是（　　）。

A. 暖气罩包括饰面板暖气罩、塑料板暖气罩、金属暖气罩

B. 面板暖气罩按设计图示尺寸以垂直投影面积（展开）计算

C. 塑料板暖气罩按设计图示尺寸以垂直投影面积（展开）计算

D. 金属暖气罩按设计图示尺寸以垂直投影面积（不展开）计算

E. 面板暖气罩按设计图示尺寸以垂直投影面积（不展开）计算

30. 以下关于美术字的说法有误的是（　　）。

A. 木质字按设计图示数量计算，以"根"为单位计量

B. 泡沫塑料字按设计图示数量计算，以"只"为单位计量

C. 有机玻璃字按设计图示数量计算，以"个"为单位计量

D. 吸塑字按设计图示数量计算，以"个"为单位计量

E. 金属字按设计图示数量计算，以"块"为单位计量

31. 下列说法正确的是（　　）。

A. 玻璃雨篷按设计图示尺寸以面积计算

B. 面板暖气罩按设计图示尺寸以垂直投影面积（展开）计算

C. 顶棚喷刷涂料按设计图示尺寸以面积计算

D. 镜面玻璃按设计图示尺寸以边框外围面积计算

E. 雨篷吊挂饰面按设计图示尺寸以水平投影面积计算

32. 下列说法准确无误的是（　　）。

A. 信报箱以"台"为单位计量

B. 竖式标箱以"个"为单位计量

C. 金属旗杆以"根"为单位计量

D. 泡沫塑料字以"只"为单位计量

E. 玻璃雨篷按设计图示尺寸以"平方米"为单位计量

33. 以下关于窗帘的说法准确无误的是（　　）。

A. 窗帘工程量以米计量，按设计图示尺寸以成活后长度计算

B. 当窗帘若是双层，项目特征必须描述每层材质

C. 窗帘工程量以平方米计量，按图示尺寸以成活后展开面积计算

D. 当窗帘以米计量，项目特征必须描述窗帘高度

E. 以上选项都对

34. 有关门窗工程的工程量计算中，按设计图示尺寸以长度计算的是（　　）。

A. 窗台板

B. 窗帘轨

C. 窗帘盒

D. 门窗套

E. 金属窗

35. 根据《房屋建筑与装饰工程工程量计算规范》GB 50854—2013 规定，以下关于措施项目工程量计算，说法正确的有(　　)。

A. 垂直运输费用，按施工工期日历天数计算

B. 大型机械设备进出场及安拆，按使用数量计算

C. 施工降水成井，按设计图示尺寸以钻孔深度计算

D. 超高施工增加，按建筑物总建筑面积计算

E. 悬挑脚手架按搭设的水平投影面积计算

36. 为有利于措施费的确定和调整，根据《建设工程工程量清单计价规范》GB 50500—2013，适宜采用单价措施项目计价的有(　　)。

A. 夜间施工增加费

B. 二次搬运费

C. 施工排水、降水费

D. 超高施工增加费

E. 垂直运输费

37. 根据《建设工程工程量清单计价规范》GB 50500—2013，下列属于分部分项工程项目清单五要件的有(　　)。

A. 项目编码

B. 项目名称

C. 项目特征

D. 计量单位

E. 工程量计算式

38. 根据《房屋建筑与装饰工程工程量计算规范》GB 50854—2013，实心砖墙的工程量按设计图示尺寸以体积计算，不应扣除(　　)。

A. 垫木

B. 挑梁

C. 门窗

D. 圈梁

E. 门窗走头

39. 根据《房屋建筑与装饰工程工程量计算规范》GB 50854—2013，下列分部分项工程中，(　　)是以 $m^3$ 为计量单位的。

A. 现浇混凝土天沟

B. 现浇混凝土雨棚

C. 现浇混凝土板后浇带

D. 砖散水

E. 墙面变形缝

40. 以下(　　)按设计图示尺寸以体积计算，且扣除混凝土及钢筋混凝土梁垫、梁头板头所占体积。

A. 空心砖柱

B. 实心砖柱

C. 零星砌砖

D. 砌块柱

E. 多孔砖柱

41. 下列关于零星砌砖项目工程量的计算，说法正确的是(　　)。

A. 以 $m^3$ 计量，按设计图示尺寸截面面积乘以长度计算

B. 以个计量，按设计图示数量计算

C. 砖砌锅台与炉灶可按外形尺寸以米计算

D. 以 m 计量，按设计图示尺寸长度计算

E. 以 m² 计量，按设计图示尺寸水平投影面积计算

42. 以下说法正确的是（　　）。

A. 砖散水（地坪）按设计图示尺寸以面积计算

B. 砖地沟（明沟）按设计图示以中心线长度计算

C. 砖砌挖孔桩护壁按设计图示尺寸以体积计算

D. 砖检查井以座为单位，按设计图示数量计算

E. 砖地沟（明沟）按设计图示尺寸以体积计算

43. 根据《房屋建筑与装饰工程工程量计算规范》GB 50854—2013，现浇混凝土基础包括（　　）。

A. 带形基础      B. 独立基础

C. 设备基础      D. 刚性基础

E. 桩承台基础

44. 石砌体的工程量，按体积计算的有（　　）。

A. 石台阶      B. 石基础

C. 石勒脚      D. 石地沟

E. 石坡道

45. 依据《房屋建筑与装饰工程工程量计算规范》GB 50854—2013，现浇混凝土板中，工程量按设计图示尺寸以体积计算的是（　　）。

A. 有梁板      B. 无梁板

C. 平板      D. 栏板

E. 地沟

46. 现浇混凝土板中，工程量按设计图示尺寸以墙外部分体积计算的是（　　）。

A. 挑檐板      B. 平板

C. 悬挑板      D. 阳台板

E. 雨篷

47. 根据《房屋建筑与装饰工程工程量计算规范》GB 50854—2013，现浇钢筋混凝土楼梯的工程量计算规则，正确的计算规则是（　　）。

A. 以平方米计量，按设计图示尺寸以水平投影面积计算，不扣除宽度≤500mm 的楼梯井，伸入墙内部分不计算

B. 整体楼梯按水平投影面积计算，不包括平台和斜梁

C. 整体楼梯按水平投影面积计算，包括平台梁和楼梯的连接梁

D. 整体楼梯与现浇楼板无梯梁连接时，以楼梯的最后一个踏步边缘为界

E. 现浇钢筋混凝土楼梯以立方米计量，按设计图示尺寸以体积计算

48. 金属结构工程包括哪些（　　）。

A. 钢网架      B. 钢木屋架

C. 钢柱      D. 钢梁

E. 金属制品

49. 根据《房屋建筑与装饰工程工程量计算规范》GB 50854—2013，下列关于沟槽、

基坑、一般土方的说法正确的有(    )。

    A. 底宽≤7m 且底长>3 倍底宽为沟槽

    B. 底面积≤150m² 为基坑

    C. 底长≤3 倍底宽为基坑

    D. 底长 50m,宽 8m 应按一般土方列项

    E. 底长 18m,宽 5m 应按基坑列项

50. 某坡地建筑基础,设计基底垫层宽为 7.0m,基础中心线长为 25.0m,开挖深度为 1.5m,地基为中等风化软岩,根据《房屋建筑与装饰工程工程量计算规范》GB 50854—2013 规定,关于基础石方的项目列项或工程量计算正确的为(    )。

    A. 按挖沟槽石方列项        B. 按挖基坑石方列项

    C. 按挖一般石方列项        D. 工程量为 262.5m³

    E. 工程量为 303.56m³

51. 下列关于木结构说法正确的是(    )。

    A. 钢木屋架的连接螺栓不应包括在报价内

    B. 木楼梯按设计图示尺寸以水平投影面积计算

    C. 木檩条按设计图示尺寸以水平投影面积计算

    D. 木梁按设计图示尺寸以体积计算

    E. 屋面木基层按设计图示尺寸以斜面积计算

52. 《房屋建筑与装饰工程工程量计算规范》GB 50854—2013 中,楼地面工程零星项目适用于(    )。

    A. 台阶侧面              B. 单独分割装饰

    C. 0.5m² 以内的楼地面装饰    D. 单独分割装饰面积在 3m² 以内

    E. 遮阳板

53. 根据《房屋建筑与装饰工程工程量清单计价规范》GB 50584—2013,屋面及防水工程量计算中,正确的工程量清单计算规则是(    )。

    A. 瓦屋面、型材屋面按设计图示尺寸以水平投影面积计算

    B. 膜结构屋面按设计尺寸以需要覆盖的水平面积计算

    C. 斜屋面卷材防水按设计尺寸以斜面积计算

    D. 屋面排水管按设计尺寸以理论质量计算

    E. 屋面天沟按设计尺寸以面积计算

54. 关于楼梯装饰工程量计算规则正确的说法是(    )。

    A. 按设计图示尺寸以楼梯水平投影面积计算

    B. 踏步、休息平台应单独另行计算

    C. 踏步应单独另行计算,休息平台不应单独另行计算

    D. 踏步、休息平台不单独另行计算

    E. 休息平台应单独另行计算,而踏步不应单独计算

55. 根据《房屋建筑与装饰工程工程量计算规范》GB 50854—2013 的有关规定,下列项目工程量清单计算时,可以 m³ 为计量单位的有(    )。

    A. 预制混凝土楼梯        B. 现浇混凝土楼梯

C. 现浇混凝土雨篷　　　　　　　　　　D. 现浇混凝土坡道

E. 现浇混凝土地沟

56. 根据《房屋建筑与装饰工程工程量计算规范》GB 50854—2013，下列建筑工程工程量计算，正确的说法是(　　　)。

A. 砖围墙如有混凝土压顶时算至压顶上表面

B. 砖基础的垫层通常包括在基础工程量中不另行计算

C. 砖墙外凸出墙面的砖垛应按体积并入墙体内计算

D. 砖地坪通常按设计图示尺寸以面积计算

E. 通风管、垃圾道通常按图示尺寸以长度计算

57. 砖基础砌筑工程量中应扣除(　　　)所占的体积。

A. 嵌入的管道

B. 嵌入的钢筋混凝土地梁

C. 单个面积在 0.3m² 以上的孔洞

D. 基础大放脚 T 形接头的重叠部分

E. 基础防潮层

58. 关于外墙砖砌体高度计算说法正确的有(　　　)。

A. 位于屋架下弦，其高度算至屋架底

B. 坡屋面无檐口顶棚的算至屋面板底

C. 有钢筋混凝土楼板隔层的算至板底

D. 平屋面算至钢筋混凝土板底

E. 女儿墙从屋面板上表面算至压顶下表面

59. 根据《房屋建筑与装饰工程工程量清单计价规范》GB 50584—2013，现浇混凝土工程量计算正确的有(　　　)。

A. 构造柱工程量包括嵌入墙体部分

B. 梁工程量不包括伸入墙内的梁头体积

C. 墙体工程量包括墙垛体积

D. 有梁板按梁、板体积之和计算工程量

E. 无梁板伸入墙内的板头和柱帽并入板体积内计算

60. 根据《房屋建筑与装饰工程工程量清单计价规范》GB 50584—2013，建筑工程工程量按长度计算的项目有(　　　)。

A. 砖砌地垄墙　　　　　　　　　　　　B. 石栏杆

C. 石地沟、明沟　　　　　　　　　　　D. 现浇混凝土天沟

E. 现浇混凝土地沟

61. 根据《房屋建筑与装饰工程工程量清单计价规范》GB 50584—2013，关于现浇混凝土墙工程量计算，说法正确的有(　　　)。

A. 一般的短肢剪力墙，按设计图示尺寸以体积计算

B. 直形墙、挡土墙按设计图示尺寸以体积计算

C. 弧形墙按墙厚不同以展开面积计算

D. 墙体工程量应扣除预埋铁件所占体积

E. 墙垛及凸出墙面部分的体积不计算

62. 根据《房屋建筑与装饰工程工程量清单计价规范》GB 50584—2013，关于钢筋保护或工程量计算正确的为（　　）。

A. φ20mm 钢筋一个半圆弯钩的增加长度为 125mm

B. φ16mm 钢筋一个 90°弯钩的增加长度为 56mm

C. φ20mm 钢筋弯起 45°，弯起高度为 450mm，一侧弯起增加的长度为 186.3mm

D. 通常情况下混凝土板的钢筋保护层厚度不小于 15mm

E. 箍筋根数＝构件长度/箍筋间距＋1

63. 根据《房屋建筑与装饰工程工程量清单计价规范》GB 50584—2013，砖基础工程量计算正确的有（　　）。

A. 按设计图示尺寸以体积计算

B. 扣除大放脚 T 形接头处的重叠部分

C. 内墙基础长度按净长线计算

D. 材料相同时，基础与墙身划分通常以设计室内地坪为界

E. 基础工程量不扣除构造柱所占体积

64. 根据《房屋建筑与装饰工程工程量清单计价规范》GB 50584—2013，关于管沟土方工程量计算的说法，正确的有（　　）。

A. 按管沟宽乘以深度再乘以管道中心线长度计算

B. 按设计管道中心线长度计算

C. 按设计管底垫层面积乘以深度计算

D. 按管道外径水平投影面积乘以深度计算

E. 按管沟开挖断面乘以管道中心线长度计算

65. 某工程石方清单为暂估项目，施工过程中需要通过现场签证确认实际完成工作量，挖方全部外运。已知开挖范围为底长 25m，底宽 9m，使用斗容量为 10m³ 的汽车平装外运 55 车，则关于石方清单列项和工程量，说法正确的有（　　）。

A. 按挖一般石方列项　　　　　　　B. 按挖沟槽石方列项

C. 按挖基坑石方列项　　　　　　　D. 工程量 357.14m³

E. 工程量 550.00m³

66. 根据《房屋建筑与装饰工程工程量清单计价规范》GB 50584—2013，关于油漆工程量计算的说法，正确的有（　　）。

A. 金属门油漆按设计图示洞口尺寸以面积计算

B. 封檐板油漆按设计图示尺寸以面积计算

C. 门窗套油漆按设计图示尺寸以面积计算

D. 木隔断油漆按设计图示尺寸以单面外围面积计算

E. 窗帘盒油漆按设计图示尺寸以面积计算

67. 根据《房屋建筑与装饰工程工程量清单计价规范》GB 50584—2013，下列脚手架中以 m² 为计算单位的有（　　）。

A. 整体提升架　　　　　　　　　　B. 外装饰吊篮

C. 挑脚手架　　　　　　　　　　　D. 悬空脚手架

E. 满堂脚手架

68. 根据《房屋建筑与装饰工程工程量清单计价规范》GB 50584—2013，下列关于措施项目工程量计算，说法正确的有（    ）。

　　A. 垂直运输费用，按施工工期日历天数计算

　　B. 大型机械设备进出场及安拆，按使用数量计算

　　C. 施工降水成井，按设计图示尺寸以钻孔深度计算

　　D. 超高施工增加，按建筑物总建筑面积计算

　　E. 雨篷混凝土模板及支架，按外挑部分水平投影面积计算

69. 根据《房屋建筑与装饰工程工程量清单计价规范》GB 50584—2013，关于楼地面装饰装修工程量计算的说法，正确的有（    ）。

　　A. 整体面层按面积计算，扣除 0.3m² 以内的孔洞所占面积

　　B. 水泥砂浆楼地面门洞开口部分不增加面积

　　C. 块料面层不扣除凸出地面的设备基础所占面积

　　D. 橡塑面层门洞开口部分并入相应的工程量内

　　E. 地毯楼地面的门洞开口部分不增加面积

## 答案与解析

### 一、单项选择题

| | | | | | | | | | |
|---|---|---|---|---|---|---|---|---|---|
| 1. C; | 2. B; | 3. C; | 4. A; | 5. C; | 6. C; | 7. A; | 8. C; | 9. B; | 10. C; |
| 11. C; | 12. C; | 13. A; | 14. C; | 15. D; | 16. B; | 17. A; | 18. D; | 19. D; | 20. B; |
| 21. A; | 22. C; | 23. C; | 24. A; | 25. C; | 26. D; | 27. D; | 28. A; | 29. C; | 30. D; |
| 31. C; | 32. A; | 33. B; | 34. C; | 35. B; | 36. A; | 37. D; | 38. B; | 39. B; | 40. C; |
| 41. D; | 42. C; | 43. A; | 44. D; | 45. C; | 46. C; | 47. D; | 48. A; | 49. B; | 50. A; |
| 51. D; | 52. B; | 53. B; | 54. C; | 55. D; | 56. C; | 57. A; | 58. D; | 59. B; | 60. B; |
| 61. A; | 62. B; | 63. D; | 64. B; | 65. C; | 66. A; | 67. B; | 68. D; | 69. A; | 70. D; |
| 71. C; | 72. A; | 73. B; | 74. C; | 75. B; | 76. D; | 77. A; | 78. D; | 79. C; | 80. A; |
| 81. D; | 82. C; | 83. A; | 84. A; | 85. A; | 86. D; | 87. D; | 88. C; | 89. D; | 90. A; |
| 91. C; | 92. C; | 93. C; | 94. C; | 95. B; | 96. B; | 97. C; | 98. B; | 99. D; | 100. B; |
| 101. C; | 102. C; | 103. C; | 104. D; | 105. B; | 106. B; | 107. A; | 108. B; | 109. D; | 110. D; |
| 111. C; | 112. B; | 113. D; | 114. A; | 115. C; | 116. A; | 117. C; | 118. B; | 119. B; | 120. C; |
| 121. C; | 122. B; | 123. C; | 124. B; | 125. D; | 126. A; | 127. D; | 128. D; | 129. C; | 130. D; |
| 131. B; | 132. C; | 133. A; | 134. C; | 135. A; | 136. D; | 137. D; | 138. B; | 139. C; | 140. A; |
| 141. D; | 142. B; | 143. A; | 144. B; | 145. C; | 146. C; | 147. A; | 148. C; | 149. B; | 150. D; |
| 151. C; | 152. D; | 153. C; | 154. A; | 155. D; | 156. C; | 157. C; | 158. D; | 159. D; | 160. B; |
| 161. C; | 162. A; | 163. C; | 164. C; | 165. B; | 166. C; | 167. B; | 168. A; | 169. C; | 170. B; |
| 171. A | | | | | | | | | |

### 二、多项选择题

| | | | | | | |
|---|---|---|---|---|---|---|
| 1. ABCE; | 2. ACD; | 3. ABC; | 4. AC; | 5. BE; | 6. ACE; | 7. BDE; |

8. AD；　　9. AE；　　10. ACD；　11. ABC；　12. ACE；　13. ABC；　14. ABC；

15. ABCD；　16. BCD；　17. CDE；　18. AC；　　19. ABC；　20. AC；　　21. BCD；

22. BCE；　　23. AB；　　24. DE；　　25. ABCD；26. ACDE；27. ABDE；28. ABCE；

29. ADE；　　30. ABE；　　31. CDE；　32. BCE；　33. ABC；　34. BC；　　35. ABC；

36. CDE；　　37. ABCD；38. AE；　　39. ABC；　40. BE；　　41. ABDE；42. ABCD；

43. ABCE；　44. ABC；　45. ABCD；46. CDE；　47. AC；　　48. ACDE；49. AD；

50. AD；　　51. BDE；　52. AC；　　53. BCE；　54. AD；　　55. ABC；　56. CD；

57. BC；　　58. BD；　　59. ACDE；60. ABCE；61. AB；　　62. ABCD；63. ACD；

64. BCD；　　65. AD；　　66. ACD；　67. ABDE；68. ABCE；69. BD

答案解析

## 三、案例题部分

**案例1：**某工程基础平面图和断面图如图 2.3.1 所示，土质为二类土，土方放坡系数见表 2.3.1，问：

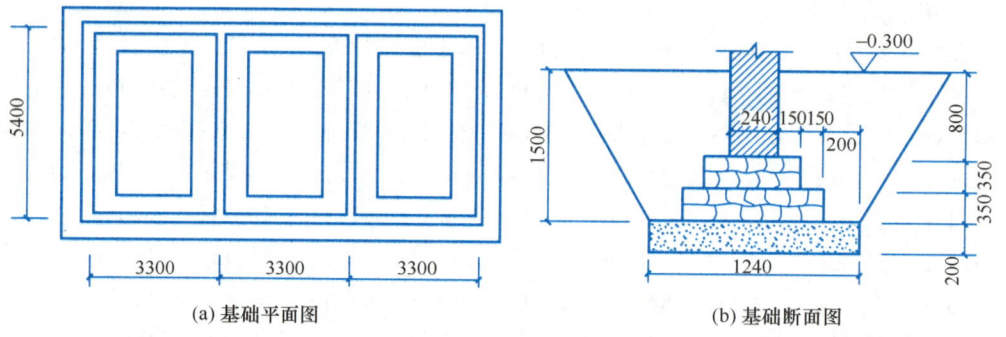

(a) 基础平面图　　　　　　　　　(b) 基础断面图

图 2.3.1　基础平面图和断面图

放坡系数　　　　　　　　　　　　　　　　表 2.3.1

| 土类别 | 放坡起点（m） | 人工挖土 | 机械挖土 | | |
| --- | --- | --- | --- | --- | --- |
| | | | 坑内作业 | 坑上作业 | 顺沟槽在坑上作业 |
| 一、二类土 | 1.20 | 1：0.5 | 1：0.33 | 1：0.75 | 1：0.5 |
| 三类土 | 1.50 | 1：0.33 | 1：0.25 | 1：0.67 | 1：0.33 |
| 四类土 | 2.00 | 1：0.25 | 1：0.10 | 1：0.33 | 1：0.25 |

1. 当采用挖掘机挖土（大开挖，坑内作业）作业时，计算挖土方总体积为(　　)。

　A. 139.44m³　　　　　　　　　　B. 92.55m³

　C. 125.83m³　　　　　　　　　　D. 142.55m³

2. 当采用人工挖土作业时，计算挖土方总体积为(　　)。

　A. 132.45m³　　　　　　　　　　B. 92.55m³

C. 125.83m³ D. 142.55m³

**案例2：** 本工程独立基础J-11有5个，垫层底标高－2.0m，室外标高－0.45m，相关尺寸如图2.3.2所示，从垫层下表面放坡，工作面从垫层边到基坑边200mm，三类土，问：

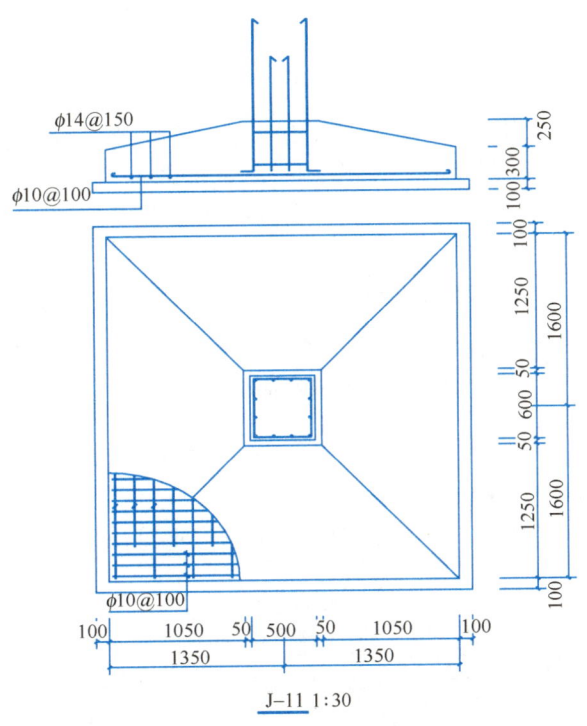

图 2.3.2 独立基础平面图和立面图

3. 当采用人工挖土作业时，计算挖土方总体积为（ ）。

    A. 132.45m³     B. 126.30m³

    C. 125.83m³     D. 128.02m³

4. 当采用人工挖土作业时，计算填土方总体积为（ ）。

    A. 104.19m³     B. 126.30m³

    C. 119.82m³     D. 128.02m³

**案例3：** 某建筑物平面图、墙体剖面图如图2.3.3所示，M5.0混合砂浆砌筑混水砖墙 M1：1800mm×2700mm，C1：1500mm×1800mm，过梁挑出门窗两侧各150mm，不考虑构造柱马牙槎，墙垛不伸入女儿墙，问：

5. 外墙工程量为（ ）。

    A. 21.35m³     B. 35.04m³

    C. 31.61m³     D. 43.25m³

6. 内墙工程量为（ ）。

    A. 21.35m³     B. 4.94m³

    C. 10.26m³     D. 6.70m³

7. 女儿墙工程量为（ ）。

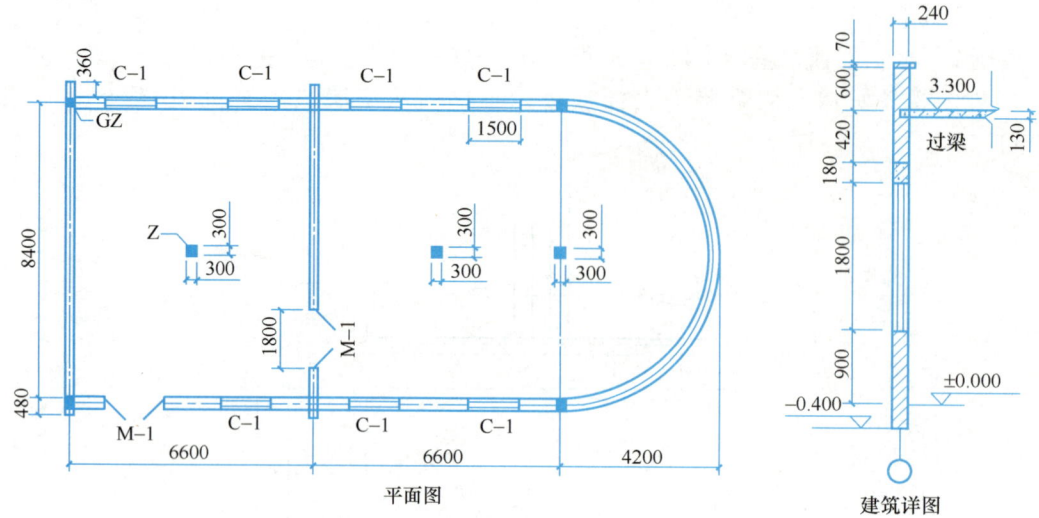

图 2.3.3　墙体平面图和剖面图

A. 1. 86m³
B. 4. 94m³
C. 10. 26m³
D. 6. 70m³

**案例 4：**某工程中采用人工挖孔桩基础，其结构示意图如图 2.3.4 所示，共 10 根，土方为三类土，问：

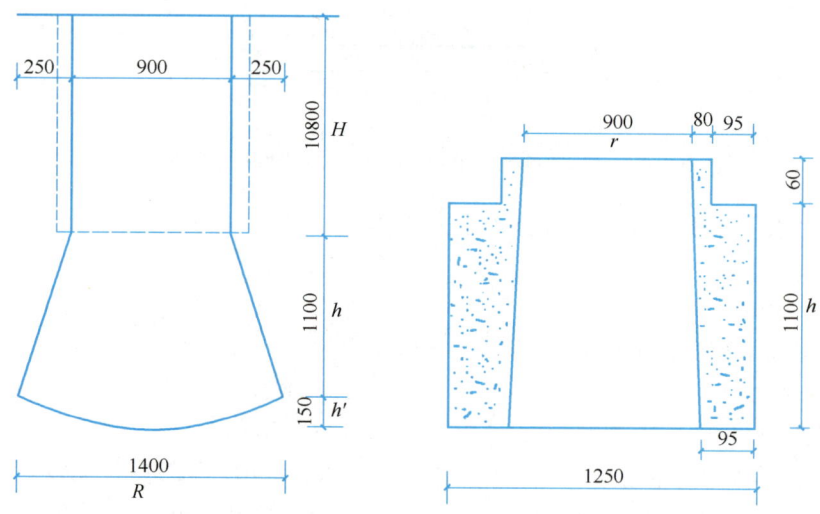

图 2.3.4　挖孔桩示意图

8. 此工程挖孔桩土（石）清单工程量为（　　）。
A. 132. 50m³
B. 144. 30m³
C. 10 根
D. 10. 80m

9. 此工程人工挖孔灌注桩清单工程量为（　　）。
A. 93. 25m³
B. 144. 30m³
C. 132. 50m³
D. 10. 80m

**案例 5：**某框架结构设备基础及尺寸配筋如图 2.3.5 所示，有 40 根框架柱，柱下采用独立基础，基础混凝土 C20，柱混凝土 C25，箍筋为 135°斜弯钩，柱基和柱的保护层厚度分别为 40mm 和 25mm。试计算：

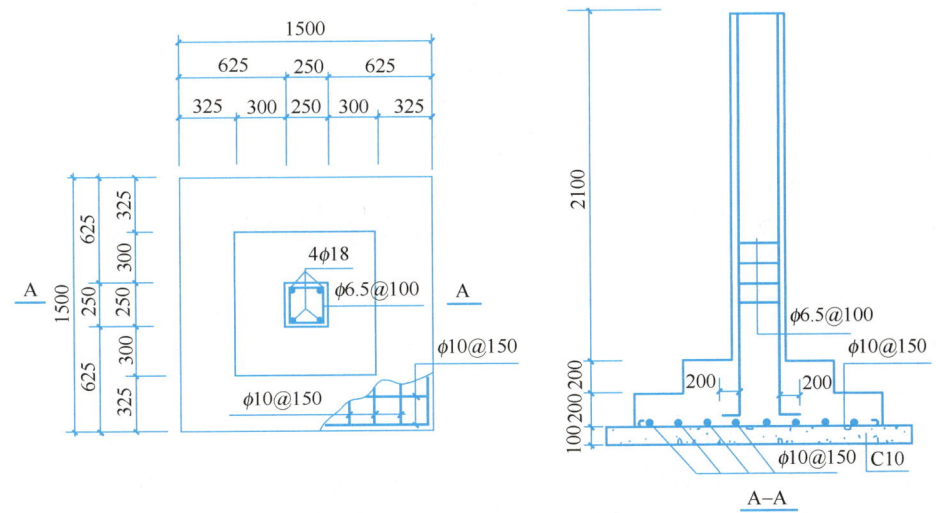

图 2.3.5 设备基础配筋示意

10. 此工程独立基础混凝土清单工程量为（　　）。

    A. 30. 78m³　　　　　　　　　　　　B. 0. 59m³

    C. 23. 78m³　　　　　　　　　　　　D. 18m³

11. 此工程柱混凝土清单工程量为（　　）。

    A. 0. 13m³　　　　　　　　　　　　B. 5. 25m³

    C. 6. 25m³　　　　　　　　　　　　D. 10. 80m

12. 独立基础 $\phi10$ 钢筋共需（　　）根，钢筋总重量为（　　）。

    A. 10838. 87kg　　　　　　　　　　B. 110. 74t

    C. 110. 839t　　　　　　　　　　　D. 100. 74t

13. 柱内主筋单根钢筋长度为（　　）。

    A. 2. 635m　　　　　　　　　　　　B. 2. 66m

    C. 2. 70m　　　　　　　　　　　　　D. 2. 235m

14. 柱内箍筋单根钢筋长度为（　　）。

    A. 1. 00m　　　　　　　　　　　　B. 0. 5m

    C. 0. 95m　　　　　　　　　　　　D. 1. 1m

15. 柱内主筋重量为（　　），箍筋重量为（　　）。

    A. 842. 36kg　227. 24kg　　　　　　B. 0. 842t　0. 237t

    C. 21. 059kg　5. 928kg　　　　　　D. 0. 8t　0. 2t

## 答案与解析

**三、案例题**

1. A；　2. C；　3. D；　4. A；　5. C；　6. B；　7. D；　8. B；　9. A；　10. C；

11. B； 12. C； 13. A； 14. C； 15. B

答案解析

## 第4节　土建工程工程量清单的编制

复习要点

### 1. 招标文件的组成内容

招标文件是招标工程建设的大纲，是建设单位实施工程建设的工作依据，是向投标单位提供参加投标所需要的一切情况。因此，招标文件的编制质量和深度，关系着整个招标工作的成败。

招标文件主要包括：招标公告（或投标邀请书，视情况而定）、投标人须知、评标办法（经评审的最低价投标价法或综合评估法）、合同条款及格式、工程量清单、图纸、技术标准和要求、投标文件格式、投标人须知前附表规定的其他材料。

### 2. 招标工程量清单的编制依据

①工程量清单计价规范和工程量计算规范；

②国家或省级、行业建设主管部门颁发的计价定额（计价依据）和办法；

③建设工程设计文件及相关资料；

④与建设工程关于的标准、规范、技术资料；

⑤拟定的招标文件；

⑥施工现场情况、地勘水文资料、工程特点及常规施工方案；

⑦其他相关资料。

### 3. 招标工程量清单的编制内容

招标工程量清单主要包含下列内容：招标工程量清单封面、招标工程量清单扉页、总说明、分部分项工程和措施项目清单与计价表、其他项目清单与计价表、规费、税金项目清单与计价表。

其他项目清单与计价表

①暂列金额是指招标人在工程量清单中暂定并包括在合同价款中的一笔款项，用于工程合同签订时尚未确定或者不可预见的所需材料、工程设备、服务的采购，施工中可能发生的工程变更、合同约定调整因素出现时的合同价款调整，以及发生的索赔、现场签证确认等的费用。暂列金额由招标人根据工程特点、工期长短按关于计价规定进行估算确定，一般可以分部分项工程费的10%～15%为参考。

②暂估价是指招标人在工程量清单中提供的用于支付必然发生但暂时不能确定价格的材料、工程设备以及专业工程的金额，包括材料暂估单价、工程设备暂估单价、专业工程

暂估价。

③计日工：在施工过程中，承包人完成发包人提出的合同范围以外的零星项目或工作，按合同中约定的综合单价计价。

④总承包服务费是指总承包人为配合协调发包人进行的专业工程发包，对发包人自行采购的材料、工程设备等进行保管以及施工现场管理、竣工资料汇总整理等服务所需的费用。

**一、单项选择题**（每题的备选项中，只有 1 个最符合题意）

1.《房屋建筑与装饰工程工程量清单计价规范》规定，分部分项工程量清单项目编码的第四级为表示（    ）的顺序码。

    A. 分项工程
    B. 附录分类
    C. 分部工程
    D. 专业工程

2. 下列各项中，不属于规费项目清单应包括内容的是（    ）。

    A. 养老保险费
    B. 工伤保险费
    C. 工程排污费
    D. 安全文明施工费

3. 关于不能计算工程量的措施项目，当按施工方案计算措施费时，若无"计算基础"和"费率"数值，则（    ）。

    A. 以定额基价为计算基础，以国家、行业、地区定额中相应的费率计算金额

    B. 以"定额人工费＋定额机械费"为计算基础，以国家、行业、地区定额中相应费率计算金额

    C. 只填写"金额"数值，在备注中说明施工方案出处或计算方法

    D. 以备注中说明的计算方法，补充填写"计算基础"和"费率"

4. 根据《房屋建筑与装饰工程工程量计算规范》GB 50854—2013，工程量清单计价的其他项目费中，暂估价不包括（    ）。

    A. 施工机械暂估价
    B. 材料暂估价
    C. 工程设备暂估价
    D. 专业工程暂估价

5. 编制工程量清单出现计算规范附录中未包括的清单项目时，编制人应作补充，下列关于编制补充项目的说法中正确的是（    ）。

    A. 补充项目编码由 B 与三位阿拉伯数字组成

    B. 补充项目应报县级工程造价管理机构备案

    C. 补充项目的工作内容等应予以明确

    D. 补充项目编码应顺序编制，起始序号由编制人根据需要自主确定

6. 措施项目清单编制中，下列适用于以"项"为单位计价的措施项目费是（    ）。

    A. 已完工程及设备保护费
    B. 超高施工增加费
    C. 大型机械设备进出场及安拆费
    D. 施工排水、降水费

7. 招标人在工程量清单中提供的用于支付必然发生但暂不能确定价格的材料、工程设备的单价及专业工程的金额是（    ）。

    A. 暂列金额
    B. 暂估价
    C. 总承包服务费
    D. 价差预备费

8. 关于其他项目中的计日工，投标人正确的报价方式是(　　)。

　　A. 按政策规定标准估算报价　　　　B. 按招标文件提供的金额报价

　　C. 自主报价　　　　　　　　　　　D. 待签证时报价

9. 招标工程清单编制时，在总承包服务费计价表中，应由招标人填写的内容是(　　)。

　　A. 服务内容　　　　　　　　　　　B. 项目价值

　　C. 费率　　　　　　　　　　　　　D. 金额

10. 关于规费的计算，下列说法正确的是(　　)。

　　A. 规费虽具有强制性，但根据其组成又可以细分为可竞争性的费用和不可竞争性的费用

　　B. 规费由社会保险费和工程排污费组成

　　C. 社会保险费由养老保险费、失业保险费、医疗保险费、生育保险费、工伤保险费组成

　　D. 规费由意外伤害保险费、住房公积金、工程排污费组成

11. 招标人在工程量清单中暂定并包括在合同价款中的用于工程签订时尚未确定或者不可预见的所需材料、工程设备、服务采购的金额是(　　)。

　　A. 暂列金额　　　　　　　　　　　B. 暂估价

　　C. 基本预备费　　　　　　　　　　D. 计日工

12. 除另有说明外，分部分项工程量清单表中的工程量应等于(　　)。

　　A. 实体工程量

　　B. 实体工程量＋施工损耗量

　　C. 实体工程量＋施工需要增加的工程量

　　D. 实体工程量＋措施工程量

13. 工程量清单编制者应是(　　)。

　　A. 投标单位的造价管理人员　　　　B. 招投标管理部门负责人

　　C. 工程标底审查机构人员　　　　　D. 有编制能力的招标人

14. 下列内容中，属于招标工程量清单编制依据的是(　　)。

　　A. 分部分项工程清单　　　　　　　B. 拟定的招标文件

　　C. 招标控制价　　　　　　　　　　D. 潜在招标人的潜质及能力

15. 招标工程量清单的组成不包括(　　)。

　　A. 分部分项工程量清单　　　　　　B. 其他项目清单

　　C. 措施项目清单　　　　　　　　　D. 计价、评标详细内容清单

**二、多项选择题**（每题的备选项中，有 2 个或 2 个以上符合题意，至少有 1 个错项）

1. 下列措施项目中，应按分部分项工程量清单编制方式编制的有(　　)。

　　A. 超高施工增加　　　　　　　　　B. 建筑物的临时保护设施

　　C. 大型机械设备进出场及安拆　　　D. 已完工程及设备保护

　　E. 施工排水、降水

2. 关于措施项目工程量清单编制与计价，下列说法中正确的是(　　)。

　　A. 不能计算工程量的措施项目也可以采用分部分项工程量清单方式编制

B. 安全文明施工费按总价方式编制，其计算基础可为"定额基价""定额人工费"

C. 总价措施项目清单表应列明计量单位、费率、金额等内容

D. 除安全文明施工费外的其他总价措施项目的计算基础可为"定额人工费"

E. 按施工方案计算的总价措施项目可以只需填"金额"数值

3. 关于工程量清单及其编制，下列说法中正确的有(　　)。

A. 招标工程量清单必须作为投标文件的组成部分

B. 安全文明施工费应列入以"项"为单位计价的措施项目清单中

C. 招标工程量清单的正确性和完整性由其编制人负责

D. 暂列金额中包括用于施工中必然发生但暂不能确定价格的材料、设备的费用

E. 计价规范中未列的规费项目，应根据省级政府或省级关于权力部门的规定列项

4. 根据《房屋建筑与装饰工程工程量清单计价规范》GB 50500—2013，下列属于分部分项工程项目清单五要件的有(　　)。

A. 项目编码　　　　　　　　　　B. 项目名称

C. 项目特征　　　　　　　　　　D. 计量单位

E. 工程量计算式

5. 常用的评标方法有(　　)。

A. 直观判断法　　　　　　　　　B. 协商采购法

C. 最低评标价法　　　　　　　　D. 综合评标法

E. 寿命周期成本法

## 答案与解析

### 一、单项选择题

1. A；　2. D；　3. C；　4. A；　5. C；　6. A；　7. B；　8. C；　9. A；　10. C；
11. A；　12. A；　13. D；　14. B；　15. D

### 二、多项选择题

1. ACE；　　2. BDE；　　3. BE；　　4. ABCD；　　5. CD

答案解析

# 第 5 节　计算机辅助工程量计算

## 复习要点

BIM 是以建筑工程项目的各项相关信息数据为基础建立的数字化建筑模型。它具有

可视化、协调性、模拟性、优化性和可出图性五大特点。首先，BIM 技术采用以数据为中心的协作方式，实现数据共享，大大提高了建筑行业工效；其次是能够提升建筑品质，实现绿色、模拟的设计和建造。BIM 技术对工程造价信息化建设将带来巨大影响，对工程量的计算适用于工程计价和工程造价管理的计量要求。它不仅能够使工程造价管理与设计工作关系更加密切，交互的数据信息更加丰富，相互作用更加明显，而且可以实现施工过程中工程造价的动态管理的可视化、可控化。

**一、单项选择题**（每题的备选项中，只有 1 个最符合题意）

1. BIM 可以将招投标文件、工程量清单、进度审核预算等进行汇总，便于成本测算和工程款的支付，指的是在（　　）的应用。
　　A. 施工阶段　　　　　　　　　　B. 竣工验收阶段
　　C. 招投标阶段　　　　　　　　　D. 设计阶段

2. BIM 表示图形的特点不包括（　　）。
　　A. 可视化　　　　　　　　　　　B. 协调性
　　C. 组织性　　　　　　　　　　　D. 模拟性

3. BIM 的（　　）即"所见即所得"的形式。
　　A. 优化性　　　　　　　　　　　B. 模拟性
　　C. 可视化　　　　　　　　　　　D. 协调性

4. BIM 是（　　）。
　　A. 建筑信息模型　　　　　　　　B. 工程信息模型
　　C. 建筑信息管理　　　　　　　　D. 以上都是

5. 下列选项中，对 BIM 英文全称及中文翻译都正确的是（　　）。
　　A. Building Information Modet，建筑信息模型
　　B. Building Information Management，建筑信息管理
　　C. Building Information Modeling，建筑信息模型
　　D. Building Information Modeling，建筑信息模型化

**二、多项选择题**（每题的备选项中，有 2 个或 2 个以上符合题意，至少有 1 个错项）

1. 从 BIM 应用的角度看，BIM 在建筑对象全生命周期内具备的基本特征是（　　）。
　　A. 可视化　　　　　　　　　　　B. 协调性
　　C. 模拟性　　　　　　　　　　　D. 优化性
　　E. 不可出图性

## 答案

**一、单项选择题**
1. A；　2. C；　3. C；　4. A；　5. C
**二、多项选择题**
1. ABCD

# 第三章 工 程 计 价

## 第1节 施工图预算编制的常用方法

**1. 单价法**

在施工图预算编制中，通常采用的单价有工料单价、综合单价及全费用单价，在编制施工图预算时，一般采用工料单价法编制，然后计取管理费、利润、规费和税金。

**2. 实物法**

用实物量法编制单位工程施工图预算，就是根据施工图计算的各分项工程量及措施项目工程量分别乘以地区预算定额中人工、材料、施工机械台班的定额消耗量，分类汇总得出该单位工程所需的全部人工、材料、施工机械台班消耗数量，然后再乘以当时当地人工工日单价、各种材料单价、施工机械台班单价，求出相应的人工费、林料费、机械使用费，再加上管理费、利润、规费和税金等费用的方法。

实物量法的优点是能比较及时地将反映各种材料、人工、机械的当时当地市场单价计入预算价格，不需调价，反映当时当地的工程价格水平。实物量法与定额单价的本质区别在于采用的价格不一致，前者可以根据企业水平采用市场价格作为标准，后者以地区统一预算定额上价目表提供的工程单价为标准，其工、料、机消耗标准是一致的。

**一、单项选择题**（每题的备选项中，只有1个最符合题意）

1. 对分部工程、分项工程采用相应的定额单价、费用标准，进行施工图预算编制的方法称为（　　）。

    A. 单价法　　　　　　　　　　　B. 实物法

    C. 概算法　　　　　　　　　　　D. 指标法

2. 已知某工程人工消耗量为200工日，综合单价为90元/工日，甲材料消耗量为10m³，综合单价为3000元/m³，乙材料消耗量为200m²，综合单价为40元/m²，丙材料消耗量为5t，综合单价为4000元/t；机械消耗量为20台班，综合单价为400元/台班。企业管理费和利润分别按照分部分项工程的（人工费＋机械费）的20％，12％费率计取，措施费按照（人工费＋机械费）作为基础，其中安全文明措施费率为10％，其他措施费率为6％；规费以人工费计取社保及公积金等费率综合为18％，增值税率为9％。问：该工程项目含税造价为（　　）元。

    A. 84000　　　　　　　　　　　B. 111528.8

    C. 108694.8　　　　　　　　　　D. 139868.8

## 答案

### 一、单项选择题
1. A；　　2. C

答案解析

## 第2节　预算定额的分类、适用范围、调整与应用

### 复习要点

#### 1. 预算定额的分类、适用范围

| | | |
|---|---|---|
| 按编制单位和管理权限分 | 全国统一定额 | 综合全国基本建设的生产技术和施工组织、生产劳动的一般情况编制，并在全国范围内执行的定额 |
| | 行业统一定额 | 是考虑到各行业专业工程技术特点，以及施工生产和管理水平编制的，一般只在本行业和相同专业性质的范围内使用 |
| | 地区统一定额 | 地区统一定额主要是考虑地区性特点和统一定额水平的条件下编制的，只在规定的地区范围内使用 |
| | 企业定额 | 根据本企业的施工技术、机械装备和管理水平编制的人工、材料、机械台班等的消耗标准。企业定额在企业内部使用，是企业综合素质的标志。企业定额水平一般应高于国家现行定额，才能满足生产技术发展、企业管理和市场竞争的需要 |
| | 补充定额 | 是指随着设计、施工技术的发展，现行定额不能满足需要的情况下，为了补充缺陷所编制的定额。补充定额只能在指定的范围内使用，可以作为以后修订定额的基础 |
| 按专业性质分 | 建筑工程定额、安装工程定额、市政工程定额等 | |
| 按生产要素分 | 劳动定额、材料消耗定额和机械定额 | |

#### 2. 预算定额的调整与应用

在预算定额的使用中，一般可分为定额的套用、定额的换算和编制补充定额三种情况。

定额的换算主要表现在以下几个方面：

① 砂浆强度等级的换算；

② 混凝土等级的换算；

③ 木材体积的换算；

④ 系数换算；

⑤ 按定额说明关于规定的其他换算。

定额共性说明下列：

① 由于其定额中含有管理费和利润，定额套价有一个定额综合单价与规范中综合单价概念不同。

② 定额中的管理费和利润取费基础为：人工费＋机械费，与材料费无关。

③ 定制项目中带括号的材料价格供选用，不包含在综合单价内。

**一、单项选择题**（每题的备选项中，只有1个最符合题意）

1. C30商品混凝土合同约定的基准价为300元/m³，合同约定的风险幅度为10%。其中，合同工期内的工程量为1000m³，平均信息价为350元/m³；因发包方原因导致工期延误，延误期间的工程量为600m³，平均信息价为380元/m³，该商品混凝土应计算的价差为（　　）元。

A. 20000　　　　　　　　　　　B. 50000

C. 68000　　　　　　　　　　　D. 98000

2. 某施工企业结合自身情况确定砌筑"1砖混水砖墙"子目中人工消耗量。已知砌筑小组由3名工人组成。在正常施工条件下，经测算完成10m³砖墙砌筑耗时40h。则在正常施工条件下，砌筑10m³"1砖混水砖墙"的劳动定额为（　　）。

A. 5工日　　　　　　　　　　　B. 15工日

C. 40工日　　　　　　　　　　　D. 120工日

3. 某施工企业结合自身情况确定砌筑"1砖混水砖墙"子目中人工消耗量。已知砌筑小组由3名工人组成，在正常施工条件下，经测算完成10m³砖墙砌筑耗时40h。在正常施工条件下，砌筑10m³"1砖混水砖墙"的劳动定额为15工日，则该砌筑工人小组的产量定额为（　　）。

A. 2m³/工日　　　　　　　　　B. 0.67m³/工日

C. 0.25m³/工日　　　　　　　　D. 0.083m³/工日

4. 预算定额是编制概算定额的基础，是以（　　）为对象编制的定额。

A. 同一性质的施工过程　　　　B. 建筑物各个分部分项工程

C. 扩大的分部分项工程　　　　D. 整个建筑物和构筑物

5. 按照生产要素的内容，建设工程定额可以分为（　　）。

A. 人工定额　　　　　　　　　B. 材料消耗定额

C. 直接工程费定额　　　　　　D. 施工机械台班使用定额

**二、多项选择题**（每题的备选项中，有2个或2个以上符合题意，至少有1个错项）

1. 按编制单位和适用范围分类，可将建设工程定额分为（　　）。

A. 国家定额　　　　　　　　　B. 建筑工程定额

C. 行业定额　　　　　　　　　D. 地区定额

E. 企业定额

## 答案

**一、单项选择题**

1. C；　2. B；　3. B；　4. B；　5. B

**二、多项选择题**

1. ACDE

答案解析

## 第3节　建筑工程费用定额的适用范围及应用

## 复习要点

**1. 建筑工程费用定额的适用范围**

建筑工程费用定额是规定各有关工程费用的取费标准，包括取费的基础和取费的费率。一般以某个或多个自变量为计算基础，反映各项费用的百分率。它主要包括措施费费用定额、企业管理费费用定额、规费费用定额等。

**2. 建筑工程费用定额的应用**

（1）建筑工程类别划分说明应用

① 工程类别划分是根据不同的单位工程按施工难易程度，结合省建筑工程项目管理水平确定的。

② 不同层数的单位工程，当高层部分的面积（竖向切分）占总面积30％以上时，按高层的指标确定工程类别，不足30％的按低层指标确定工程类别。

（2）建筑与装饰工程计价程序应用

工程量清单法计算程序分为一般计税法和简易计税法。

① 采用一般计税方法计算增值税。当采用一般计税方法时，现行建筑业增值税税率为10％。计算公式为：税金＝增值税＝税前造价×10％

税前造价为人工费、材料费、施工机具使用费、企业管理费、利润和规费之和，各费用项目均以不包含增值税可抵扣进项税额的价格计算。当采用价目表或信息价中的价格时，应采用不含可抵扣进项税额的价格；若为含税价格应进行除税处理，处理的方法为：不含税价格＝含税价格／（1＋适用税率）

需要注意的是，此处增值税即为计入建筑安装工程费用的税金，城市维护建设税、教育费附加、地方教育费附加均在管理费中核算，包含在管理费率中。

② 采用简易计税方法计算增值税

根据税法规定，当可以采用简易计税方法时，建筑业增值税税率（增收率）为3%。计算公式为：增值税＝税前造价×3%

税前造价为人工费、材料费、施工机具使用费、企业管理费、利润和规费之和，各费用项目均以包含增值税进项税额的含税价格计算。

需要注意的是，此处的增值税不是计入建筑安装工程费的税金全部内容。采用简易计税方法时，城市维护建设税、教育费附加、地方教育费附加不在管理费中核算，其费率也不包含在管理费费率中，需要在税金中核算。即税金应包括增值税、城市维护建设税、教育费附加、地方教育费附加。

**一、单项选择题**（每题的备选项中，只有1个最符合题意）

1. 根据《江苏省建筑与装饰工程计价定额（2014版）》，楼梯整体面层工程量计算不包括（    ）。
   A. 踏步
   B. 楼梯踢脚线
   C. 踏步侧边装饰
   D. 休息平台

2. 根据《江苏省建筑与装饰工程计价定额（2014版）》，某机挖土方项目底宽6m，长20m，应执行（    ）相应定额子目。
   A. 沟槽
   B. 基坑
   C. 基础
   D. 一般土方

3. 下列建筑工程中，（    ）的工程类别不是建筑工程二类标准。
   A. 檐高30m，地上层数10层，无地下室的办公楼
   B. 檐高30m，地上层数10层，有地下室的办公楼
   C. 檐高30m，地上层数10层，无地下室的住宅
   D. 檐高30m，地上层数10层，有地下室的住宅

4. 某桩基工程，共需打500根预制管桩，其中设计桩长40m的桩100根，35m的桩60根，25m桩的340根，则该桩基工程类别为（    ）。
   A. 一类
   B. 二类
   C. 三类
   D. 应分不同桩长，分别计算工程类别

5. 单独地下室建筑面积12000m²，则按（    ）标准取费。
   A. 一类
   B. 二类
   C. 三类
   D. 四类

6. 某建筑工程编制招标控制价。已知无工程设备，分部分项工程费400万元，单价措施项目费32万元，总价措施项目费18万元，其他项目费中暂列金额10万元，暂估材料15万元，专业工程暂估价20万元，总承包服务费2万元，计日工费用为0；按照一般计税法计算该工程的社会保险费应为（    ）。
   A. 13.8万元
   B. 13.86万元
   C. 15.90万元
   D. 14.91万元

7. 某建筑工程，无工程设备。已知招标文件中要求创建省级建筑安全文明施工标准化工地（一星级），在投标时，该工程投标价中分部分项工程费4200万元，单价措施项目费300万元，请按照一般计税法计算该工程的安全文明施工措施费应为（    ）。

A. 184.95 万元　　　　　　　　　　　　B. 171 万元

C. 139.50 万元　　　　　　　　　　　　D. 140 万元

8. 某静压管桩工程，共 300 根桩，设计桩长为 20m，外直径为 500mm，壁厚为 100mm，《江苏省建筑与装饰工程计价定额（2014 版）》，该工程静力压管桩子目的定额工程量为（　　）。

A. 753.60m³　　　　　　　　　　　　　B. 1192.22m³

C. 429.30m³　　　　　　　　　　　　　D. 1695.60m³

**二、多项选择题**（每题的备选项中，有 2 个或 2 个以上符合题意，至少有 1 个错项）

1. 有多栋建筑物下有连通的地下室时，地上建筑物的工程类别同（　　）工程；其地下室部分的工程类别同（　　）工程。

A. 有地下室的建筑物

B. 无地下室的建筑物

C. 单独地下室

D. 单栋有地下室的建筑物

E. 单栋无地下室的建筑物

**三、案例题**

**【案例 1】**

背景：

某城市 188m 大跨度预应力拱形钢桁架结构体育场馆，下部钢筋混凝土基础平面布置图及基础详图设计如图 1 "基础详图"所示，其中基础一共 18 个，基础二 16 个。中标该项目的施工企业考虑为大体积混凝土施工，为加强成本核算和清晰掌握该分部分项工程实际成本，拟采用实物量法计算该分部分项工程费用目标管理控制价。该施工企业内部相关单位工程量人、材、机消耗定额及实际掌握项目所在地除税价格见下表 1 "企业内部单位工程量人、材、机消耗定额"。

**企业内部单位工程量人、材、机消耗定额**　　　　　表 1

| 项目名称 | | 单位 | 除税价 | 分部分项工程内容 | | | |
|---|---|---|---|---|---|---|---|
| | | | | C15 基础垫层（m³） | C30 独立基础（m³） | C30 矩形柱（m³） | 钢筋（t） |
| 人材机 | 工日（综合） | 工日 | 110.00 | 0.40 | 0.60 | 0.70 | 6.00 |
| | C15 商品混凝土 | m³ | 400.00 | 1.02 | | | |
| | C30 商品混凝土 | m³ | 460.00 | | 1.02 | 1.02 | |
| | 钢筋（综合） | t | 3600.00 | | | | 1.03 |
| | 其他辅助材料费 | 元 | —— | 8.00 | 12.00 | 13.00 | 117.00 |
| | 机械使用费（综合） | 元 | —— | 1.60 | 3.90 | 4.20 | 115.00 |

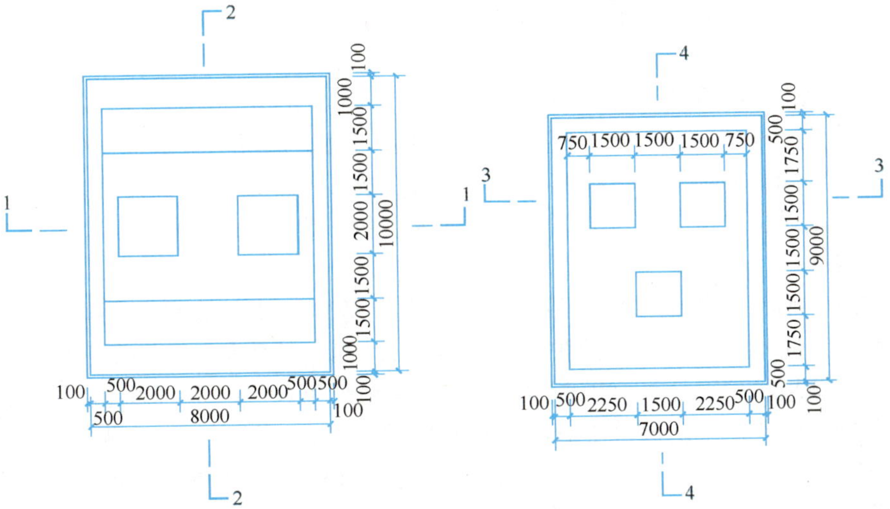

基础一基础二

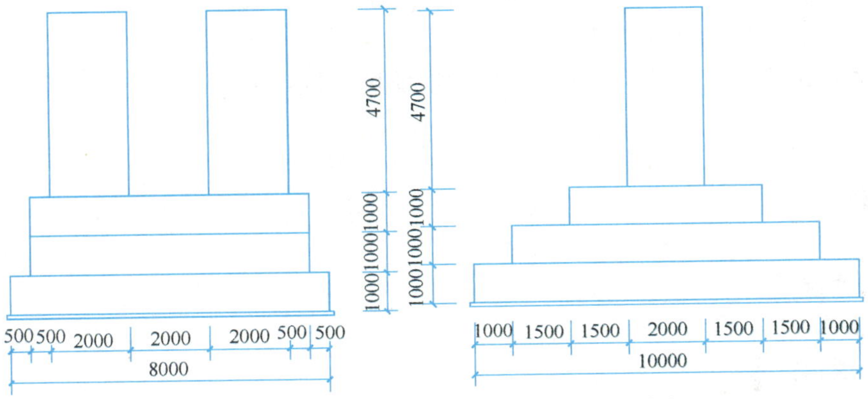

1—1

2—2

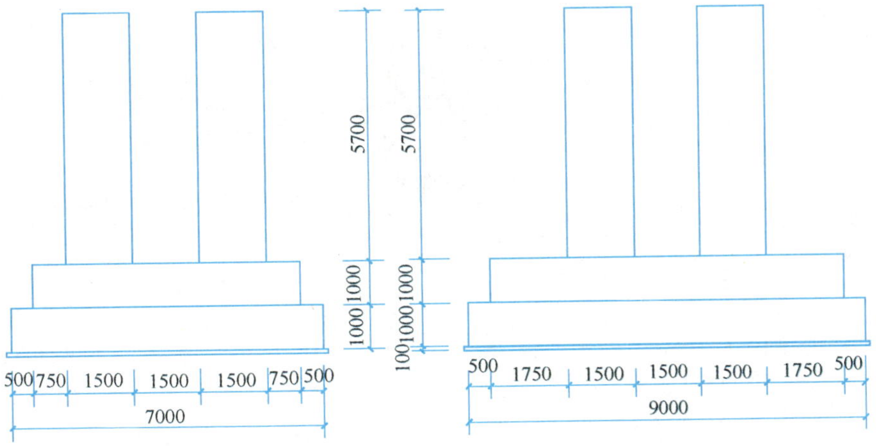

3—3

4—4

问题：

1. 根据该体育场馆基础设计图纸、技术参数按《房屋建筑与装饰工程工程量计算规范》GB 50854—2013 的计算规则，列式计算该大跨度体育场馆钢筋混凝土基础分部分项工程量。已知钢混凝土独立基础综合钢筋含量为 72.50kg/m³，钢筋混凝土矩形基础柱综合钢筋含量为 118.70kg/m³。

2. 根据问题 1 的计算结果、参考资料列式计算该分部分项工程人工、材料、机械使用费消耗量，并计算该分部分项工程和措施项目人、材、机费，施工企业结合相关方批准的施工组织设计测算的项目单价措施人、材、机费为 640000.00 元；施工企业内部规定安全文明措施及其他总价措施费按分部分项工程人、材、机费及单价措施人、材、机费之和的 2.50% 计算。

3. 若施工过程中，钢筋混凝土独立基础和矩形基础柱使用的 C30 混凝土变更为 C40 凝土（消耗定额同 C30 混凝土，除税价 480.00 元/m³），其他条件均不变，根据问题 1、2 的条件和计算结果，列式计算 C40 商品混凝土消耗量、C40 与 C30 商品混凝土除税价差，由于商品混凝土价差产生的该分部分项工程和措施项目人、材、机增加费。

4. 假定该钢筋混凝基础分部分项工程人、材、机费为 660000.00 元，其中人工费占 13%；企业管理费按人、材、机费的 6% 计算，利润按人、材、机费和企业管理之和的 5% 计算，规费按人工费的 21% 计算，增值税税率按 9% 计取，请编制该钢筋混凝土基础分部分项工程费用目标管理控制价。

（上述各问题中提及的各项费用均不包含增值税可抵扣进项税额，所有计算结果均保留两位小数）

## 答案与解析

### 一、单项选择题
1. C；2. C；3. C；4. A；5. A；6. C；7. A；8. A
### 二、多项选择题
1. AC

答案解析

### 三、案例题
【答案】
问题 1：
（1）C15 基础垫层
基础一：（8+0.2）×（10+0.2）×0.1×18＝150.55（m³）
基础二：（7+0.2）×（9+0.2）×0.1×16＝105.98（m³）
150.55＋105.98＝256.53（m³）
（2）C30 独立基础
基础一：18×[8×10×1+（8−0.5×2）×（10−1×2）×1+（8−0.5×2）×（10−2.5×2）×1]＝3078（m³）

基础二：$16 \times [7 \times 9 \times 1 + (7 - 0.5 \times 2) \times (9 - 0.5 \times 2) \times 1] = 16 \times 111 = 1776$（$m^3$）

$3078 + 1776 = 4854$（$m^3$）

（3）C30 矩形柱

① $2 \times 2 \times 4.7 \times 18 \times 2 = 676.80$（$m^3$）

② $1.5 \times 1.5 \times 5.7 \times 16 \times 3 = 615.60$（$m^3$）

$676.80 + 615.60 = 1292.40$（$m^3$）

（4）钢筋

独立基础：$4854 \times 72.5/1000 = 351.92$（t）

矩形柱：$1292.4 \times 118.70/1000 = 153.41$（t）

$351.92 + 153.41 = 505.33$（t）

问题 2：

（1）人工消耗量

$256.53 \times 0.4 + 4854 \times 0.6 + 1292.40 \times 0.7 + 6 \times 505.33 = 6951.67$（工日）

（2）C15 商品混凝土

$256.53 \times 1.02 = 261.66$（$m^3$）

（3）C30 混凝土

$4854 \times 1.02 + 1292.40 \times 1.02 = 6269.33$（$m^3$）

（4）钢筋

$505.33 \times 1.03 = 520.49$（t）

（5）其他辅助材料费

$8 \times 256.53 + 12 \times 4854 + 13 \times 1292.40 + 117 \times 505.33 = 136225.05$（元）

（6）机械使用费

$1.6 \times 256.53 + 3.9 \times 4854 + 4.2 \times 1292.40 + 115 \times 505.33 = 82882.08$（元）

（7）单价措施人材机费 = 640000（元）

（8）安全文明措施及其他总价措施费人材机费

$(6951.67 \times 110 + 261.66 \times 400 + 6269.33 \times 460 + 520.49 \times 3600 + 136225.05 + 82882.08 + 640000) \times 2.5\% = 162152.77$（元）

| 序号 | 项目名称 | 单位 | 消耗量 | 除税单价（元） | 除税合价（元） |
|---|---|---|---|---|---|
| 1 | 人工费（综合） | 工日 | 6951.67 | 110.00 | 764683.70 |
| 2 | C15 商品混凝土 | $m^3$ | 261.66 | 400.00 | 104664.00 |
| 3 | C30 商品混凝土 | $m^3$ | 6269.33 | 460.00 | 2883891.80 |
| 4 | 钢筋（综合） | t | 520.49 | 3600.00 | 1873764.00 |
| 5 | 其他辅助材料费 | 元 | | | 136225.05 |
| 6 | 机械使用费（综合） | 元 | | | 82882.08 |
| 7 | 单价措施人材机费 | 元 | | | 640000.00 |
| 8 | 安全文明施工费及其他总价措施人材机费 | 元 | | | 162152.77 |
| 9 | 人材机费合计 | 元 | | | 6648263.40 |

问题3：

（1）C40 商品混凝土消耗量

$(4854+1292.40)\times1.02=6269.33$（m³）

（2）除税价差

$480-460=20$（元/m³）

（3）分部分项和措施项目人材机增加费

① $6269.33\times20=125386.60$（元）

② $125386.60\times2.5\%=3134.67$（元）

$125386.60+3134.67=128521.27$（元）

问题4：

| 序号 | 费用名称 | 计算基础 | 金额（元） |
|---|---|---|---|
| 1 | 人材机费 | | 6600000 |
| | 其中：人工费 | 分部分项工程人材机费 | 858000 |
| 2 | 企业管理费 | 分部分项工程人材机费 | 396000 |
| 3 | 利润 | 分部分项工程人材机费＋企业管理费 | 349800 |
| 4 | 规费 | 分部分项工程人工费 | 180180 |
| 5 | 增值税 | 分部分项工程人材机费＋企业管理费＋利润＋规费 | 677338.20 |
| 6 | 目标管理控制价合计 | | 8203318.20 |

人工费＝$6600000\times13\%=858000$（元）

企业管理费＝$6600000\times6\%=396000$（元）

利润＝$(6600000+396000)\times5\%=349800$（元）

规费＝$858000\times21\%=180180$（元）

增值税＝$(6600000+396000+349800+180180)\times9\%=7525980\times9\%=677338.20$（元）

目标管理控制价合计＝$7525980+677338.20=8203318.20$（元）

# 第4节　土建工程最高投标限价的编制

## 复习要点

**1. 编制招标控制价的规定**

① 国有资金投资的工程建设项目应实行工程量清单招标，招标人应编制最高投标限价，并应当拒绝高于最高投标限价的投标报价。

② 招标控制价应由具有编制能力的招标人或受其委托的工程造价咨询人编制。

③ 最高投标限价应当依据工程量清单、工程计价关于规定和市场价格信息等编制，并不得进行上浮或下调。

④ 招标控制价超过批准的概算时，招标人应将其报原概算审批部门审核。

⑤ 投标人经复核认为招标人公布的最高投标限价未按照关于规定进行编制的，应在

招标控制价公布后 5 天内向招标投标监督机构和工程造价管理机构投诉。

⑥ 招标人应将招标控制价及相关资料报送至工程所在地或有该工程管辖权的行业管理部门工程造价管理机构备查。

**2. 招标控制价的编制依据**

① 现行国家标准《建设工程工程量清单计价规范》GB 50500—2013 与专业工程量计算规范；

② 国家或省级、行业建设主管部门颁发的计价定额和计价办法；

③ 建设工程设计文件及相关资料；

④ 拟定的招标文件及招标工程量清单；

⑤ 与建设项目相关的标准、规范、技术资料；

⑥ 施工现场情况、工程特点及常规施工方案；

⑦ 工程造价管理机构发布的工程造价信息，但工程造价信息没有发布的，参照市场价；

⑧ 其他相关资料。

**3. 招标控制价计价程序**

建设工程最高招标控制价反映的是单位工程费用，各单位工程费用是由分部分项工程费、措施项目费、其他项目费、规费和税金组成。

**4. 分部分项工程费用的编制**

分部分项工程费应根据招标文件中的分部分项工程量清单及相关要求，按相关规定确定综合单价计价。

为使招标控制价与投标报价所包含的内容一致，综合单价中应包括招标文件中要求投标人所承担的风险内容及其范围（幅度）产生的风险费用。关于招标文件中未做要求或要求不清晰的可按下列原则确定：

① 关于技术难度较大、施工工艺复杂和管理复杂的项目，可考虑一定的风险费用，或适当调高风险预期和费用，并纳入综合单价中。

② 关于工程设备、材料价格的市场风险，应依据招标文件的规定，工程所在地或行业工程造价管理机构的关于规定，以及市场价格趋势考虑一定风险率值后的风险费用，纳入综合单价中。

③ 税金、规费等法律、法规、规章和政策变化的风险和人工单价等风险费用不应纳入综合单价中。

**5. 措施项目费的编制**

措施项目费中的安全文明施工费应当按照国家或省级、行业建设主管部门的规定标准计价，该部分不得作为竞争性费用。

**6. 其他项目费的编制**

总承包服务费。总承包服务费应按照省级或行业建设主管部门的规定计算，在计算时可参考的下列标准：

① 招标人仅要求对分包的专业工程进行总承包管理和协调时，按分包的专业工程估算造价的 1.5% 计算。

② 招标人要求对分包的专业工程进行总承包管理和协调，并同时要求提供配合服务

时，根据招标文件中列出的配合服务内容和提出的要求，按分包的专业工程估算造价的3%~5%计算。

③ 招标人自行供应材料的，按招标人供应材料、工程设备价值的1%计算。

**一、单项选择题**（每题的备选项中，只有1个最符合题意）

1. 在工程量清单计价模式下，单位工程最高投标限价计价表不包括的项目是（ ）。

A. 措施项目

B. 直接费

C. 其他项目

D. 规费

2. 根据《建设工程工程量清单计价规范》GB 50500—2013，某工程在2018年5月15日发布招标公告，规定投标文件提交截止日期为2018年6月15日，在2018年6月6日招标人公布了修改后的招标控制价（没有超过批准的投资概算）。对此情况招标人应采取的做法是（ ）。

A. 将投标文件提交的截止日期仍确定为2018年6月15日

B. 将投标文件提交的截止日期延长到2018年6月18日

C. 将投标文件提交的截止日期延长到2018年6月21日

D. 宣布此次招标失败，重新组织招标

3. 某工程采用工程量清单计价，施工过程中，业主将屋面防水变更为PE高分子防水卷材（1.5mm），清单中无类似项目，工程所在地造价管理机构发布该卷材单价为18元/m，该地区定额人工费为3.5元/$m^2$，机械使用费为0.3元/m，除卷材外的其他材料费为0.6元/$m^2$，管理费和利润为1.2元/m。若承包人报价浮动率为6%，则发承包双方协商确定该项目综合单价的基础为（ ）元/m。

A. 25.02

B. 23.60

C. 22.18

D. 21.06

**二、多项选择题**（每题的备选项中，有2个或2个以上符合题意，至少有1个错项）

1. 根据《建设工程工程量清单计价规范》GB 50500—2013，关于国有资金的投资项目招标控制价的说法，正确的有（ ）。

A. 招标控制价可以在公布后上调或下浮

B. 招标控制价是对招标工程限定的最高限价

C. 招标控制价的作用与标底完全相同

D. 招标控制价超过批准的概算时，招标人应将招标控制价及关于资料报送工程所在地工程造价管理机构备查

E. 将其报原概算审批部门审核投标人的投标报价高于招标控制价的，其投标应予以拒绝

2. 某施工企业投标一个单独招标的分部分项工程项目，招标清单工程量为3000$m^3$。经测算，该分部分项工程直接消耗人、料、机费用（不含增值税进项税额）为300万元，管理费为45万元，利润为40万元，风险费用为3万元，措施费（不含增值税进项税额）为60万元（其中：安全文明施工费为15万元），规费为30万元，税金为10万元。不考虑其他因素，根据《建设工程工程量清单计价规范》GB 50500—2013，关于该工程投标报价的说法，正确的有（ ）。

A. 综合单价为 1293.33 元/m³

B. 为了中标，可将综合单价确定为 990.00 元/m³

C. 若竞争激烈，标书可将各项费用下调 10%

D. 安全文明施工费应按国家或省级、行业主管部门的规定计算确定

E. 投标总价为 488.00 万元

3. 下根据《建设工程工程量清单计价规范》GB 50500—2013，关于单价项目中风险及其费用的说法，正确的有(　　)。

A. 关于招标文件中要求投标人承担的风险，投标人应在综合单价中给予考虑

B. 投标人在综合单价中考虑风险费时通常以风险费率的形式进行计算

C. 招标文件中没有提到的风险，投标人在综合单价中不予考虑

D. 关于风险范围和风险费用的计算方法应在专用合同条款中作出约定

E. 施工中出现的风险内容及其范围在招标文件规定的范围内时，综合单价不得变动

## 答案与解析

**一、单项选择题**

1. B；2. C；3. C

**二、多项选择题**

1. BDE；2. ADE；3. ABDE

答案解析

# 第5节　土建工程投标报价的编制

## 复习要点

**1. 投标报价编制方法和内容**

投标报价的编制过程，应首先根据招标人提供的工程量清单编制分部分项工程和措施项目清单计价表，其他项目清单与计价表，规费、税金项目计价表，编制完毕后，汇总得到单位工程投标报价汇总表，再逐级汇总，分别得出单项工程投标报价汇总表和建设工程项目投标总价汇总表。

(1) 分部分项工程和措施项目计价表的编制

1) 分部分项工程和单价措施项目清单与计价表的编制

综合单价包括完成一个规定工程量清单项目所需的人工费、材料和工程设备费、施工

机具使用费、企业管理费、利润,并考虑风险费用的分摊。

综合单价＝人工费＋材料和工程设备费＋施工机具使用费＋管理费＋利润

① 确定综合单价时的注意事项

| 以项目特征说法为依据 | 在招标投标过程中,当出现招标工程量清单特征说法与设计图纸不符时,投标人应以招标工程量清单的项目特征说法为准,确定投标报价的综合单价 |
| --- | --- |
| 材料、工程设备暂估价的处理 | 招标文件的其他项目清单中提供了暂估单价的材料和工程设备,应按其暂估的单价计入清单项目的综合单价 |
| 考虑合理的风险 | 关于主要由市场价格波动导致的价格风险,如工程造价中的建筑材料、燃料等价格风险,发承包双方应当在招标文件中或在合同中对此类风险的范围和幅度予以明确约定,进行合理分摊 |
| | 关于法律、法规、规章或关于政策出台导致工程增值税、规费、人工费发生变化,并由省级、行业建设行政主管部门或其授权的工程造价管理机构根据上述变化发布的政策性调整,以及由政府定价或政府指导价管理的原材料等价格进行了调整,承包人不应承担此类风险,应按照关于调整规定执行 |
| | 关于承包人根据自身技术水平、管理、经营状况能够自主控制的风险,如承包人的管理费、利润的风险,承包人应结合市场情况,根据企业自身的实际合理确定、自主报价,该部分风险由承包人全部承担 |

② 综合单价确定的步骤和方法

当分部分项工程内容比较简单,由单一计价子项计价,且《建设工程工程量清单计价规范》GB 50500—2013 与所使用计价定额中的工程量计算规则相同时,综合单价的确定只需用相应计价定额子目中的人、材、机费做基数计算管理费、利润,再考虑相应的风险费用即可。

当工程量清单给出的分部分项工程与所用计价定额的单位不同或工程量计算规则不同,则需要按计价定额的计算规则重新计算工程量,并按照下列步骤来确定综合单价。

| 确定计算基础 | |
| --- | --- |
| 分析每一清单项目的工程内容 | |
| 计算工程内容的工程数量与清单单位的含量 | |
| 分部分项工程人、材料、机械费用的计算 | |
| 计算综合单价 | 企业管理费＝(人工费＋材料费＋施工机具使用费)×企业管理费费率 |
| | 利润＝(人工费＋施工机具使用费)×利润率 |

③ 工程量清单综合单价分析表的编制

为表明综合单价的合理性,投标人应对其进行单价分析,以作为评标时的判断依据。

2)总价措施项目清单与计价表的编制

关于不能精确计量的措施项目,应编制总价措施项目清单与计价表。投标人对措施项目中的总价项目投标报价应遵循下列原则:

① 措施项目的内容应依据招标人提供的措施项目清单和投标人投标时拟定的施工组织设计或施工方案确定。

② 措施项目费由投标人自主确定,但其中安全文明施工费必须按照国家或省级、行业建设主管部门的规定计价,不得作为竞争性费用。

（2）其他项目清单与计价表的编制

其他项目费由暂列金额、暂估价、计日工与总承包服务费组成。

| 暂列金额应按照招标人提供的其他项目清单中列出的金额填写，不得变动。 | |
|---|---|
| 暂估价不得变动和更改 | 暂估价中列出的材料、工程设备必须按招标人提供的暂估单价计入清单项的综合单价 |
| | 专业工程暂估价必须按照招标人提供的其他项目清单中列出的金额填写 |
| 计日工应按照其他项目清单列出的项目和估算的数量，自主确定各项综合单价并计算费用 | |
| 总承包服务费应根据招标人在招标文件中列出的分包专业工程内容和供应材料、设备情况，按照招标人提出的协调、配合与服务要求和施工现场管理需要自主确定 | |

（3）其他项目清单与计价表的编制

规费和税金应按国家或省级、行业建设主管部门的规定计算，不得作为竞争性费用。

（4）投标报价的汇总

投标人的投标总价应当与组成工程量清单的分部分项工程费、措施项目费、其他项目费和规费、税金的合计金额相一致，即投标人在进行工程量清单招标的投标报价时，不能进行投标总价优惠（或降价、让利），投标人对投标报价的任何优惠（或降价、让利）均应反映在相应清单项目的综合单价中。

**一、单项选择题**（每题的备选项中，只有 1 个最符合题意）

1. 根据《建设工程工程量清单计价规范》GB 50500—2013，在招标文件未另有要求的情况下投标报价的综合单价一般要考虑的风险因素是（　　）。

  A. 政策法规的变化
  B. 人工单价的市场变化
  C. 政府定价材料的价格变化
  D. 管理费、利润的风险

2. 投标人在投标报价时，应优先被采用为综合单价编制依据的是（　　）。

  A. 企业定额
  B. 地区定额
  C. 行业定额
  D. 国家定额

3. 根据《建设工程工程量清单计价规范》GB 50500—2013，关于投标人的投标总价编制的说法，正确的是（　　）。

  A. 为降低投标总价，投标人可以将暂列金额降至零
  B. 投标总价可在分部分项工程费、措施项目费、其他项目费和规费，税金合计金额上做出优惠
  C. 开标前投标人来不及修改标书时，可在投标者致函中给出优惠比例，并将优惠后的总价作为新的投标价
  D. 投标人对投标报价的任何优惠均应反映在相应清单项目的综合单价中

4. 根据《建设工程工程量清单计价规范》GB 50500—2013，编制投标文件时，招标文件中已提供暂估价的材料价格应根据（　　）计入综合单价。

  A. 投标人自主确定价格
  B. 投标时当地的市场价格
  C. 招标文件列出的单价
  D. 政府主管部门公布的价格

5. 根据《建设工程工程量清单计价规范》GB 50500—2013，投标时可由投标企业根据其施工组织设计自主报价的是(　　)。

A. 安全文明施工费　　　　　　　B. 大型机械设备进出场及安拆费

C. 规费　　　　　　　　　　　　D. 税金

6. 根据《建设工程工程量清单计价规范》GB 50500—2013，采用工程量清单招标的工程，投标人在投标报价时不得作为竞争性费用的是(　　)。

A. 二次搬运费　　　　　　　　　B. 安全文明施工费

C. 夜间施工费　　　　　　　　　D. 总承包服务费

7. 实行工程量清单计价的招标工程，投标人可完全自主报价的是(　　)。

A. 暂列金额　　　　　　　　　　B. 总承包服务费

C. 专业工程暂估价　　　　　　　D. 措施项目费

8. 采用不平衡报价法错误的做法是(　　)。

A. 设计图纸不明确，估计修改后工程量要增加的，可以提高单价

B. 能够早日结账收款的项目可适当提高

C. 预计今后工程量会增加的项目单价适当提高

D. 施工条件好、工作简单、工作量大的工程报价可高一些

9. [2019 年浙江] C30 商品混凝土合同约定的基准价为 300 元/m³，合同约定的风险幅度为 10%。其中，合同工期内的工程量为 1000m³，平均信息价为 350 元/m³；因发包方原因导致工期延误，延误期间的工程量为 600m³，平均信息价为 380 元/m³，该商品混凝土应计算的价差为(　　)元。

A. 20000　　　　　　　　　　　　B. 50000

C. 68000　　　　　　　　　　　　D. 98000

**二、多项选择题** (每题的备选项中，有 2 个或 2 个以上符合题意，至少有 1 个错项)

1. 根据《建设工程工程量清单计价规范》GB 50500—2013，关于企业投标报价编制原则的说法，正确的有(　　)。

A. 投标报价由投标人自主确定

B. 为了鼓励竞争，投标报价可以略低于成本

C. 投标人必须按照招标工程量清单填报价格

D. 发承包双方责任划分是投标报价费用计算必须考虑的因素

E. 投标人应以施工方案、技术措施等作为投标报价计算的基本条件

2. 根据《建设工程工程量清单计价规范》GB 50500—2013，关于投标人投标报价编制的说法，正确的有(　　)。

A. 投标报价应以投标人的企业定额为依据

B. 投标报价应根据投标人的投标战略确定，必要的时候可以低于成本

C. 投标中若发现清单中的项目特征与设计图纸不符，应以项目特征为准

D. 招标文件中要求投标人承担的风险费用，投标人应在综合单价中予以考虑

E. 投标人可以根据项目的复杂程度调整招标人清单中的暂列金额的大小

3. 根据《建设工程工程量清单计价规范》GB 50500—2013，关于投标人其他项目费

编制的说法，正确的有（　　　）。

  A. 专业工程暂估价必须按照招标工程量清单中列出的金额填写

  B. 材料暂估价由投标人根据市场价格变化自主测算确定

  C. 暂列金额应按照招标工程量清单列出的金额填写，不得变动

  D. 计日工应按照招标工程量清单列出的项目和数量自主确定各项综合单价

  E. 总承包服务费应根据招标人要求提供的服务和现场管理需要自主确定

 4. 报价技巧是指投标中具体采用的对策和方法，常用的报价技巧有常用的投标报价技巧有（　　　）。

  A. 突然涨价法     B. 单方案报价法

  C. 不平衡报价法    D. 无利润竞标法

  E. 突然降价法

### 答案与解析

**一、单项选择题**

1. D；2. A；3. D；4. C；5. B；6. B；7. B；8. D；9：C

**二、多项选择题**

1. ACDE；2. ACD；3. ACDE；4. CDE

答案解析

# 第6节　土建工程价款结算和合同价款的调整

### 复习要点

合同价款调整事项

下列事项发生，发承包双方应当按照合同约定调整合同价款：

| ① 法律法规变化 | ② 工程变更 | ③ 项目特征不符 |
| --- | --- | --- |
| ④ 工程量清单缺项 | ⑤ 工程量偏差 | ⑥ 计日工 |
| ⑦ 市场价格波动 | ⑧ 暂估价 | ⑨ 不可抗力 |
| ⑩ 提前竣工（赶工补偿） | ⑪ 误期赔偿 | ⑫ 索赔 |
| ⑬ 现场签证 | ⑭ 暂列金额 | ⑮ 发承包双方约定的其他调整事项 |

**一、单项选择题**（每题的备选项中，只有1个最符合题意）

 1. 分部分项工程中，已标价工程量清单中有适用于变更工程项目的，且工程变更导致的该清单项目的工程数量变化不足（　　　）时，采用该项目的单价。

A. 10%          B. 12%

C. 15%          D. 20%

2. 工程量偏差引起合同价款调整，下列说法错误的是（　　）。

   A. 当工程量增加15%以上时，其增加部分的工程量的综合单价应予调低

   B. 当工程量减少15%以上时，减少后剩余部分的工程量的综合单价应予调高

   C. 措施项目按单一总价方式计价，工程量偏差超过15%时，措施项目费不变

   D. 措施项目按系数方式计价，工程量偏差超过15%，且该变化引起措施项目相应发生变化，则工程量增加的，措施项目费调增；工程量减少的，措施项目费调减

3. 措施项目中的夜间施工增加费发生变更，实际调整金额为5400元，报价浮动率为10%，则变更调整的金额为（　　）元。

   A. 0          B. 4860

   C. 5400         D. 5940

4. 关于变更引起的价格调整，下列原则说法中正确的是（　　）。

   A. 已标价工程量清单中有适用于变更工作项目的，可在合理范围内参照适用子目的单价或总价调整

   B. 已标价工程量清单中没有适用、但有类似于变更工作子目的，采用该项目的单价

   C. 已标价工程量清单中没有适用也没有类似于变更工程项目的，由承包人根据变更工程资料、计量规则和计价办法、信息价格提出变更工程项目的单价或总价，报发包人确认后调整

   D. 工程变更引起措施项目发生变化的，承包人提出调整措施项目费的，应事先将拟实施的方案提交发包人确认

5. 工程变更引起分部分项工程项目发生变化，关于已标价工程量清单中没有适用、但有类似于变更工程项目的，可在合理范围内参照类似项目的单价或总价调整。关于调整的前提，正确的是（　　）。

   A. 采用的材料、施工工艺和方法相同

   B. 不增加关键线路上工程的施工时间

   C. 可仅就变更后的差异部分，参考类似的项目单价由发包人确定单价

   D. 可就该分部分项工程的全部内容，参考类似的项目单价由发包人确定单价

6. 某分项工程招标工程量清单数量为4000m²，施工中由于设计变更调减为3000m²，该项目招标控制价综合单价为600元/m²，投标报价为450元/m²。合同约定实际工程量与招标工程量偏差超过±15%时，综合单价以招标控制价为基础调整。若承包人报价浮动率为10%，该分项工程费结算价为（　　）万元。

   A. 137.70         B. 148.50

   C. 186.30         D. 198.00

**二、多项选择题**（每题的备选项中，有2个或2个以上符合题意，至少有1个错项）

1. ［2019年广西］根据索赔事件的性质不同，可以将工程索赔分为（　　）。

   A. 工程延误索赔         B. 承包人与发人之间的索赔

C. 工程变更索赔　　　　　　　　　D. 不可预见的不利条件索赔

E. 不可抗力事件的索赔

## 答案与解析

**一、单项选择题**

1. C；2. C；3. B；4. D；5. B；6. A

**二、多项选择题**

1. ACDE

答案解析

# 二级造价工程师执业资格考试

# 建设工程计量与计价实务（土建）

## 模 拟 预 测 卷

| 得分 | 评卷人 |
|------|--------|
|      |        |

**一、单项选择题**（共 30 题，每题 1 分，每题的备选项中，只有一个最符合题意）

1. 造价比较高，力求节省钢材且截面最小，承载力最大的大型结构应采用（　　）。
   - A. 型钢混凝土组合结构
   - B. 钢结构
   - C. 钢筋混凝土结构
   - D. 混合结构

2. 按工业建筑用途分类，机械制造厂的铸工车间厂房属于（　　）。
   - A. 生产辅助厂房
   - B. 生产厂房
   - C. 配套用房
   - D. 其他厂房

3. 基础的埋深是指（　　）。
   - A. 从室外设计地面到基础底面的垂直距离
   - B. 从室内设计地面到基础底面的垂直距离
   - C. 从室外设计地面到基础垫层下皮的垂直距离
   - D. 从室外地面到基础底面的垂直距离

4. 屋顶的构造图中，位于最底层的是（　　）。
   - A. 保护层
   - B. 找平层
   - C. 防水层
   - D. 结构层

5. 冷轧带肋钢筋中（　　）为普通钢筋混凝土用钢筋。
   - A. HPB300
   - B. HRB400
   - C. CRB550
   - D. CRB650

6. 钢材的主要成分中，除了铁以外最主要的是（　　）。
   - A. 硫
   - B. 碳
   - C. 硅
   - D. 锰

7. 判定硅酸盐水泥是否废弃的技术指标是（　　）。
   - A. 体积安定性
   - B. 水化热
   - C. 水泥强度
   - D. 水泥细度

8. 水泥混凝土型空心砌块空心率大于等于（　　）。
   - A. 15%
   - B. 20%
   - C. 25%
   - D. 30%

9. 下列材料中，块小、造价低，主要用作室内地面铺装的材料是（　　）。
   - A. 花岗石
   - B. 陶瓷锦砖

C. 瓷质砖                                    D. 合成石面板

10. 关于对建筑涂料基本要求的说法，正确的是（    ）。

    A. 外墙、地面、内墙涂料均要求耐水性好

    B. 外墙涂料要求色彩细腻、耐碱性好

    C. 内墙涂料要求抗冲性好

    D. 地面涂料要求耐候性好

11. 对固体声最有效的隔绝措施是（    ）。

    A. 使其声波连续传递

    B. 采用不连续的结构处理

    C. 选用毛毡、软木、橡胶作为隔声材料

    D. 选用密实、质量大的材料作为隔声材料

12. 在松散土体中开挖 6m 深的沟槽，支护方式应优先采用（    ）。

    A. 间断式水平挡土板横撑式支撑

    B. 连续式水平挡土板横撑式支撑

    C. 垂直挡土板式支撑

    D. 重力式支护结构支撑

13. 推土机的经济运距在 100m 以内，以（    ）为最佳运距。

    A. 20～40m                               B. 20～50m

    C. 30～50m                               D. 30～60m

14. 下列关于混凝土灌注桩说法正确的是（    ）。

    A. 正循环钻孔灌注桩可用于桩径小于 2m，孔深小于 50m 的场地

    B. 反循环钻孔灌注桩可用于桩径小于 2m，孔深小于 60m 的场地

    C. 冲击成孔灌注桩适用于厚砂层软塑—流塑状态的淤泥及淤泥质土

    D. 机动洛阳铲可用于泥浆护壁成孔灌注桩

15. 一般多用于构件较重、吊装工程比较集中、施工场地狭窄的起重机械是（    ）。

    A. 爬升式塔式起重机                      B. 履带式起重机

    C. 附着式塔式起重机                      D. 桅杆式起重机

16. 根据《建筑工程建筑面积规范》GB/T 50353—2013，形成建筑空间，结构净高 2.18m 部位的坡屋顶，其建筑面积（    ）。

    A. 不予计算                              B. 按 1/2 面积计算

    C. 按全面积计算                          D. 视使用性质确定

17. 根据《建筑工程建筑面积计算规范》GB/T 50353—2013，某无永久性顶盖的室外楼梯，建筑物自然层为 5 层，楼梯水平投影面积为 $6m^2$，则该室外楼梯的建筑面积为（    ）。

    A. $12m^2$                               B. $15m^2$

    C. $18m^2$                               D. $24m^2$

18. 根据《房屋建筑与装饰工程工程量计算规范》GB 50854—2013，土石方工程中，建筑物场地厚度在 ±30cm 以内的，平整场地工程量应（    ）。

    A. 按建筑物自然层面积计算                B. 按设计图示厚度计算

C. 按建筑有效面积计算　　　　　　D. 按建筑物首层建筑面积计算

19. 施工组织设计是对施工活动实行科学管理的重要手段，它具有(　　)的作用。

A. 战略部署和经济安排　　　　　　B. 战术安排和经济安排

C. 战略部署和战术安排　　　　　　D. 战术安排和技术安排

20. 根据《建设工程工程量清单计价规范》GB 50500—2013，采用工程量清单招标的工程，投标人在投标报价时不得作为竞争性费用的是(　　)。

A. 二次搬运费　　　　　　　　　　B. 安全文明施工费

C. 夜间施工费　　　　　　　　　　D. 总承包服务费

21. 施工成本分析依赖于核算提供的资料，其中可以对尚未发生的经济活动进行核算的是(　　)。

A. 会计核算　　　　　　　　　　　B. 经济核算

C. 统计核算　　　　　　　　　　　D. 业务核算

22. 某工程商品混凝土的目标产量为500m³，单价720元/m³，损耗率4%。实际产量为550m³，单价730元/m³，损耗率3%。采用因素分析法进行分析，由单价提高使费用增加了(　　)元。

A. 43160　　　　　　　　　　　　B. 37440

C. 5720　　　　　　　　　　　　　D. 1705

23. 当变更引起措施项目费调整时，下列关于调整原则的表述正确的是(　　)。

A. 安全文明施工费按照实际发生变化的措施项目费调整，不得浮动

B. 采用单价计算的措施项目费，按照实际发生变化的措施项目调整，但应考虑承包人报价浮动因素

C. 采用总价计算的措施项目费，按照实际发生变化的措施项目调整，但应考虑承包人报价浮动因素

D. 招标工程量清单中分部分项工程出现漏项缺项，引起措施项目发生变化的，不得调整

24. 根据《建设工程工程量清单计价规范》GB 50500—2013，中标人投标报价浮动率的计算公式是(　　)。

A. (1－中标价/招标控制价)×100%

B. (1－中标价/施工图预算)×100%

C. (1－不含安全文明施工费的中标价/不含安全文明施工费的招标控制价)×100%

D. (1－不含安全文明施工费的中标价/不含安全文明施工费的施工图预算)×100%

25. 对某招标工程进行报价分析，在不考虑安全文明施工费的前提下，承包人中标价为1500万元，招标控制价为1600万元，设计院编制的施工图预算为1550万元，承包人认为的合理报价为1540万元，则承包人的报价浮动率是(　　)。

A. 0.65%　　　　　　　　　　　　B. 6.25%

C. 93.75%　　　　　　　　　　　　D. 96.25%

26. 在措施项目中，下列有关脚手架的叙述错误的是(　　)。

A. 综合脚手架，按建筑面积计算，单位为 m²

B. 外脚手架，按所服务对象垂直投影面积计算，单位为 m²

C. 满堂脚手架按搭设的水平投影面积计算，单位为 m²

D. 挑脚手架按搭设面积乘以搭设层数，单位为 m²

27. 根据《房屋建筑与装饰工程工程量计算规范》GB 50854—2013，关于钢筋工程，说法正确的是（　　）。

A. 钢筋网片按设计图示尺寸以片计算

B. 钢筋笼按设计图以数量计算

C. 箍筋弯钩的弯折角度不应小于 135°

D. 现浇混凝土钢筋按设计图示钢筋长度乘以单位理论质量计算

28. 根据《房屋建筑与装饰工程工程量计算规范》GB 50854—2013，关于实心砖墙高度计算的说法，正确的是（　　）。

A. 有屋架且室内外均有天棚者，外墙高度算至屋架下弦底另加 100mm

B. 有屋架且无天棚者，外墙高度算至屋架下弦底另加 200mm

C. 无屋架者，内墙高度算至天棚底另加 300mm

D. 女儿墙高度从屋面板上表面算至混凝土压顶下表面

29. 已知某建筑工程施工合同总额为 8000 万元，工程预付款按合同金额的 20% 计取，主要材料及构件造价占合同额的 50%。预付款起扣点为（　　）万元。

A. 1600　　　　　　　　　　B. 4000

C. 4800　　　　　　　　　　D. 6400

30. 根据《建设工程工程量清单计价规范》GB 50500—2013，编制投标文件时，招标文件中已提供暂估价的材料价格应根据（　　）计入综合单价。

A. 投标人自主确定价格　　　B. 投标时当地的市场价格

C. 招标文件列出的单价　　　D. 政府主管部门公布的价格

## 二、案例题

（单选题每题 1 分，每题的备选项中，只有一个正确答案。多选题每题 2 分，每题的备选项中，有 2 个或者 2 个以上符合题意，至少有一个错误选项。错选，本题不得分；少选，所选的每个选项得 0.5 分）

| 得分 | 评卷人 |
| --- | --- |
|  |  |

**案例 1**

某单层框架结构办公用房如图所示，柱、梁、板均为现浇混凝土。外墙 190mm 厚，采用页岩模数多孔砖 C190mm×240mm×90mm；内墙 200mm 厚，采用蒸压灰加气硅砌块，属于无水房间、底无混凝土坎台。砌筑所用页岩模数多孔砖、蒸压灰加气混凝土砌块的强度等级均满足国家相关质量规范要求。内外墙均采用 M5 混合砂浆砌筑。外墙体中 C20 硅构造柱体积为 0.56m³（含马牙搓），C20 圈梁体积 1.2m³。内墙体中 C20 构造柱体积为 0.4m³（含马牙搓），C20 圈梁体积 0.42m³。圈梁兼做门窗过梁。基础与墙身使用不同材料，分界线位置为设计室内地面，标高为 ±0.000m。已知门窗尺寸为 M1：1200mm×2200mm，M2：1000mm×2200mm，C1：1200mm×1500mm。

说明：

1. 本层屋面板标高未注明者均为 $H=3.3m$。
2. 本层梁顶标高未注明者均为 $H=3.3m$。
3. 梁、柱定位未注明者均关于轴线居中设置。

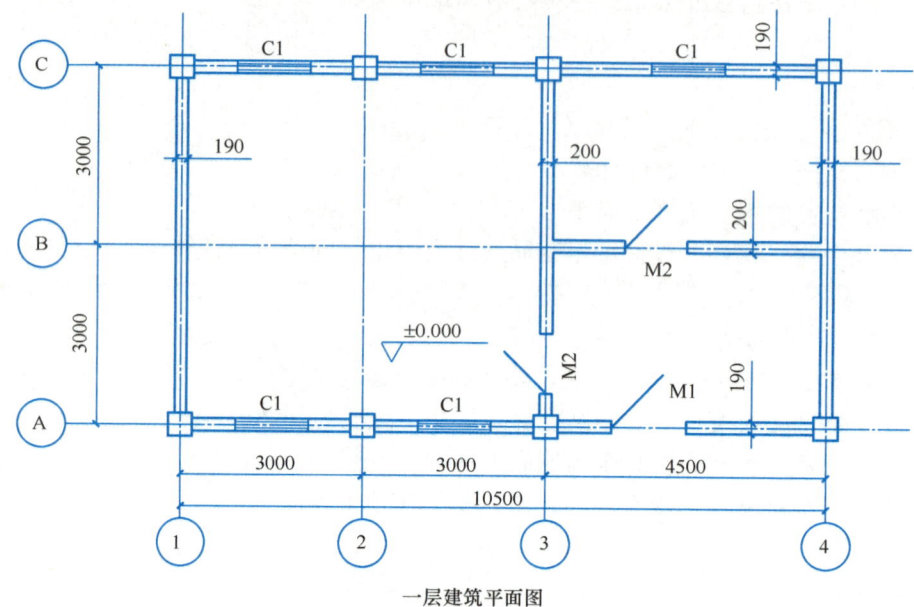

一层建筑平面图

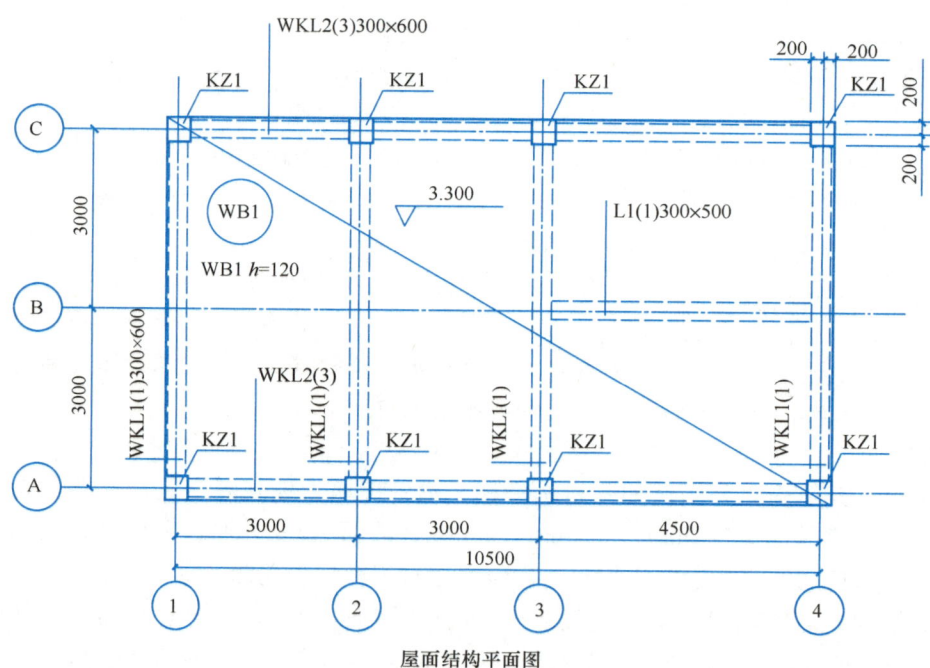

屋面结构平面图

31. 按《房屋建筑与装饰工程工程量计算规范》GB 50854—2013 计算外墙砌筑工程量为(　　)。

    A. 11. 32m³                          B. 68. 82m³

C. 13.58m³      D. 22.77m³

32. 按《房屋建筑与装饰工程工程量计算规范》GB 50854—2013 计算内墙砌筑工程量为（　　）。

    A. 5.64m³                B. 3.73m³

    C. 4.44m³                D. 5.26m³

33. 根据 2014 年计价定额组价，计算外墙砌筑、内墙砌筑的工程量清单合价（　　）。

    A. 5064.28 元；1268.07 元       B. 4428.56 元；1340.6 元

    C. 4986.91 元；1340.6 元       D. 5126.36 元；1268.07 元

34. 根据《房屋建筑与装饰工程工程量计算规范》GB 50854—2013，下列各项中，应计入砌筑墙体工程量的是（　　）。

    A. 凸出墙面的窗台虎头砖       B. 腰线的凸出部分

    C. 混凝土圈梁                D. 附墙柱垛

35. 根据《房屋建筑与装饰工程工程量计算规范》GB 50854—2013，工程量按面积以平方米为计量单位计算的有（　　）。

    A. 砖地沟                B. 砖散水

    C. 现浇混凝土板后浇带       D. 现浇混凝土雨篷

36. 根据《建设工程工程量清单计价规范》GB 50500—2013，招标控制价中综合单价中应考虑的风险因素包括（　　）。

    A. 项目管理的复杂性       B. 项目的技术难度

    C. 人工单价的市场变化       D. 材料价格的市场风险

    E. 税金、规费的政策变化

37. 砖基础工程量按设计图示尺寸以体积计算，不应扣除的部分包括（　　）。

    A. 基础砂浆防潮层

    B. 嵌入基础的构造柱

    C. 嵌入基础内的梁体积

    D. 基础大放脚 T 形接头重叠部分体积

    E. 大于 0.3m² 孔洞所占体积

38. 石砌体的工程量，按体积计算的有（　　）。

    A. 石台阶                B. 石基础

    C. 石勒脚                D. 石地沟

    E. 石坡道

39. 下列关于实心砖墙高度计算的说法，错误的是（　　）。

    A. 外墙无天棚者算至屋架下弦底另加 200mm

    B. 内、外山墙按其平均高度计算

    C. 女儿墙从屋面板下表面算至女儿墙顶面

    D. 外墙无天棚者算至屋架下弦底另加 300mm

    E. 内墙位于屋架下弦者，算至屋架下弦底另加 100mm

**案例 2**

总承包施工合同是以工程量清单为基础的固定单价合同，合同约定 A 分项工程、B

分项工程当实际工程量与清单工程量差异幅度在＋5％以内的按清单价结算，超出幅度大于5％时按清单价的0.9倍结算。减少幅度大于5％时按清单价的1.1倍结算。

| 分项工程 | 甲 | 乙 |
|---|---|---|
| 清单价（m³） | 42 | 560 |
| 清单工程量（m³） | 5400 | 6200 |
| 实际工程量（m³） | 5800 | 5870 |

40. 工程量偏差引起合同价款调整，下列说法错误的是(　　)。

A. 当工程量增加15％以上时，其增加部分的工程量的综合单价应予调低

B. 当工程量减少15％以上时，减少后剩余部分的工程量的综合单价应予调高

C. 措施项目按单一总价方式计价，工程量偏差超过15％时，措施项目费不变

D. 措施项目按系数方式计价，工程量偏差超过15％，且该变化引起措施项目相应改变

41. 甲分项工程的工程价款是(　　)元。

A. 435780　　　　　　　　　　B. 345854

C. 243054　　　　　　　　　　D. 254689

42. 乙分项工程的工程价款是(　　)元。

A. 3615920　　　　　　　　　　B. 361204

C. 4852641　　　　　　　　　　D. 332680

43. 在工程量清单计价模式下，单位工程最高投标限价计价表不包括的项目是(　　)。

A. 措施项目　　　　　　　　　　B. 直接费

C. 其他项目　　　　　　　　　　D. 规费

44. 按编制单位和适用范围分类，可将建设工程定额分为(　　)。

A. 国家定额　　　　　　　　　　B. 建筑工程定额

C. 行业定额　　　　　　　　　　D. 地区定额

E. 企业定额

45. 有多栋建筑物下有连通的地下室时，地上建筑物的工程类别同(　　)工程；其地下室部分的工程类别同(　　)工程。

A. 有地下室的建筑物　　　　　　B. 无地下室的建筑物

C. 单独地下室　　　　　　　　　D. 单栋有地下室的建筑物

E. 单栋无地下室的建筑物

46. 根据《建设工程工程量清单计价规范》GB 50500—2013，关于投标人其他项目费编制的说法，正确的有(　　)。

A. 专业工程暂估价必须按照招标工程量清单中列出的金额填写

B. 材料暂估价由投标人根据市场价格变化自主测算确定

C. 暂列金额应按照招标工程量清单列出的金额填写，不得变动

D. 计日工应按照招标工程量清单列出的项目和数量自主确定各项综合单价

E. 总承包服务费应根据招标人要求提供的服务和现场管理需要自主确定

47. 投标单位遇到（　　）等情形时，其报价可低一些。

    A. 附近有工程而本项目可利用该工程的设备、劳务或有条件短期内突击完成的工程

    B. 支付条件差的工程

    C. 投标对手多，竞争激烈的工程

    D. 施工条件好的工程，工作简单、工程量大而其他投标人都可以做的工程

    E. 投标单位虽已在某一地区经营多年，但即将面临没有工程的情况，机械设备无工地转移

48. 采用赢得值法进行费用和进度综合分析控制时，需要计算的基本参数有（　　）。

    A. 计划工作实际费用　　　　　　　B. 计划工作预算费用

    C. 已完工作实际费用　　　　　　　D. 已完工作预算费用

    E. 拟完工作实际费用

49. 在进行工程项目费用控制时，可以立即判断费用超支应采取纠偏措施的情况有（　　）。

    A. 费用超出预算，施工进度正常

    B. 费用超出预算，施工进度提前

    C. 费用消耗低于预算，施工进度正常

    D. 费用消耗低于预算，施工进度拖延

    E. 费用超出预算，施工进度拖延

50. 下列有关工程成本的指标中，属于施工成本计划数量指标的有（　　）。

    A. 设计预算成本计划降低额

    B. 按子项汇总的工程项目计划总成本指标

    C. 责任目标成本计划降低率

    D. 按人工、材料、机械等生产要素汇总的计划成本指标

    E. 按分部汇总的各单位工程（或子项目）计划成本指标

51. 关于施工成本分析基本方法的用途的说法，正确的有（　　）。

    A. 比较法通过技术经济指标的对比，检查目标的完成情况，分析产生差异的原因

    B. 差额计算法将两个性质不同而又相关的指标加以对比，求出比率

    C. 因素分析法可用来分析各种因素对成本的影响程度

    D. 动态比率法将同类指标不同时期的数值进行对比，分析指标的发展方向和速度

    E. 相关比率法通过构成比率，考察各成本项目占成本总量的比重

**案例 3**

    某单身公寓楼一标准间平面尺寸见下图，墙体厚度均为 200mm，门洞宽度：进户门、卧室门为 900mm，卫生间门为 700mm。

    （1）客厅地面做法：20 厚 1：3 水泥砂浆找平，8 厚 1：1 水泥砂浆粘贴大理石面层，贴好后酸洗打蜡，大花白大理石规格材单价 320 元/m²。（门洞处贴中国黑大理石）

    （2）卧室地面做法：断面为 60×70mm 木龙骨地楞（计价定额为 60×50mm），楞木间距及横撑的规格、间距同计价定额，木龙骨与现浇楼板用 M8×80 膨胀螺栓固定（螺栓每套 0.6 元，电锤每台班 8.34 元），螺栓设计用量为 30 套，不设木垫块，免刨免漆

实木地板面层，实木地板价格为160元/m²，高100mm的成品木踢脚线，木踢脚线单价20元/m。

（3）卫生间地面做法：采用水泥砂浆贴250mm×250mm防滑地砖（定额中1∶3水泥砂浆换成20mm厚1∶2.5防水砂浆找平层），防滑地砖价格3.5元/块。

（人工工资单价以及管理费率、利润率按2014计价定额不调整，其余未作说明的均按计价定额规定执行）

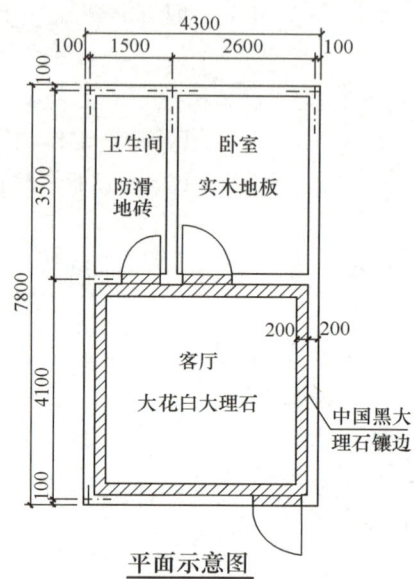

平面示意图

52. 根据题目给定的条件，按2014年计价定额规定计算楼面水泥砂浆贴大花白大理石的工程量为（　　）。

A. 12.25m²
B. 15.71m²
C. 12.98m²
D. 15.08m²

53. 根据题目给定的条件，按2014年计价定额规定计算卫生间防滑地砖的工程量为（　　）。

A. 5.08m²
B. 3.92m²
C. 4.54m²
D. 4.29m²

54. 以下工程量的计算，应按设计图示尺寸以面积计算的是（　　）。

A. 抹灰线条油漆
B. 木扶手
C. 抹灰面油漆
D. 线条刷涂料

55. 下列选项中，（　　）以"根"为单位计量。

A. 金属旗杆
B. 竖式标箱
C. 开孔
D. 有机玻璃字

56. 《房屋建筑与装饰工程工程量清单计价规范》GB 50854—2013规定，分部分项工程量清单项目编码的第四级为表示（　　）的顺序码。

A. 分项工程
B. 附录分类
C. 分部工程
D. 专业工程

57. 下列天然石材中，属于变质岩的有（　　）。

A. 花岗岩　　　　　　　　　　B. 闪长岩
C. 石灰岩　　　　　　　　　　D. 大理石
E. 石英岩

58. 踢脚线不包括（　　）。
　A. 水泥砂浆踢脚线　　　　　B. 石材踢脚线
　C. 块料踢脚线　　　　　　　D. 旧浇水磨石踢脚线
　E. 塑木板踢脚线

59. 下列说法中正确无误的是（　　）。
　A. 隔断按设计图示框外围尺寸以面积计算
　B. 墙饰面按设计图示尺寸以面积计算
　C. 全玻璃幕墙按设计图示尺寸以面积计算
　D. 墙面装饰浮雕按设计图示尺寸以面积计算
　E. 楼梯装饰按设计图示尺寸以楼梯水平投影面积计算

60. 下列说法正确的是（　　）。
　A. 门油漆工程量以樘计量，按设计图示数量计量
　B. 金属面油漆工程量以吨计量，按设计图示尺寸以质量计算
　C. 金属面油漆工程量以立方米计量，按设计图示尺寸以体积计算
　D. 窗油漆工程量以平方米计量，按设计图示洞口尺寸以面积计算
　E. 木扶手工程量按设计图示尺寸以长度计算

61. 下列工程量的计算，应按设计图示尺寸以面积计算的有（　　）。
　A. 抹灰面油漆　　　　　　　B. 墙面喷刷涂料
　C. 满刮腻子　　　　　　　　D. 抹灰线条油漆
　E. 顶棚喷刷涂料

62. 下列说法正确的是（　　）。
　A. 玻璃雨篷按设计图示尺寸以面积计算
　B. 面板暖气罩按设计图示尺寸以垂直投影面积（展开）计算
　C. 顶棚喷刷涂料按设计图示尺寸以面积计算
　D. 镜面玻璃按设计图示尺寸以边框外围面积计算
　E. 雨篷吊挂饰面按设计图示尺寸以水平投影面积计算

63. 下列说法准确无误的是（　　）。
　A. 信报箱以"台"为单位计量
　B. 竖式标箱以"个"为单位计量
　C. 金属旗杆以"根"为单位计量
　D. 泡沫塑料字以"只"为单位计量
　E. 玻璃雨篷按设计图示尺寸以"平方米"为单位计量

64. 以下工程量的计算，应按设计图示尺寸以长度计算的是（　　）。
　A. 满刮腻子　　　　　　　　B. 墙面喷刷涂料
　C. 抹灰面油漆　　　　　　　D. 抹灰线条油漆
　E. 线条刷涂料

**案例 4**

某房地产开发公司与某施工单位签订了一份价款为 1000 万元的建筑工程施工合同，合同工期为 7 个月。工程价款约定如下：（1）工程预付款为合同价的 10%；（2）工程预付款扣回的时间及比例：自工程款（含工程预付款）支付至合同价款的 60% 后，开始从当月的工程款中扣回工程预付款，分两个月扣回；（3）工程质量保修金为工程结算总价的 5%，竣工结算时一次性扣留；（4）工程款按月支付，工程款达到合同总造价的 90% 停止支付，余款待工结算完成后并扣除保修金后一次性支付。

每月完成的工作量如下表。

| 月份 | 3 | 4 | 5 | 6 | 7 | 8 | 9 |
|---|---|---|---|---|---|---|---|
| 实际完成工作量（万元） | 80 | 160 | 170 | 180 | 160 | 130 | 120 |

工程施工过程中，双方签字认可因钢材涨价增补价差 5 万元，因施工单位保管不力罚款 1 万元。

65. 列式计算本工程预付款及其起扣点分别是（　　）万元。

    A. 80　　　　　　　　　　　　　　B. 100

    C. 120　　　　　　　　　　　　　D. 160

66. 工程预付款从（　　）月份开始起扣。

    A. 4　　　　　　　　　　　　　　B. 5

    C. 6　　　　　　　　　　　　　　D. 7

67. 7 月份开发公司应支付工程款（　　）万元。

    A. 100　　　　　　　　　　　　　B. 110

    C. 130　　　　　　　　　　　　　D. 140

68. 根据《建设工程工程量清单计价规范》GB 50500—2013，关于国有资金的投资项目招标控制价的说法，正确的有（　　）。

    A. 招标控制价可以在公布后上调或下浮

    B. 招标控制价是对招标工程限定的最高限价

    C. 招标控制价的作用与标底完全相同

    D. 招标控制价超过批准的概算时，招标人应将招标控制价及关于资料报送工程所在地工程造价管理机构备查

    E. 将其报原概算审批部门审核投标人的投标报价高于招标控制价的，其投标应予以拒绝

69. 本工程保修金是（　　）万。

    A. 48.2　　　　　　　　　　　　B. 50

    C. 50.2　　　　　　　　　　　　D. 56

70. 下列成本管理的指标中，属于施工成本计划效益指标的是（　　）。

    A. 按分部汇总的各单位工程（或子项目）计划成本指标

    B. 按人工、材料、机械等各主要生产要素计划成本指标

    C. 责任目标成本计划降低率

    D. 责任目标成本计划降低额

71. 施工成本计划的编制方式有（　　）。

A. 按成本组成编写　　　　　　　B. 按项目结构编写

C. 按工程实施阶段编写　　　　　D. 按工程量清单编写

E. 按合同结构编写

72. 按施工成本构成编制施工成本计划时，施工成本可以分解为（　　）。

A. 人工费　　　　　　　　　　　B. 材料费

C. 施工机械使用费　　　　　　　D. 规费

E. 企业管理费

73. 在进行工程项目费用控制时，可以立即判断费用超支应采取纠偏措施的情况有（　　）。

A. 费用超出预算，施工进度正常

B. 费用超出预算，施工进度提前

C. 费用消耗低于预算，施工进度正常

D. 费用消耗低于预算，施工进度拖延

E. 费用超出预算，施工进度拖延

74. 可以为施工成本形成过程和影响成本升降因素进行分析而提供资料（依据）的主要有（　　）。

A. 财务核算　　　　　　　　　　B. 经济核算

C. 会计核算　　　　　　　　　　D. 业务核算

E. 统计核算

75. 下根据《建设工程工程量清单计价规范》GB 50500—2013，关于单价项目中风险及其费用的说法，正确的有（　　）。

A. 关于招标文件中要求投标人承担的风险，投标人应在综合单价中给予考虑

B. 投标人在综合单价中考虑风险费时通常以风险费率的形式进行计算

C. 招标文件中没有提到的风险，投标人在综合单价中不予考虑

D. 关于风险范围和风险费用的计算方法应在专用合同条款中作出约定

E. 施工中出现的风险内容及其范围在招标文件规定的范围内时，综合单价不得变动

## 参考答案

### 一、单项选择题

1. A；　2. B；　3. A；　4. D；　5. C；　6. B；　7. A；　8. C；　9. B；　10. A；

11. B；　12. C；　13. D；　14. B；　15. D；　16. C；　17. A；　18. D；　19. D；　20. B；

21. D；　22. C；　23. A；　24. C；　25. B；　26. D；　27. D；　28. D；　29. C；　30. C

### 二、案例题

31. A；　　32. B；　　33. C；　　34. D；　　35. B；　　36. ABD；　　37. AD；

38. ABC；　39. ACE；　40. C；　　41. C；　　42. A；　　43. B；　　44. ACDE；

45. AC；　　46. ACDE；　47. ACDE；　48. BCD；　49. AE；　　50. BDE；　　51. ACD；

52. A；　　53. D；　　54. C；　　55. A；　　56. A；　　57. DE；　　58. DE；

59. ACDE；　60. ABDE；　61. ABCE；　62. CDE；　63. BCE；　64. DE；　65. B；

66. C；　　67. A；　　68. BDE；　69. C；　　70. D；　　71. ABC；　　72. ABCE；

73. AE；　　74. CDE；　　75. ABDE